环境规划预测系列研究报告

Environmental Planning Forecasting Report

全面建成小康社会的环境经济预测研究报告

蒋洪强　祁京梅　于　森　张　伟　程　曦　王金南　等著

中国环境出版社·北京

图书在版编目（CIP）数据

全面建成小康社会的环境经济预测研究报告/蒋洪强等著．—北京：中国环境出版社，2015.5

（环境规划预测系列研究报告）

ISBN 978－7－5111－2386－2

Ⅰ.①全…　Ⅱ.①蒋…　Ⅲ.①环境经济—经济预测—研究报告—中国　Ⅳ.①X196

中国版本图书馆CIP数据核字（2015）第094823号

出 版 人　王新程
责任编辑　葛　莉　董蓓蓓
责任校对　尹　芳
封面设计　彭　杉

出版发行　中国环境出版社
（100062　北京市东城区广渠门内大街16号）
网　　址：http：//www.cesp.com.cn
电子邮箱：bjgl@cesp.com.cn
联系电话：010－67112765（编辑管理部）
010－67113412（教材图书出版中心）
发行热线：010－67125803　010－67113405（传真）
印　　刷　北京中科印刷有限公司
经　　销　各地新华书店
版　　次　2015年7月第1版
印　　次　2015年7月第1次印刷
开　　本　850×1168　1/16
印　　张　17
字　　数　374千字
定　　价　58.00元

前 言

《全面建成小康社会的环境经济预测研究报告》（以下简称《报告》）是环境保护部环境规划院国家环境规划与政策模拟重点实验室（原环境预测研究中心）与国家信息中心经济预测部对国家“十三五”全面建成小康社会时期经济、能源和环境的预测研究及形势分析报告。

改革开放以来，中国经济实现了持续快速的“起飞”，1978—2013年，中国经济保持了年均9.8%的高速增长，产业结构不断优化，对外开放水平日益提高，中国已经成为世界第二大经济体和世界第一大贸易国，良好的经济增长带动了人民生活水平的不断提升和民生事业的大幅改善。但中国工业化和城市化仍处于“双快速”发展阶段，经济增长依然面临资源利用效率不高、生态环境恶化等问题，主要污染物排放量还远远高于环境容量，污染物范围日益扩大，污染物类型从常规污染物向常规污染物和新型污染物的复合型转变。日益严重而又复杂的环境问题，使得我国环境质量改善的难度和压力进一步加大，城市灰霾、河流水污染、地下水污染、土壤污染、重金属污染等一些老百姓关注的问题十分突出，给人民生活和健康带来了严重威胁。

“十三五”是贯彻落实党的十八大的关键时期，是全面建成小康社会的实现阶段。对“十三五”及未来一段时期我国经济发展与环境资源的突出矛盾问题和新型问题，必须深刻领会，必须以更高的层次、更宽的视野、更科学的方法来研究判断。必须将生态文明建设理念融入经济、社会、文化建设全过程中及各个阶段，适应绿色发展、低碳发展、循环发展、绿色转型的要求，更加注重全球经济、环境、科技趋势以及我国经济社会不同发展阶段及城镇化、工业化、农业现代化发展趋势，更加注重资源、能源的红线底线要求，更加注重新型来源、特殊行业、不同区域的环境问题的分析预测，从而正确判断和识别未来十年，特别是“十三五”期间我国环境保护面临的重大问题、压力挑战，以为国家“十三五”环境保护规划奠定重要基础。

《报告》根据环境保护部环境规划院与国家信息中心经济预测部开发的“国家中长期环境经济预测模型系统”，通过建立经济社会预测模型、资源能源消耗预测模型、环境污染产排放预测模型方法，采用历年统计数据获得关键技术参数，充分考虑未来中国经济社会发展可能面临的国内外环境，以全面建成小康社会（2020年GDP比2000年翻两番）为基准情景方案，预测到2020年并展望到2030年中国资源能源消耗量和主要污染物排放量。对于污染物排放预测，基本是在现有污染减排情景下和经济可承受范围内，未来继续加大污染控制力度情景下，得出的预测结果。报告提出了“十三五”时期国家需要重点关注的十二大环境问题和相关战略对策建议。本报告的预测结果存在一定的不确定性，主要来源于中国未来经济社会走势、能源结构调整和新型能源技术突破、污染减排目标的变化、污染减排措施的变化等，上述因素将对预测结果产生影响。

《报告》由环境保护部环境规划院和国家信息中心经济预测部合作完成。国家信息中心经济预测部的祝宝良、陈强、祁京梅、王硕、魏琪嘉、耿德伟等主要负责经济社会预测部分，环境保护部环境规划院的王金南、蒋洪强、于森、张伟、程曦、张静、卢亚灵、刘年磊、吴文俊、杨勇、武跃文、张志冉、刘洁等主要负责环境预测及报告的统稿。在《报告》的研究撰写过程中，得到了环境保护部规划财务司、环境规划院领导的关怀和悉心指导，规划财务司安排了“十三五”前期研究资金予以支持。环境保护部规划财务司贾金虎处长、环境规划院王金南副院长等领导和专家对《报告》的完善提出了许多好的意见和建议。中国环境出版社对《报告》的编辑出版付出了大量心血。在此，对关心和支持《报告》研究和出版的各位领导、专家和研究人员表示衷心感谢。由于时间仓促，《报告》中难免有许多不足之处，敬请批评指正。

作　者

2014 年 12 月

目 录

第 1 章　研究背景及总体思路 …… 1
1.1　研究背景 …… 1
1.2　总体思路 …… 2

第 2 章　经济社会发展预测 …… 4
2.1　当前经济社会发展形势分析 …… 4
2.2　未来经济发展的国内外环境分析 …… 6
2.3　宏观经济及产业结构预测 …… 12
2.4　人口总量及结构预测 …… 21
2.5　机动车保有量分析与预测 …… 24

第 3 章　水资源消耗预测 …… 28
3.1　水资源当前形势分析 …… 28
3.2　预测模型与方法 …… 29
3.3　预测结果与分析 …… 35
3.4　结论与建议 …… 48

第 4 章　水污染产生量排放量预测 …… 51
4.1　水污染当前形势分析 …… 51
4.2　预测模型与方法 …… 53
4.3　预测结果与分析 …… 66
4.4　结论与建议 …… 131

第 5 章　能源消耗预测 …… 134
5.1　我国能源当前形势分析 …… 134
5.2　预测模型与方法 …… 138
5.3　模型参数确定 …… 143
5.4　预测结果与分析 …… 151

5.5 结论与建议 …… 162

第6章 大气污染产生量排放量预测 …… 164

6.1 大气污染当前形势分析 …… 164

6.2 预测模型与方法 …… 165

6.3 模型参数确定 …… 175

6.4 预测结果与分析 …… 182

6.5 结论与建议 …… 209

第7章 固体废物产生量排放量预测 …… 213

7.1 当前固体废物污染形势分析 …… 213

7.2 预测模型与方法 …… 217

7.3 模型参数确定 …… 219

7.4 预测结果与分析 …… 227

7.5 固体废弃物治理投资与运行费用 …… 236

7.6 结论与建议 …… 240

第8章 结论与建议 …… 243

8.1 主要结论 …… 243

8.2 “十三五”环境与发展对策建议 …… 257

参考文献 …… 264

第 1 章　研究背景及总体思路

1.1　研究背景

尽管我国环境保护工作取得了明显成效，但未来环境形势依然十分严峻，新时期环境保护工作更为复杂和艰巨。“十三五”及未来一段时期，是我国全面建成小康社会的关键时期，也是全面深化改革、加快转变发展方式的攻坚时期，我国仍将处于工业化和城市化“双快速”发展阶段，经济总量仍将快速增长，城镇化率将超过 50%，主要污染物排放量还远远高于环境容量，污染物范围日益扩大，污染物类型从常规污染物向常规污染物和新型污染物的复合型转变。日益严重而又复杂的环境问题，使得我国环境质量改善的难度和压力进一步加大，城市灰霾、河流水污染、地下水污染、土壤污染、重金属污染等一些老百姓关注的问题十分突出，每年环境污染损失已占 GDP 的 3% 以上，给人民生活和健康带来了严重威胁。对新时期我国经济发展与环境资源的突出矛盾问题和新型问题，必须深刻领会，必须以更高的层次、更宽的视野来研究这些环境问题。

为应对新时期环境方面的挑战，党中央、国务院高度重视，把环境保护摆上了更加重要的战略位置。党的十八大提出了生态文明建设与政治建设、经济建设、社会建设、文化建设“五位一体”的新布局，确立了提高生态文明水平，建设“美丽中国”的愿景。“美丽中国”目标和生态文明建设战略任务，客观上要求必须进一步强化环境保护工作的战略地位。为加强新时期环境保护战略研究，提出下一个十年，特别是“十三五”期间我国环境保护战略目标和重大举措，将能够有效地克服目前国家中长期环境决策的盲目性和随意性，是落实科学发展观、加强生态文明建设的内在要求，是全面建成小康社会的重要保障，将具有重要的战略意义和现实意义。

“小康社会”是由邓小平同志在 20 世纪 70 年代末 80 年代初在规划中国经济社会发展蓝图时提出的战略构想。随着中国特色社会主义建设事业的深入推进，其内涵和意义不断得到丰富和发展。中共十六大报告首次明确提出了“全面建设小康社会”的目标，即在优化结构和提高效益的基础上，国内生产总值到 2020 年力争比 2000 年翻两番，综合国力和国际竞争力明显增强。党的十七大在十六大确立的全面建设小康社会目标的基础上提出实现人均国内生产总值到 2020 年比 2000 年翻两番的更高要求。党的十八大根据我国经济社会发展实际和新的阶段性特征，在党的十六大、十七大确立的全面建设小康社会目标的基础上，进一步明确了 2020 年实现国内生产总值和城乡居民人均收入比 2010 年翻一番的目标，并提出了一些更具政策导向、更加针对发展难题、更好顺应人民意愿的新要求，以确保到 2020 年全面建成小康社会。要达到全面建成小康社会的目标，即 2020

年GDP在2000年翻两番的情况下，我国经济社会发展、资源能源消耗与环境污染排放之间关系及情况如何？需要我们作出科学预测分析和判断。

全面建成小康社会时期的环境与发展预测涉及的内容较多，涉及大气环境、水环境、农村与土壤环境、环境风险与健康等领域，这些领域的研究，需要突破以前的环境保护战略研究思路和框架，全面把握全面建成小康社会、生态文明建设、美丽中国建设等“新时期”的特点和要求，关注国家和人民对环境保护的“新期待”。为此，研究要体现环境目标与经济发展目标、社会发展目标向协调统一，体现与党的十八大、十八届三中全会、四中全会精神和部署相结合，与全面建成小康社会目标相结合，与“美丽中国”愿景目标相结合，将生态文明建设理念融入经济、社会、文化建设全过程中及各个阶段，适应绿色发展、低碳发展、循环发展、绿色转型的要求，更加注重科技创新驱动战略在环保中的重要作用，更加注重信息公开和人民群众健康要求。

1.2 总体思路

本报告是根据环境保护部环境规划院和国家信息中心联合开发的“国家中长期环境经济预测模型系统”，通过建立经济社会预测模型、资源能源消耗预测模型、环境污染产排放预测模型方法，采用历年统计数据获得关键技术参数，在充分考虑未来中国经济社会发展可能面临的国内外环境，以全面建成小康社会（2020年GDP比2000年翻两番）为基准情景方案，预测到2020年中国资源能源消耗量和主要污染物排放量。对于污染物排放预测，基本是在现有污染减排情景下和经济可承受范围内，未来继续加大污染控制力度情景下，得出的预测结果。

社会经济发展与资源环境之间存在互动关系。一方面，社会经济发展是资源利用和环境污染的首要影响因素，生产过程、消费过程中对生产资料和生活资料的需求是资源利用的根本原因，在现有技术条件下，资源利用是不充分的，导致非生产和生活目的的废物产生和排放，是环境污染的根本原因。另一方面，资源环境对社会经济发展也具有制约作用，资源瓶颈、环境污染反过来也会限制经济的进一步增长和社会福利的进一步提高。

基于社会经济发展与资源环境之间的关系，本研究预测将以社会经济发展水平的规划和预测为基础，以2013年为数据基准年，对2016—2030年国家社会经济、资源、能源与环境污染进行预测。本报告的预测结果存在一定不确定性，主要来源于中国未来经济走势、能源结构调整和新型能源技术突破、污染减排目标的变化、污染减排措施的变化等，上述因素将对预测结果带来影响。

首先，对社会经济发展进行预测。建立社会经济发展预测模型，主要包括国内生产总值预测、人口和城市化水平预测、各行业产值的预测、各行业增加值的预测、各行业产品产量的预测（固体废物部分）、产品销售量的预测（固体废物部分）等内容。主要目的是与资源能源消耗、环境污染预测模型对接，研究人口增加及城市化，行业产值、增加值，产品产量、销售量对资源环境产生的压力及影响。

其次，对资源环境问题进行预测。建立资源环境问题预测模型，主要包括水资源需求预测模型、能源消费预测模型、水污染物产生量预测模型和大气污染物产生量预测模型。通过经济预测模型输入的行业产值、增加值，产品产量、销售量以及人口增加及城市化率等指标，预测资源环境问题，包括能源消耗和需求的预测，大气污染物产生量与排放量、废水产生量与排放量、水污染物产生量与排放量、固体废物产生量与堆放量等指标的预测。

最后，与环境污染减排目标（需要设定不同情景方案）结合，预测这些主要污染物的削减量和治理投资与运行费用，提出污染物减排目标、资源环境承载力以及实现最优减排目标的社会经济发展政策建议。

预测的总体思路如图 1－1 所示。

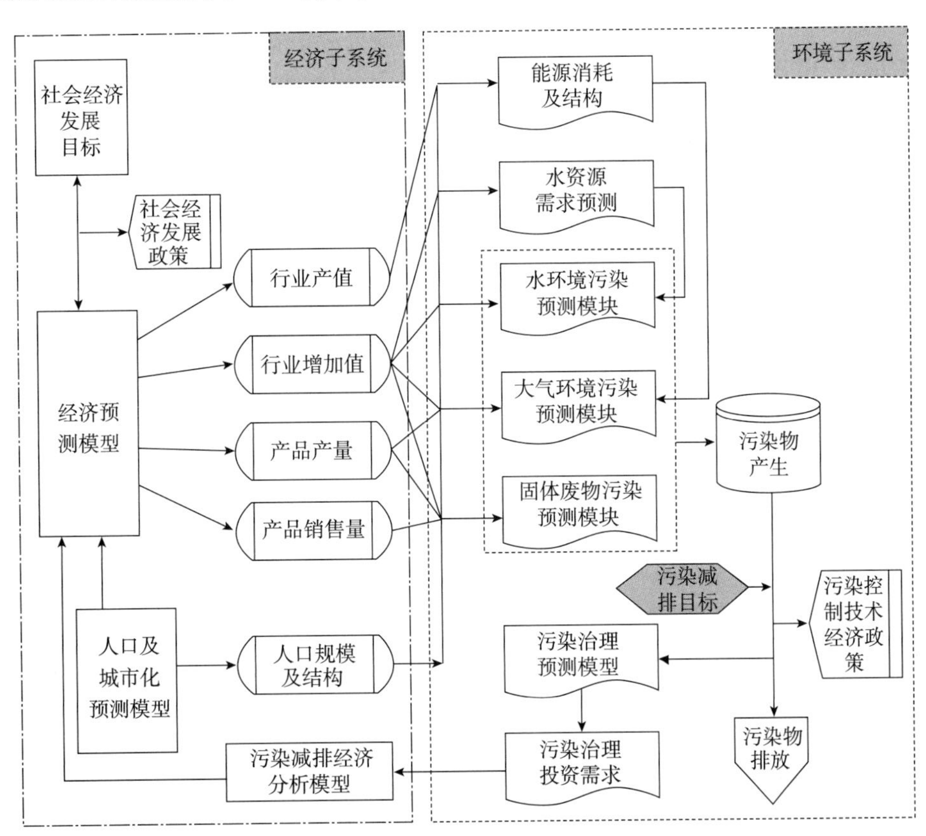

图 1－1　中国“十三五”环境经济预测总体思路

第2章　经济社会发展预测

2.1　当前经济社会发展形势分析

改革开放以来，我国经济社会发展取得了举世瞩目的伟大成就，综合国力、经济基础和人民生活不断增强和改善，工业化、城镇化快速推进，国际地位显著提高，市场经济制度不断完善，站到了现代化建设新的历史起点上，中国仍处在重要战略机遇期。

（1）经济高速增长，综合国力显著提升

改革开放以来，中国经济实现了持续快速的"起飞"。1978—2013年，中国经济保持了年均9.8%的高速增长，创造了人类历史上大型经济体增长的奇迹；GDP规模从3.6万亿元增加到56.9万亿元，按美元计算达到9.4万亿美元，从世界第10位跃居到第2位，成为仅次于美国的世界第二大经济体；人均GDP从154美元上升到7 000美元，由低收入国家跨入了上中等收入国家行列①；货物贸易从占世界份额不足1%上升到成为第一货物出口大国；制造业增加值占全球比重达到20%左右，超过美国成为全球第一制造业大国。

（2）产业结构不断升级，结构调整取得积极进展

在经济快速增长的同时，我国产业结构不断优化升级。依托消费升级和比较优势，过去30多年中国产业升级实现了"内外需双轮驱动"，通过主导产业的有力带动和基础产业的有力支撑，逐步实现了产业结构的协调化和高度化，在国内不断满足消费升级需求，在国际分工中不断走向产业链条高端。1980—2013年，第一产业占GDP比重由30.2%下降到10%，下降了20.2个百分点；第三产业比重由21.6%上升到46.1%，上升了24.5个百分点；第二产业比重由48.2%降低为43.9%，下降了4.3个百分点。从细分行业看，产业结构不断高端化，电子及通信设备制造业、交通运输设备制造业、电气机械及器材制造业、机械制造业、金融业等增速明显高于国民经济平均增速，占GDP比重大幅提高。传统产业改造升级力度加大，部分战略性新兴产业发展迅速（表2-1）。

近年来，政府高度重视节能减排、环境保护和生态建设，在产业结构升级、能源结构优化、节能技术水平提高以及政策引导等因素的共同推动下，节能减排工作取得了积极成效，能源消耗强度在"十一五"期间降低19.1%的基础上，2011年、2012年和2013年又分别降低2%、3.6%和3.7%。

---

① 按照世界银行给出的发展阶段划分标准，2010年人均国民收入低于1 005美元的属于低收入国家；1 006～3 975美元的属于中下等收入国家；3 976～12 275美元的属于中上等收入国家；高于12 276美元的属于高收入国家。

（3）对外开放取得成绩，国际地位和影响力显著提高

改革开放以来尤其加入 WTO 以来，中国积极融入经济全球化，充分发挥中国劳动力丰富低廉的比较优势，抓住国际产业转移的历史性机遇，一举成为世界第一出口大国和第一大外汇储备国。进、出口从1978 年的100 亿美元左右上升到2013 年的19 504 亿美元和22 096 亿美元。2013 年年末外汇储备达到3. 8 万亿美元。

表 2－1　1980—2013 年中国经济增长与产业升级

时期	20 世纪 80 年代	20 世纪 90 年代	21 世纪初
内需发展阶段	衣食	耐用品	住行
外需发展阶段	对外开放、设立特区	汇率超贬、出口导向	加入世界贸易组织、融入全球化
增长较快的行业	农业 住宿餐饮 批发零售 金融 金属制品	电气 电子 交通运输设备 纺织 食品 化工 冶金 交通通信	汽车 房地产 建材、家具 机械、金属制品 冶金 煤电 化工 金融 电子 电气

资料来源：DRC 行业景气监测数据库。

在外贸规模不断跃上新台阶的同时，外贸结构明显改善。1980—2011 年，初级产品出口占货物出口比重从 50. 3% 下降到 5. 3% ，下降了 45 个百分点；工业制成品出口占货物总出口比重从 49. 7% 上升到 94. 7% ，其中机械及运输设备出口由 4. 7% 上升到 47. 5% ；进口方面，工业制成品进口占货物总进口比重由 1985 年的 87. 5% 下降到 2011 年的 65. 3% 。

中国对全球经济增长的贡献不断提高，2007—2011 年，中国对世界经济增长的平均贡献接近 60% 。对外投资大幅增长，通过跨国并购等途径整合全球资源能力增强，中国在全球治理中的重要性提升。

（4）城乡居民生活水平大幅提高，城镇化加快发展

1978—2013 年，城镇居民家庭人均可支配收入从 343. 4 元上升到 26 955 元，增长了 77. 6 倍，按可比价计算，年均增长 7. 4% ；农村居民家庭人均纯收入从 133. 6 元上升到 8 896元，增长了 65. 6 倍，按可比价计算，年均增长 7. 6% 。特别是 2013 年全国居民人均可支配收入实际增长 8. 1% ，超过 7. 7% 的 GDP 增速 0. 4 个百分点。中国由农业文明社会基本迈入城市文明主导的社会。1978—2013 年，城镇化率从 17. 9% 上升到 53. 7% ，年均提高 1. 02 个百分点。1978—2012 年，城镇居民人均住房面积由 4. 2 m^2 增加到 32. 9 m^2，农村居民人均住房面积由 8. 1 m^2 增加到 37. 1 m^2。

（5）技术创新步伐加快，民生和社会事业取得巨大发展

中国科技事业蓬勃发展，整体水平位居发展中国家前列，部分科研领域达到国际先进水平。妥善解决就业问题，保持就业形势稳定。全面推进社会保障体系建设，建立新型农村社会养老保险和城镇居民社会养老保险制度，城乡居民基本养老保险实现了制度全覆盖。建立新型农村合作医疗制度和城镇居民基本医疗保险制度，全民基本医保体系初步形成。国民健康水平进一步提高，人均预期寿命达到75岁。

（6）经济社会发展仍面临矛盾和问题

在取得成绩的同时，必须清醒地看到，中国经济社会发展中还存在不少矛盾和问题。一是经济发展方式转变尚未取得全局性和实质性突破。经济增长过度依赖资源要素投入的格局尚未根本改变，体制机制不顺导致的低效率局面尚未根本打破，生态环境整体恶化的趋势尚未根本扭转。二是社会和谐的基础还不牢固。城乡、区域等差距依然较大，就学、就业、创业机会不均等问题突出，社会阶层流动渠道不畅，腐败多发、诚信缺失和有法不依、执法不严、违法不究等现象严重。三是改革任务依然艰巨而紧迫。经济社会发展中深层次重大问题的解决亟待改革深入，人民群众对改革期待日益迫切，但利益格局分化带来的阻力加大，达成改革共识的难度增加。

2.2 未来经济发展的国内外环境分析

改革开放三十多年来，面对复杂多变的国内外形势，党中央、国务院带领全国各族人民积极应对各种挑战，在全面建设小康社会的进程中迈出了坚实的一大步，为今后的发展奠定了良好基础。“十三五”及2020—2030年，中国仍将处于推进经济发展的关键时期和重要战略机遇期，既存在诸多有利条件，也面临不少难题。未来世界经济增长格局和全球治理结构将发生重大调整，国内经济增长的速度、结构和动力机制将发生重要转变，思想观念、社会结构和组织方式将发生深刻变化，中国的现代化进程将面临更为复杂的国际国内环境，机遇与挑战并存。

2.2.1 国际环境：调整和创新成为趋势

未来和平、发展、合作仍将是国际主流，经济全球化、政治多极化将持续深入。从近期看，世界经济将处于金融危机及其后续的调整时代，全球经济、贸易、投资等将会保持较低水平，在原有框架背景下的复苏也将呈现缓慢、曲折的过程；从中长期看，随着危机后各国经济结构、体制和政策调整的深入，全球产业分工格局、贸易格局、经济力量对比和全球治理结构等都有可能发生重大调整和变化，既会增加我国面临的外部环境的复杂性和不确定性，也蕴含着进一步发展的重要机遇。

（1）世界经济格局将发生结构性变化

从“十三五”看，经过世界各国政府努力，国际金融危机冲击的影响逐步稳定和消除，但发展模式和经济结构方面长期累积的深层次矛盾和问题并未得到解决，世界经济

的复苏进程存在很大的不确定性。美国不仅没有解决其全球竞争力下滑的问题，反而由于过度依赖量化宽松货币政策，进一步侵蚀了全球对美元的信心。部分新兴经济体刺激过度，引发了房地产泡沫、地方债务风险等诸多新的问题。国际上，全球经济和贸易失衡问题并未得到根本解决，危机后的全球治理格局并未体现新兴经济体不断上升的实力和影响力。未来国际金融市场将持续动荡，发达经济体长期积累的结构性矛盾将继续发酵，经济复苏进程缓慢甚至可能反复，全球经济进入低速增长时期。

从中长期（2020—2030 年）看，全球经济格局将继续发生深刻的结构性变化。从美国的次贷危机到欧洲的主权债务危机，再到亚洲新兴经济体的崛起，不是偶然发生的，是多年来全球经济重心转移的必然结果。未来发达经济体增长前景很不乐观，人口老龄化、高福利弊端、产业空心化、经济虚拟化等问题将持续困扰欧美国家。全球产能过剩压力持续加大，全球竞争加剧，贸易保护主义会持续抬头，全球陷入滞胀的可能性加大。

与此同时，新兴经济体异军突起。以金砖国家为代表的新兴经济体，拥有约 30 亿人口，是发达经济体人口的 3 倍，正在进入工业化、城市化快速推进的新阶段，成为世界经济增长的新动力。这不仅将改变世界经济增长格局，而且会带来能源供求、地缘政治、国际分工等一系列重要的结构性变化。

（2）新一轮技术革命和创新周期孕育突破

21 世纪初，由原子能、电子计算机、互联网、空间技术、新材料技术和生物工程推动的第三次科技革命催生了世界经济的增长高潮，新兴经济体尤其中国受益于第三次科技革命后的全球产业转移而强劲增长。但是以次贷危机为分水岭，21 世纪初开始的创新周期时代结束了，全球经济将面临长期的调整，从实体经济的层面，通过优胜劣汰、兼并重组和技术变革，为下一轮创新周期蓄积力量；从金融的层面，发达国家政府、居民和企业部门面临长期的去杠杆化，通过资产负债表调整以恢复“再出发”的能力。根据历次创新周期经验，谁能够率先实现由短期需求刺激政策向长期供给改革政策转变，有效调整工资、福利和汇率，激活微观企业创新活力，谁就能在下一轮复苏中抢占先机。

创新周期的低谷同时也是新技术、新产业积极酝酿的时机，为应对金融危机和气候变化，发达国家纷纷推出再制造化、抢抓新兴产业机遇的重大举措，大幅度增加科技投入，抢占未来竞争的战略制高点。在新能源技术、节能减排技术、信息技术（比如传感网、物联网、智慧地球、云计算）等若干重要领域，正在酝酿新的突破。在相当长的时期内，发达国家在技术上占优势的局面不会有根本性改变，其创新能力可能还会进一步增强。对于发展中国家而言，只有高度重视创新，才可能借助战略性新兴产业实现“弯道超车”。

（3）发达国家经济增长模式和发展战略有所调整

始于 2008 年的国际金融危机，对全球经济的冲击前所未有，至今危机的阴霾尚未消散，某些领域甚至还在蔓延深化。金融危机发生后，西方国家逐渐对已有的世界经济格局和发展模式进行调整，以适应新的经济发展趋势。一是从市场至上到加强金融监管。金融市场失灵和自由资本主义危害使美国等发达国家把一些问题机构进行了国有化，美国的金融监管改革法案把监管触角几乎伸到金融领域各个角落，G20伦敦峰会联合公报明确提出，所有金融机构、市场和工具都必须接受适度监督和管理。二是从重视虚拟经济到重视实体经济。吸取虚拟经济过度膨胀和产业出现空心化的教训，美国总统奥巴马签署了《美国制造业促进法案》，希望重振制造业竞争力，并恢复在过去10年中失去的560万个制造业就业岗位。美国以虚拟经济支撑的超前消费模式也将逐步转向合理消费模式。三是从重视传统产业到重视新兴产业特别是新能源产业。西方各国都在加大力度支持新能源和低碳经济发展，新能源将成为主导21世纪世界经济的重要战略性产业。未来美国等发达国家将创造出高新技术产品来与发展中国家进行交换，从而使世界经济走向均衡。

国际经济的新情况和新变化，对我国现有的产业结构和依靠出口拉动经济增长的模式构成了挑战，我国很难继续依赖传统的制造业扩张和资源消耗模式来支撑经济增长，这就要求我们必须加快产业升级，加快战略性新兴产业的发展，加快推行节能减排绿色低碳经济的发展。

（4）经济全球化将继续发展，国际产业分工和贸易格局不断调整

长期来看，经济全球化还会在新的基础上继续深化。现代交通、通信技术的发展，将使跨国、跨境交易更加便利。随着全球经济逐渐复苏，全球贸易和投资还会继续增长。国际分工持续深化，将推动国际贸易和跨境投资增长快于全球经济增长。这将有利于我国继续利用两个市场、两种资源，优化资源和要素配置，释放增长潜力，加快发展进程；有利于我国充分吸收国际资本、国际技术和国际人才，促进产业结构升级，增强竞争优势；也有利于我国扩大对外直接投资，获取重要国际资源和技术。

新技术、新产业的发展，将会改变各国的比较优势和国家之间的竞争关系，并对全球产业分工及贸易格局产生影响；成本上升压力的加大，信息技术的快速进步，促使发达国家部分资金相对密集、技术含量较高的制造业（如汽车、钢铁等），以及某些原来不可转移的服务业，都有可能进一步向发展中国家转移，从而为发展中国家的产业升级带来新的机遇；危机中和危机后美国等发达国家的消费储蓄结构、国际收支结构已经并将继续发生变动，进而对我国的对外经济和贸易关系产生重要影响；非洲、南美洲、中亚等地区的一些历史上比较落后的国家工业化进程将会加快，以印度、巴西、南非和中东某些国家等为代表的新兴经济体仍会继续保持较高的经济增长速度，这既对我国构成了竞争压力，又为我国扩大外部市场空间创造了条件。

（5）应对气候变化，实现低碳绿色发展成为潮流和趋势

进入21世纪以来，全球气候变化问题日渐成为国际政治、经济、贸易领域的热点话题，围绕着减排义务，各方展开了激烈的博弈。世界各国特别是发达国家已把发展绿色低碳经济作为应对金融危机、经济衰退、环境恶化和气候变化等多重危机的重要对策，将对产业结构、贸易结构产生深刻影响，也会影响到不同国家的发展空间与发展战略。

随着全球减排责任体系和制度安排的逐步形成，以及相关领域技术进步的迅速发展，低碳经济有可能成为今后一个时期重要的发展趋势或发展模式。作为世界上人口最多的发展中国家和最大的碳排放国之一，中国面临的减排压力将会不断增大。同时也面临着

新的机遇，减排将促进能源和环保领域的技术创新，有利于我们发挥后发优势，转变发展方式，在新技术的基础上实现跨越式发展。

2.2.2　国内环境：机遇和挑战并存

从中长期看，我国经济社会发展的基本趋势长期向好，但支撑过去30多年经济高速增长的一些重要因素将发生改变。国际国内环境的变化，既蕴含着新的发展机遇，也潜藏着巨大的风险和挑战。中国既有保持较快发展的内外部条件，面临的不确定性、不稳定性也明显增加。在潜在增长率下降、增长阶段转换的同时，经济结构和增长动力将发生显著变化，经济社会发展面临的资源、环境、稳定等压力增大，经济社会转型进入关键时期。

2.2.2.1　经济持续健康发展面临良好机遇

（1）中国有条件实现增长阶段平稳转换

虽然中国经济增长最快的阶段已经过去，但通过要素的重新组合和增长动力的适时转换，中国未来仍可保持较前有所降低、在全球范围看仍然较快的增长速度，逐步迈向成熟经济体和高收入社会。一是工业化、信息化、城镇化、农业现代化新“四化”同步发展，将扩展经济增长空间和持续性。二是住行主导的消费升级将持续推进，信息、教育、医疗、培训等服务消费升级潜力巨大。三是中国竞争优势并未根本动摇，资金条件雄厚、区域发展需求大、产业供给能力强、基础设施日趋完善、高素质人才队伍以及内部市场规模等优势没有改变，仍能支持中国经济较快增长。此外，中国处在一个全球化程度明显深化、趋势不可逆转的时代，一批人口众多的国家，如印度、印度尼西亚、巴西等，正在积极推进工业化，为中国提供了新的机遇。

（2）深化改革的新一轮制度红利将为经济发展注入活力

党的十八届三中全会对全面深化改革作出系统部署，新一轮体制改革的红利将进一步释放，为经济持续增长保驾护航。一是强调处理好政府和市场的关系，使市场在资源配置中起决定性作用和更好地发挥政府作用，大幅度减少政府对资源的直接配置，推动资源配置依据市场规则、市场价格、市场竞争实现效益最大化和效率最优化。二是积极发展混合所有制经济。国有资本、集体资本、非公有资本等交叉持股、相互融合的混合所有制经济，促进国有资本放大功能、保值增值、提高竞争力，允许更多国有经济和其他所有制经济发展成为混合所有制经济。三是推动国有企业完善现代企业制度。准确界定不同国有企业功能，国有资本加大对公益性企业的投入，在提供公共服务方面作出更大贡献。国有资本继续控股经营的自然垄断行业，实行以“政企分开、政资分开、特许经营、政府监管”为主要内容的改革，根据不同行业特点实行网运分开、放开竞争性业务，推进公共资源配置市场化。进一步破除各种形式的行政垄断。四是建立城乡统一的建设用地市场。允许农村集体经营性建设用地出让、租赁、入股，实行与国有土地同等入市、同权同价。建立兼顾国家、集体、个人的土地增值收益分配机制，合理提高个人收益。五是全面正确履行政府职能。进一步简政放权，深化行政审批制度改革，最大限度地减少中央政府对微观事务的管理。此外，金融、财税体制改革以及开放型经济等体制性改革，也将优化市场经济发展环境。

通过推动深层次改革，有望打破影响增长动力接续的障碍，迎来新一轮改革红利，在中长期为企业发展构建更加市场化的制度环境，推动我国经济社会全方位、更高层次的发展。

（3）新一轮城镇化建设将孕育一批可持续的增长点

2013 年我国城镇化率为 53.7%，城镇化水平落后于工业化发展阶段，新型城镇化建设将是我国今后经济发展的最大动力和潜力。最新召开的城镇化会议将有序推进农业转移人口市民化、优化城镇化布局和形态、提高城市可持续发展能力、推动城乡发展一体化和改革完善城镇化发展体制机制五方面作为新型城镇化建设的核心任务。新一轮城镇化规划的制定和出台，将显著拉升"十三五"及今后一个时期相关产业的可持续发展空间。一方面，优化城镇化布局和形态、提高城市可持续发展能力，可以扩大城市基础设施和重要产业等方面的投资建设和需求空间，强化现代制造业和战略新兴产业的发展，培育新的经济增长点。另一方面，"以人为本"是本轮新型城镇化建设的核心，有序推进农业转移人口市民化、加强城市基本公共服务建设和保障城市高效运营等，势必会促进社会福利保障、城市公共服务事业的大力发展，能够增强消费对经济增长的基础作用，释放城镇化的内需潜力，形成中国经济发展新的增长点。

（4）第三产业及服务业增长空间十分广阔

2013 年我国三次产业结构比例为 10.0∶43.9∶46.1，相比改革开放初期，第三产业占比有较大提高，但与美国、英国、日本等发达国家服务业占比超过 70% 的水平仍有较大差距。在经济转型的关键时期，我国政府提出，要通过结构优化和新驱动大力发展服务业，使服务业成为引领我国转型发展的新引擎。大力发展服务业既利于我国经济转型升级，又是改善民生、稳定社会、实现可持续发展的重要选择，符合工业化中后期我国经济发展的基本特征和规律。服务业是各种产业的有机融合体和终端承载体，它加快发展将给相关企业的发展提供新的增长动力、新的市场需求。一是大力发展服务业将推动稳增长、调整优化结构的落地实施。二是大力发展服务业将广泛吸收就业。三是大力发展服务业将推进"新四化"的递进式互动发展。

（5）技术创新和产业升级具备良好条件

我国研发投入比重持续提高，在若干重要领域有较好的技术积累；新技术的市场需求和产业化优势明显；传统产业与新兴产业相结合，改造升级潜力巨大；受教育程度较高、素质较好但成本较低的新劳动力优势正在形成。打破垄断、促进公平竞争，将培育出创新型龙头企业和一大批创新型中小企业，推进科技教育体制改革、促进知识创造效率的提高，创新驱动将引领未来经济的持续发展。

（6）在全球经济贸易竞争中仍处于有利位置

资金、技术、人才、渠道等国际高端要素的整合利用，将有利于提高我国"引进来"和"走出去"的质量与水平。一是新兴经济体工业化、城市化快速推进，经济继续保持快速增长，为我国中高技术产品的出口尤其是具有自主知识产权的成套设备出口提供了新的市场，有利于提升我国出口结构。二是发达经济体经济低迷，我国企业可以发挥资金充裕的优势，通过并购、参股等方式与境外企业开展合作，利用甚至掌控外部资源、技术、研发能力、品牌和销售渠道，与国内低成本制造优势相结合，大大提升我国企业的国际竞争力。三是我国和平崛起，对全球经济的影响力日益迅速上升，有利于提升在全球治理中的地位，全球增长格局变化和治理困境要求我国在参与全球治理中发挥更大作用。

2.2.2.2　经济发展存在挑战和制约因素

（1）内需增长存在下行压力

在世界经济延续缓慢复苏态势和我国从中等偏上国家向高收入国家行列迈进的过程中，我国经济进入从10%增长速度向7%～8%增长速度的转换期、经济结构调整的阵痛期、2008年以来刺激政策消化期的“三期叠加”阶段，导致内需增长存在下行压力。一是企业实际融资、用工、土地、环保、物流等生产成本提高，企业生产投资经营压力加大。二是制造业化解产能过剩任务艰巨。目前，我国产能过剩呈现行业面广、绝对过剩程度高、持续时间长等特点。产能过剩行业已从钢铁、有色金属、建材、化工、造船等传统行业，扩展到风电、光伏、碳纤维等新兴战略性产业，许多行业产能利用率不足75%，处于严重过剩，有的处于绝对过剩状态，许多行业的产能过剩主要是体制性和结构性因素。三是财政金融风险增加，财政收支矛盾日渐显现，政府融资平台负债增长较快。如果应对不力、处置不当，则可能出现系统性风险，特别是资产价格大幅波动和经济增速大幅下降带来的财政金融风险，使发展进程受挫。

（2）人口结构性矛盾逐渐显现

虽然我国出台了单独二胎政策，但短期内效果难以显现。未来一个时期，我国将继续保持人口低生育和劳动年龄人口比重下降的趋势。预计2015年总人口可控制在13.7亿人，年均人口自然增长率不会超过6‰，人口增长的矛盾已经由单一的总量矛盾转变为突出的结构性矛盾。一是人口老龄化加速，社会保障压力加大。2010—2015年，60岁以上老年人口将从1.64亿人增加到2.05亿人，占总人口的比重将达到14.6%。我国人口抚养比从“十二五”时期开始缓慢上升。人口老龄化加速和抚养比升高，意味着社会保障资金流入减少，支出增加，保障压力逐渐加大，这对保持经济持续平稳较快增长、实现社会代际公平带来重大历史性挑战。同时，农村社会养老保障制度不健全，青壮年人口大量流入城市，使农村老龄化形势更为严峻。二是劳动力供求的结构性矛盾突出，总量过剩与部分岗位“招工难”并存。总体上看，我国劳动年龄人口依然庞大，16～59岁的劳动年龄人口将于2015年达到高峰（10亿人），就业压力将较长期存在。

（3）体制改革进入攻坚阶段

未来10～20年，改革任务依然艰巨而紧迫。经济社会发展中深层次重大问题的解决亟待改革深入，人民群众对改革期待日益迫切，但利益格局分化带来的阻力加大，达成改革共识的难度增加。一方面，建立和谐社会，迫切需要解决生产发展与人民不能充分分享发展成果的矛盾，这将涉及科学民主决策、收入分配等深层次的改革，势必会影响到少数人的利益，推进改革将遇到既得利益阶层的阻碍，甚至引起社会动荡。另一方面，转变经济增长方式，迫切需要改变长期形成的干部选拔、考核制度和行政管理体制，探索适合我国现阶段经济和社会发展要求的行政管理体制。

（4）我国能源资源储量难以满足经济持续增长的需要

我国经济以年均9.8%的速度持续增长了30多年，经济总量增长了17倍，资源和能源消耗量大约增长了15倍，由于我国高科技缺乏核心技术，出口产品以劳动密集型的加工组装为主，因此我国经济增长付出了更多的资源和环境代价。我国人口占世界的21%，但是已探明可供开采的主要能源资源和矿产资源人均储量相当贫乏，储量相对丰富的煤炭人均储量为世界人均储量的76%。石油储量为世界总储量的1.8%，天然气储量只有0.7%。主要矿产资源占世界总储量的比例也明显偏低：铁矿石不足9%，锰矿石约18%，铜矿石不足5%，铝土矿不足2%。近年来，我国资源供给远远不能满足经济持续高速增长的需要，对外依存度提高，目前石油对外依存度已超过55%，铁矿石对进口的依赖更是高达75%。我国已有的能源资源储量难以满足经济快速增长的需要。

综合判断，“十三五”及2020—2030年我国仍处于乘势而上、大有作为的重要战略机遇期，但需要关注并适应战略机遇期内涵和条件已经或将要发生的变化，面临的风险和挑战增加。把握机遇，潜力可以变为现实；应对得当，挑战可以化为动力。国际经验表明，能进入中等收入阶段的国家较多，而能跨入高收入阶段的国家甚少。如果体制、战略、政策失当，很可能落入“中等收入陷阱”。未来将是中国全面建成小康社会、迈向中等发达国家水平的战略攻坚期，是经济发展方式、社会治理方式和全球化参与方式的转型突破期。逆水行舟，不进则退。进，则跨入高收入国家行列，进而实现社会主义现代化；退，则面临落入“中等收入陷阱”的风险，现代化进程可能出现停滞甚至倒退。因此，必须毫不动摇地坚持和深化改革开放，加快转型，为利用好新的战略机遇期创造必不可少的体制机制和政策条件。

2.3 宏观经济及产业结构预测

“十三五”时期和2020—2030年是我国全面建设小康社会、迈向高收入国家的重要时期，经济总量有望迈上新台阶，经济结构将发生全面而深刻的变化，同时也面临国际秩序调整、资源环境约束等各方面的挑战。只要我国继续深化改革，抓住机遇，有效应对挑战，就有望在2020年全面建成小康社会，在2030年步入创新型高收入现代化国家的行列。本部分采用计量经济模型对中国经济增长前景进行预测。

2.3.1 预测依据与方法

（1）预测依据

1）三步走战略

1987年10月，党的十三大提出中国经济建设的总体战略部署：第一步目标，1981年到 1990 年实现国民生产总值比 1980 年翻一番，解决人民的温饱问题，这在 20 世纪 80 年代末已基本实现；第二步目标，1991 年到 20 世纪末国民生产总值再增长 1 倍，人民生活达到小康水平；第三步目标，到 21 世纪中叶人民生活比较富裕，基本实现现代化，人均国民生产总值达到中等发达国家水平，人民过上比较富裕的生活。

2）十八大报告

十八大提出“确保到 2020 年实现全面建成小康社会宏伟目标”，并提出了经济社会发展的若干具体目标：转变经济发展方式取得重大进展，在发展平衡性、协调性、可持续性明显增强的基础上，实现国内生产总值和城乡居民人均收入比 2010 年翻一番。科技进步对经济增长的贡献率大幅上升，进入创新型国家行列。工业化基本实现，信息化水平大幅提升，城镇化质量明显提高，农业现代化和社会主义新农村建设成效显著，区域协调发展机制基本形成。对外开放水平进一步提高，国际竞争力明显增强。资源节约型、环境友好型社会建设取得重大进展。主体功能区布局基本形成，资源循环利用体系初步建立。单位国内生产总值能源消耗和二氧化碳排放大幅下降，主要污染物排放总量显著减少。森林覆盖率提高，生态系统稳定性增强，人居环境明显改善。

3）典型工业化国家经验

以工业化能否顺利推进为主线，通过搜集整理大量的历史数据，总结了曾经启动工业化进程、目前人口超过千万的 30 多个较大经济体的经验，归纳了它们相互之间的共同点与不同点。在理论分析的基础上，通过将国际上正反两方面的经验与我国的情形进行比较，提出了我国跨越高收入国家门槛的可能性及其所需要的转变。

（2）预测方法思路

宏观经济总量预测采用投入产出法、计量经济模型、扩展线性支出系统相结合的大规模联立求解模型完成。

基准期：2013 年。三个时间段：2016—2020 年，2021—2025 年，2026—2030 年。从测算我国的潜在增长能力入手，对不同时段的经济增长、三次产业等经济发展指标进行定量预测。通过投入产出表中的投资积累构成、扩展线性支出系统以及外贸依存度研究预测消费需求、投资需求和进出口需求，预测三大需求的贡献率和增长变化。

预测时从两个层面考虑了经济增长的影响因素。首先将影响经济增长的因素划分成两大类，即供给方面和需求方面。供给方面的因素主要包括各种生产投入要素以及生产技术的变化，具体来讲即劳动力、资本和技术进步；需求方面的因素既包括国内的需求，也包括国际的需求，具体来讲包括消费、投资和出口。而从更加具体或者更加微观的角度来看，影响需求和供给因素变化的原因很多，表现为推动经济增长的供给面将出现一些转折性变化，如劳动力供给将出现拐点，又表现为影响经济的需求方面因素也会出现一些重要变化，如居民住房、汽车消费需求的增长速度可能将不断趋缓，人口老龄化带来消费结构的转型，国际环境的恶化将降低出口增长速度等（图 2－1）。综合考虑这些影响经济增长的供给面和需求面因素，对“十三五”以及 2020—2030 年中国经济的前景作出趋势性预测判断。

预测的重点难点在于，主要经济变量的基准年数据的整理、不变价处理、全要素生产率的确定、计量经济方程的模拟回归和完善、投入产出表的整合（按新的行业部门）、投入产出直接消耗系数的计算。

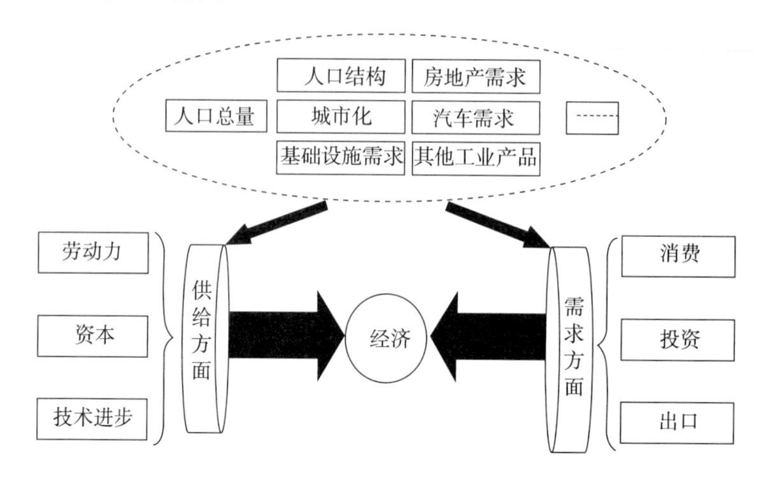

图2－1　经济增长的影响因素

2.3.2　经济发展主要指标的预测

对各种主要影响因素和国际经验的预测分析表明，2016—2030年，我国经济社会发展将经历三个阶段：

2016—2020年（“十三五”时期）：我国仍将处于工业化和城市化“双快速”发展阶段。以住房、汽车为主的居民消费结构升级带动产业结构优化升级，工业化快速发展带动城市化快速推进。经济总量快速增长，工业尤其是重工业占GDP的比重不断提高，能源原材料工业占工业比重在2018年左右达到高峰，高加工度制造业比重不断上升，到2020年基本实现工业化。2020年人均GDP达到1万美元以上，进入中上等收入国家水平，如期实现全面建成小康社会的目标。

2021—2025年：我国将处于工业化进程相对稳定和城市化继续较快推进的“一稳一快”发展阶段。经济继续保持平稳增长，工业占GDP的比重逐步降低，工业内部结构优化升级活动主导工业化进程，重工业比重趋于稳定，重工业内部能源原材料工业的比重不断下降，高加工度制造业比重不断上升；服务业快速发展，带动人口快速向城市转移，第三产业比重不断提高。

2026—2030年：我国将进入工业化和城市化“双稳定”发展阶段。工业化和城市化均趋于稳定，经济将逐步进入成熟发展期。经济增长速度明显放慢，工业占GDP的比重进一步下降，第三产业占GDP的比重显著上升，成为带动经济发展的主要力量。人口向城市的流动渐趋缓慢，服务业规模也开始稳定，以服务水平、质量提高为发展主线。人均GDP水平提高为2万美元以上，中国步入高收入国家行列。

（1）GDP及人均GDP增长预测

2012—2013年。我国经济增长保持在7.7%左右，“十三五”时期经济升级转型和结构调整是主要任务，受制于资源能源短缺和环境保护节能减排的影响，经济增速将由高增长步入中高速增长时期。考虑经济社会发展的诸多因素，并根据模型测算，按照基准方案，预计“十三五”GDP 增长 7%，2021—2025 年增长 6.6%，2026—2030 年经济增速降低至 6% 左右。由于我国经济总量较大，在此增长速度支撑下，同时考虑到中国经济追赶过程中人民币汇率升值和国内外物价变动等因素，利用汇率法和购买力平价法换算的数据，综合运用多种方法，参照国际通行的发展水平衡量标准，预计 2020 年中国的 GDP 总量有望超过美国，中国经济总量将会跃居世界第一。

由于未来一个时期经济增长受国内外政治、经济、资源环境等多方面因素的影响，即使国家确定了经济预期增长目标，但仍会出现不可预知、不确定因素的影响，因此，我们依据不同的经济运行条件，对经济增长进行了基准方案、高增长方案、低增长方案三种预测。

1）基准方案

如果世界经济温和回升增长，国际市场需求不断扩大，发达经济体和新兴国家较好控制通胀水平，世界经济保持中低速增长；同时，国内宏观调控得当处理经济增长、结构调整和防止通货膨胀的关系，把“调结构、转方式”放到宏观调控的首要位置，认真将各个“五年”规划的目标落实到年度经济社会发展计划中，财政政策突出结构调整的作用，货币政策进一步加快金融市场化改革，同时满足正常的经济发展资金需求量。严格限制高耗能行业投资，积极引导高加工度行业、新兴产业和民生工程投资快速增长。严格落实五年规划的节能减排目标以及各年单位国内生产总值能耗下降的节能目标。在这一国际环境和政策假设情景下，经模型测算，我国经济可望在结构调整中保持平稳增长，“十三五”GDP 增长 7%，2021—2025 年经济增长 6.5%，2026—2030 年经济增长 6.0%。如表 2－2 所示。

表 2－2　2016—2030 年 GDP 和人均 GDP 增长预测（基准方案）

年份	GDP 总量		人均 GDP 水平	
	GDP 期末值/亿元	GDP 年均增长率/%	人均 GDP 期末值/元	人均 GDP 期末值/美元
2013	568 845	7.7	41 804	6 864
2016—2020	921 997	7.0	65 857	11 355
2021—2025	1 263 216	6.5	88 337	15 230
2026—2030	1 690 468	6.0	116 584	20 101

注：经济增速为可比价，总量以 2013 年数据为基准年，不考虑价格因素。2016—2030 年人民币兑美元汇率均按 1：5.8 计算，届时实际汇率可能高于该水平。

按照世界银行制定的国际通用的发展阶段划分标准，我国已于 2010 年跨入中等收入国家行列。以 GDP 的基准方案预测结果为基础，结合中国人口增长预测，预计 2020 年中国人均 GDP 将达到 11 355 美元，我国进入中上等收入国家行列。2025 年和 2030 年人均 GDP 分别达到 15 230 美元和 20 101 美元，人均收入水平迈入高收入国家行列。

2）高增长方案

如果世界经济彻底摆脱金融危机的影响，西方国家债务危机得到有效控制，财政状况向着健康良性的方向发展，新一轮技术革命和创新周期带来新的增长动力，主要发达经济体经济出现较快增长，发展中经济体通胀压力得到较好控制，世界经济恢复到危机前的较快增速，国际贸易环境明显改善。同时，我国宏观调控政策以“保增长”为首要任务，继续实行积极的财政政策和稳健的货币政策，财政赤字规模保持一定的扩张力度，货币政策保持现有政策力度，不再出台进一步紧缩性政策措施，全社会融资总量继续处于相对宽松的状况。加快“十三五”规划重点建设项目的开工，投资继续保持较快增长，出口增长进一步加速，消费需求持续增加。经济转型升级取得进展，战略新兴产业日益成经济增长的主导力量，经济结构优化，第三产业持续较快发展，资源环境压力趋于减小。在这一国际环境和政策假设情景下，经模型测算，我国经济可望在宽松和良好的国内外环境中继续实现较快增长。“十三五”GDP 增长 7.5%，2021—2025 年经济增长 7.0%，2026—2030 年经济增长 6.5%（表 2－3）。

表 2－3　2016—2030 年 GDP 和人均 GDP 增长预测（高方案）

年份	GDP 总量		人均 GDP 水平	
	GDP 期末值/亿元	GDP 年均增长率/%	人均 GDP 期末值/元	人均 GDP 期末值/美元
2013	568 845	7.7	41 804	6 864
2016—2020	947 257	7.5	67 661	11 666
2021—2025	1 328 576	7.0	92 907	16 019
2026—2030	1 820 265	6.5	125 536	21 644

注：经济增速为可比价，总量以 2013 年数据为基准年，不考虑价格因素。2016—2030 年人民币兑美元汇率均按 1:5.8 计算，届时实际汇率可能高于该水平。

以上述 GDP 预测结果为基础，结合我国人口增长预测，预计 2020 年我国人均 GDP 将达到 11 666 美元，我国进入中上等收入国家行列。2025 年和 2030 年人均 GDP 分别达到 16 019 美元和 21 644 美元，人均收入水平迈入高收入国家行列。

3）低增长方案

如果世界经济金融危机的后续影响迟迟不能消除，主要发达国家金融和财政状况进一步严峻，同时，发达国家“再工业化”、新一轮技术创新和新能源驱动尚未对经济起到显著带动作用，世界经济复苏步伐明显放缓，发展中国家为应对通胀压力而收紧政策，国际环境有所恶化。而同时我国宏观调控政策继续以“调结构和控通胀”为首要任务，实行财政和货币“双稳健”政策，财政政策力度有所收缩，货币政策加强监控力度，社会融资总量增长出现明显下降，经济转型升级缓慢，战略新兴产业不能成为经济主导力量。在这一国际环境和政策假设情景下，经模型测算，我国经济增速将明显减缓，“十三五”GDP 增长 6.5%，2021—2025 年经济增长 6.0%，2026—2030 年经济增长 5.5%（表 2－4）。

表 2 -4　2016—2030 年 GDP 和人均 GDP 增长预测（低方案）

年份	GDP 总量		人均 GDP 水平	
	GDP 期末值/亿元	GDP 年均增长率/%	人均 GDP 期末值/元	人均 GDP 期末值/美元
2013	568 845	7.7	41 804	6 864
2016—2020	900 656	6.5	64 333	11 092
2021—2025	1 205 281	6.0	84 285	14 532
2026—2030	1 575 254	5.5	108 638	18 731

注：经济增速为可比价，总量以 2013 年数据为基准年，不考虑价格因素。2016—2030 年人民币兑美元汇率均按 1:5.8 计算，届时实际汇率可能高于该水平。

以上述 GDP 预测结果为基础，结合我国人口增长预测，预计 2020 年我国人均 GDP 将达到 11 092 美元，我国进入中上等收入国家行列。2025 年和 2030 年人均 GDP 分别达到 14 532 美元和 18 731 美元，人均收入水平迈入高收入国家行列。

（2）生产要素贡献率预测

从供给角度看，预测经济增长需要确定生产要素（资本存量、劳动力、全要素生产率）对经济增长的贡献率和贡献度。从我国经济发展趋势看，一是资本存量对我国未来经济增长的贡献仍将处于重要地位，2030 年之前仍然是拉动经济增长的最大动力，但总体来看，其对经济增长的贡献率呈下降趋势。二是劳动力投入增加对经济增长的贡献会趋于减少，在 2030 年接近于零，之后劳动力总量呈减少趋势，劳动力投入对经济增长的贡献出现负值。三是全要素生产率始终是我国经济增长的重要动力之一，其对经济增长的贡献率将会稳步上升。

根据投资规模和技术进步水平的不同，以及劳动力对经济增长的贡献变化趋势，可对主要生产要素对经济增长的贡献作如下预测，见表 2 -5。

表 2 -5　2016—2030 年生产要素对经济增长的贡献预测

年份	资本存量		劳动力		全要素生产率	
	贡献度（百分点）	贡献率/%	贡献度（百分点）	贡献率/%	贡献度（百分点）	贡献率/%
2012	6.4	63.8	0.3	3.2	3.3	33.0
2015	5.6	61.8	0.2	2.3	3.2	36.0
2020	4.7	59.7	0.1	1.3	3.0	39.0
2025	3.9	57.5	0.1	0.7	2.8	42.0
2030	3.3	55.0	0.0	0.0	2.7	45.0

（3）三次产业及规模以上工业增速预测

未来一个时期，我国产业结构将呈现不断优化升级趋势。第一产业增速和比重持续小幅下降。第二产业比重和投资率将趋稳并逐步降低，经济结构呈现出与高收入国家类似的特征，随着2020年完成工业化，比重开始下降。第三产业增速和比重稳步上升，逐步成为经济发展的支柱产业，消费率显著提升。根据经济增长的不同方案，三次产业和工业增速也相应会发生变化，对应经济增速的变化，我们对三次产业及规模以上工业增速预测也进行了基准方案、高增长方案和低增长方案三组预测。

1）基准方案

按照基准方案，预计“十三五”时期一、二、三次产业分别增长3%、6.8%和7.8%，三次产业比重调整为6.8：43.7：49.4。一、二产业增速和比重有所下降，第三产业增速有所下降、比重有所上升。2021—2025年延续这一增长格局，2026—2030年这一特征得到进一步强化。预计2026—2030年一、二、三次产业分别增长1.8%、5.5%和6.8%，三次产业比重优化为4.5：42.1：53.4。第三产业增速超过GDP和第二产业，比重大幅提高，以消费经济为主在第三产业在经济增长中起绝对主导性的作用（表2－6、表2－7）。

表2－6　2016—2030年国民经济三次产业增长预测（基准方案）

年份	三次产业增速/%			三次产业比重/%		
	一产	二产	三产	一产	二产	三产
2013	4.0	7.8	8.3	10.0	43.9	46.1
2016—2020	3.0	6.8	7.8	6.8	43.7	49.4
2021—2025	2.0	6.2	7.3	5.5	43.1	51.4
2026—2030	1.8	5.5	6.8	4.5	42.1	53.4

注：本预测增速为可比价，总量以2013年数据为基准年，不考虑价格因素。

表2－7　2016—2030年三次产业总值及规模以上工业增速预测（基准方案）

年份	三次产业期末值/亿元			规模以上工业增加值
	一产	二产	三产	增速/%
2013	56 957	249 684	262 204	9.7
2016—2020	63 143	403 167	455 688	9.0
2021—2025	69 715	544 637	648 864	8.5
2026—2030	76 220	711 819	902 430	8.0

注：预测增速为名义增速，总量以2013年数据为基准年，不考虑价格因素。

2）高增长方案

在高方案中，经济增速较高主要是由于工业生产的相对较快增长拉动的，因此，表现为工业增速较快，第二产业占比依旧保持较高水平，第三产业的贡献拉动有所弱化（表2－8、表2－9）。

表2－8　2016—2030年国民经济三次产业增长预测（高方案）

年份	三次产业增速/%			三次产业比重/%		
	一产	二产	三产	一产	二产	三产
2013	4.0	7.8	8.3	10.0	43.9	46.1

续表

年份	三次产业增速/%			三次产业比重/%		
	一产	二产	三产	一产	二产	三产
2016—2020	3. 2	7. 5	8. 1	6. 7	44. 0	49. 3
2021—2025	2. 5	7. 1	7. 5	5. 4	44. 2	50. 4
2026—2030	2. 0	6. 6	6. 9	4. 4	44. 4	51. 2

注：本预测增速为可比价，总量以 2013 年数据为基准年，不考虑价格因素。

表 2 –9　2016—2030 年三次产业总值及规模以上工业增速预测（高方案）

年份	三次产业期末值/亿元			规模以上工业增加值增速/%
	一产	二产	三产	
2013	56 957	249 684	262 204	9. 7
2016—2020	63 759	416 553	466 945	9. 5
2021—2025	72 137	586 973	669 467	9. 0
2026—2030	79 645	807 986	932 634	8. 5

注：预测增速为名义增速，总量以 2013 年数据为基准年，不考虑价格因素。

3）低增长方案

在低方案中，农业保持稳定，工业生产增长趋缓，规模以上工业增加值增速降至较低水平，第三产业增长速度和占比明显提高，第三产业对经济增长的贡献率提高，三次产业结构不断趋于优化（表 2 –10、表 2 –11）。

表 2 –10　2016—2030 年国民经济三次产业增长预测（低方案）

年份	三次产业增速/%			三次产业比重/%		
	一产	二产	三产	一产	二产	三产
2013	4. 0	7. 8	8. 3	10. 0	43. 9	46. 1
2016—2020	2. 8	6. 3	7. 3	6. 9	43. 7	49. 3
2021—2025	2. 0	5. 8	6. 7	5. 7	43. 3	51. 0
2026—2030	1. 8	5. 2	6. 1	4. 8	42. 7	52. 5

注：本预测增速为可比价，总量以 2013 年数据为基准年，不考虑价格因素。

表 2 –11　2016—2030 年三次产业总值及规模以上工业增速预测（低方案）

年份	三次产业期末值/亿元			规模以上工业增加值增速/%
	一产	二产	三产	
2013	56 957	249 684	262 204	9. 7
2016—2020	63 143	403 167	455 688	8. 5
2021—2025	69 715	544 637	648 864	8. 0
2026—2030	76 220	711 819	902 430	7. 5

注：预测增速为名义增速，总量以 2013 年数据为基准年，不考虑价格因素。

(4) 三大需求增长变化趋势预测

1) 三大需求比率结构的预测

投资率、消费率和净出口率是构成支出法预测国内生产总值的核心内容，从需求角度研究经济增长，首先要确定三大需求（投资、消费和净出口）结构，对投资率、消费率和净出口率变化进行预测（表2-12）。

——投资率。投资率主要由储蓄率来决定，而储蓄率受人口红利（适龄劳动人口比重提高对经济增长的贡献）的影响。根据相关研究，我国人口红利在2013年左右结束，但储蓄率在高位仍将持续一段时间，此后开始下降。因此我国投资率将在2015年前后达到峰值，此后逐步回落，随着工业化的完成，在2030年将下降至37%左右。但由于我国工业占有相对较高的比重，因而投资率将高于目前发达国家约20%的平均水平。

——消费率。与投资率相对应，我国消费率在2015年左右降至最低水平，此后，随着居民收入水平的稳步提高、社会保障的日趋强化、城市化率的不断上升以及消费经济时代的到来，我国消费率将呈现不断提高的态势，预计“十三五”时期提高为52%，2030年我国消费率有望升至60%左右。

——净出口率。初步预计，我国净出口对GDP的贡献率较小，随着国际经济贸易多元化发展，净出口对经济增长将趋于稳定。2030年以后，我国将进入后工业化时期，产业结构进一步升级，综合国力日渐强大，这一时期我国对外贸易进口与出口将持平，净出口率维持在0.5%以内。

表2-12 2016—2030年三大需求比率预测　　单位:%

年份	消费率	投资率	净出口率
2012	49.5	47.8	2.7
2016—2020	52.0	45.0	0.5
2021—2025	54.0	43.0	0.3
2026—2030	60.1	37.0	0.2

注:消费率=(最终消费支出/GDP)×100;投资率=(资本形成总额/GDP)×100;净出口率=(净出口额/GDP)×100。

2) 三大需求总量和增速预测

投资、消费和出口是拉动经济增长的“三驾马车”，从目前经济增长格局看，呈现投资高增长的驱动模式，消费对经济增长的贡献率较低，受金融危机的影响，出口需求增长进一步趋缓。未来一个时期经济仍将呈现高投资的增长模式，但随着居民收入增加和扩大消费战略的实施，消费需求增速将不断加快，消费对经济增长的贡献有望提高，出口需求趋于平稳（表2-13）。

——固定资产投资增速呈现前高后低的走势。“十三五”时期，我国经济进入结构调整和优化升级的发展阶段，新型城镇化建设、区域发展规划、强化城市基础设施、不断改善民生、实现公共服务均等化，落实鼓励民间投资的“非公36条”、改造传统产业以及大力发展节能环保新兴产业均需较大资金投入，投资呈现结构优化、有保有压的增长格局。根据模型预测，“十三五”时期全社会固定资产投资增长17%。2020—2030年随着我国经济增速减缓、经济发展方式转变，投资增速将趋于减缓。预计2021—2025年和2026—2030年全社会固定资产投资分别增长15%和12.5%。

——社会消费品零售额增速稳步提高。在国家调整收入分配、积极改善民生和日益完善覆盖全社会的保障体系等政策的支持下，不同收入群体的消费潜能均将得以释放，居民消费需求将呈现稳步较快的增长态势，消费对经济增长的贡献有所提高。此外，以汽车和住房为代表的消费结构升级仍将延续，未来10～20年将是消费结构升级的扩展时期，由于汽车和住房的产业链长，还将带动大量相关产业产品消费需求的较快增长。根据模型预测，"十三五"时期在居民收入持续增长、全面建成小康社会的推动下，消费增速将进一步加快，预计社会消费品零售额增长16%。2020—2030年随着国家实施扩大消费的战略，逐步实现以经济增长为中心向社会发展为中心的战略转变，确保收入分配向居民倾斜，缩小收入差距，将使扩大消费和提高消费率成为可实现的目标。预计2021—2025年和2026—2030年社会消费品零售额将分别增长15.5%和14%，呈现消费增长超过投资增速的良好格局。

——出口增速趋于平稳。"十三五"时期，世界经济将稳步复苏，国内经济将继续保持较快增速，随着我国贸易方式结构和出口产品结构改善，并结合国内产业结构和需求结构调整，积极转变外贸发展方式，将为我国外贸增长创造有利的内外部环境。根据模型测算，"十三五"时期我国出口总额有望保持8%以上的增长。2020—2030年我国在国际经济贸易中的竞争优势仍将存在并扩延，但出口需求加速增长的可能性不大，预计2021—2025年和2026—2030年出口额分别增长7.3%和6.2%。

表2－13　2016—2030年三大需求增长预测

年份	全社会固定资产投资		社会消费品零售额		出口总额	
	期末值/亿元	年均增长率/%	期末值/亿元	年均增长率/%	期末值/亿美元	年均增长率/%
2013	447 074	19.3	237 810	13.1	22 096	7.9
2016—2020	1 388 042	17.0	643 446	16.0	38 753	8.5
2021—2025	2 791 848	15.0	1 322 579	15.5	55 120	7.3
2026—2030	5 031 002	12.5	2 546 513	14.0	74 461	6.2

注：预测总量以2012年数据为基准年，增速为名义增速。

2.4　人口总量及结构预测

2.4.1　人口总量预测

（1）建立模型

从我国人口自然增长率的变化趋势上看（图2－2），波动率明显缩小，近几年呈现相对平稳的增长态势，数据平稳度明显增加；从模型分析结果上看，我国人口自然增长率指标通过平稳度检验，适合用自回归模型进行预测。由于人口自然增长率是相对变化指标，对人口总量绝对指标更具有稳定性，更适合用于模型预测，因此我们通过对人口自然增长率的趋势进行预测，预测人口总量的增长。

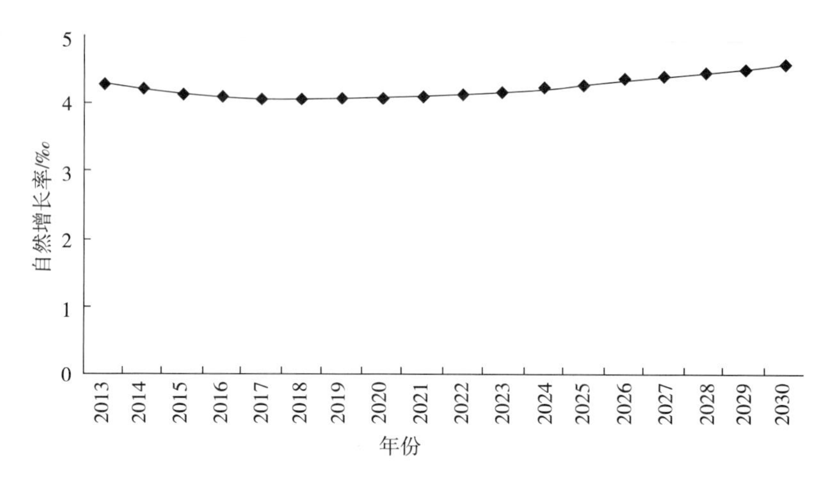

图2－2　2013—2030年我国人口自然增长率预测

首先，我们用HP滤波的方式对我国人口自然增长率指标进行数据处理，分离出指标波动变化的扰动因素和统计误差因素，获得人口自然增长率的长期趋势变化。然后用VAR模型，对人口自然增长率的长期趋势进行处理，结果如下：

$$P_{(t)} = 1.878 \times P_{(t-1)} - 0.888 \times P_{(t-2)} + 0.05 \qquad (2-1)$$

式中：$P_{(t)}$——当年人口自然增长率；

$P_{(t-1)}$——上一年人口自然增长率；

$P_{(t-2)}$——上两年人口自然增长率。

VAR模型模拟检验效果较好，通过检验。我们以此模型为基础，建立VAR模型的预测模型，通过动态求解的方式，计算到“十三五”末期和2030年我国人口自然增长率的变化趋势，并以此预测人口总量，作为预测的中方案。同时，模型显示循环因素和随机扰动等因素对我国人口自然增长率长期趋势的偏离程度基本在10%以内，因此我们以（－10%，10%）作为置信区间，计算出下限方案、上限方案两种预测结果。

（2）“十三五”末期我国人口总量将达到13.99亿

模型预测结果显示，到2020年我国人口自然增长率仍将保持下降态势，平均增速为4.12‰，以此计算，按照中方案，预计到“十三五”末期我国人口总量将达到13.9亿人左右；按下限方案，到“十三五”末期我国人口总量将达到13.95亿人；按上限方案，到“十三五”末期我国人口总量将达到14.04亿人。

（3）2030年我国人口总量预计达到14.6亿人

根据模型预测结果，2020—2030年我国人口增长率会出现缓慢回升的态势，年平均增速为4.31‰，但回升幅度不大，基本保持平稳态势。2020年后人口自然增长率的趋势变化出现略微回升，与我国开始执行“单独二胎”以及未来生育政策的继续放开高度吻合。根据模型预测结果及政策效应分析，我们预测到2030年全国总人口达到14.6亿人；

按下限方案，预计2030年人口总量达到14.49亿人；按上限方案，预计2030年我国人口总量将达到14.72亿人（表2－14）。

表2－14　2013—2030年我国人口总量预测　　单位：万人

年份	低方案	中方案	高方案
2013	135 927	135 985	136 044
2014	136 442	136 558	136 674
2015	136 952	137 125	137 297
2016	137 458	137 687	137 917
2017	137 962	138 248	138 536
2018	138 466	138 810	139 155
2019	138 973	139 374	139 777
2020	139 482	139 942	140 403
2030	144 989	146 093	147 205

2.4.2　人口结构变化趋势预测

（1）老龄人口比重大幅上升

按照国际标准，一个地区60岁以上老人达到总人口的10%，或65岁以上老人占总人口的7%，则该地区被视为进入老龄化社会。依此标准判断，我国在2000年就已进入老龄化社会。由于经济社会发展水平的提高，医疗、社会保障体系日益完善，全国人口预期寿命进一步上升，全社会老龄人口比重会继续提高。从增长趋势上看，我国65岁及以上老龄人口比重呈现明显上升趋势，预计到2030年我国老龄人口所占比重平均年增长0.3个百分点，到2030年老龄人口占全社会的比重将达到14.8%，远高于老龄化社会的标准。

（2）适龄劳动人口比重有所下降

在步入老龄化社会的同时，我国劳动力适龄人口比重相应有所下降，自2009年以来我国15～64岁人口比重已经出现下降势头，从74.5%下降到2012年的74.1%。由于计划生育政策的执行，我国0～14岁人口比重一直呈现下降趋势，预计未来一定时期内仍将保持下降态势，但由于国家放开“单独二胎”政策已经出台，各地区将陆续开始执行，可以预计0～14岁人口比重在未来会重新上升，2022年后0～14岁人口比重会逐渐回升。这样导致适龄劳动人口比重会继续有所下降，初步预计到2030年适龄劳动人口（15～64岁）比重会下降到70%左右。劳动力增长速度放慢，同时农业剩余劳动力转移基本结束，我国劳动力供给将呈现紧缺态势，加剧了国民经济结构调整、增长方式转型升级的压力。

2.4.3　城镇化率变化趋势预测

近年来，我国城镇化水平稳步提高，城镇化率从1990年的22%上升到2012年的52.57%，其中1990—2000年我国城镇化率水平年均提高1个百分点；2001—2012年我国城镇化率年均提高 1.3 个百分点。近十年来我国城镇化速度明显加快，主要是由于工业化进程加快，带动了农业剩余劳动力转移速度提高。但随着我国经济增长方式的转型升级，农业剩余劳动力转移基本结束，即“刘易斯拐点”已经出现，未来我国城镇化率水平提升速度会有所放慢。

根据即将出台的《城镇化发展规划》，我国到 2020 年城镇化率将达到 60% 左右，年均提高 0.9 个百分点。由于我国地少人多的基本国情，特大城市已经达到经济人口活动的承载极限，将限制人口的扩张，大城市也将继续控制人口的增长速度，未来城镇化提高主要集中在二、三线城市的扩张以及乡村城镇化发展上，因此，我国城镇化率存在上升的极限，城市水资源短缺、空气污染问题日益突出，资源环境面临的压力逐步加大，对城镇化率提升的约束作用也将日益增强。预计 2020 年以后，城镇化率提高的速度会大幅度放缓，预计 2030 年我国城镇化率将达到 65% 左右。

2.5 机动车保有量分析与预测

2.5.1 我国机动车保有量现状

（1）汽车销售快速增长是机动车保有量增加的主要因素

2012 年我国机动车保有量达到 2.22 亿辆，其中汽车保有量达到 1.09 亿辆，摩托车及其他机动车保有量达到 1.13 亿辆（表 2－15）。从增长变化上来看，摩托车及其他机动车保有量增速相对较低，而且 2012 年出现一定减少，我国机动车保有量增长快速主要由汽车保有量增速大幅上升所致。2009—2012 年我国汽车保有量平均增速达到 21%，比 2000—2008 年增速提高 6 个百分点，这与 2009 年以来我国汽车市场井喷效应直接相关，2008 年金融危机爆发后，我国为促进国内经济增长推出了汽车购置税减半、汽车下乡、节能汽车补贴等一系列刺激汽车消费的政策，使得汽车销量快速增长，2012 年全国汽车销量突破 2 000 万辆，已经成为全球第一大汽车市场（图 2－3）。

表 2－15　我国机动车保有量　　单位：万辆

年份	私人汽车	民用汽车拥有量总量	其他机动车拥有量	机动车保有总量
2000	1 609	625	4 168	5 777
2001	1 802	771	4 724	6 526
2002	2 053	969	6 174	8 227
2003	2 383	1 219	7 109	9 492
2004	2 694	1 482	7 786	10 479
2005	3 160	1 848	8 595	11 755
2006	3 697	2 333	8 798	12 495
2007	4 358	2 876	9 434	13 792
2008	5 100	3 501	9 757	14 857

续表

年份	私人汽车	民用汽车拥有量总量	其他机动车拥有量	机动车保有总量
2009	6 281	4 575	10 489	16 770
2010	7 802	5 939	11 306	19 107
2011	9 356	7 327	11 549	20 905
2012	10 933	8 839	11 322	22 255

总体上，尽管摩托车及其他农用车的增速持续下滑，但由于汽车销售量保持较快增长，我国机动车仍维持增长态势，但增速已经出现明显回落，2012 年我国机动车保有总量的增速仅为 6.5%，已经连续两年下滑。

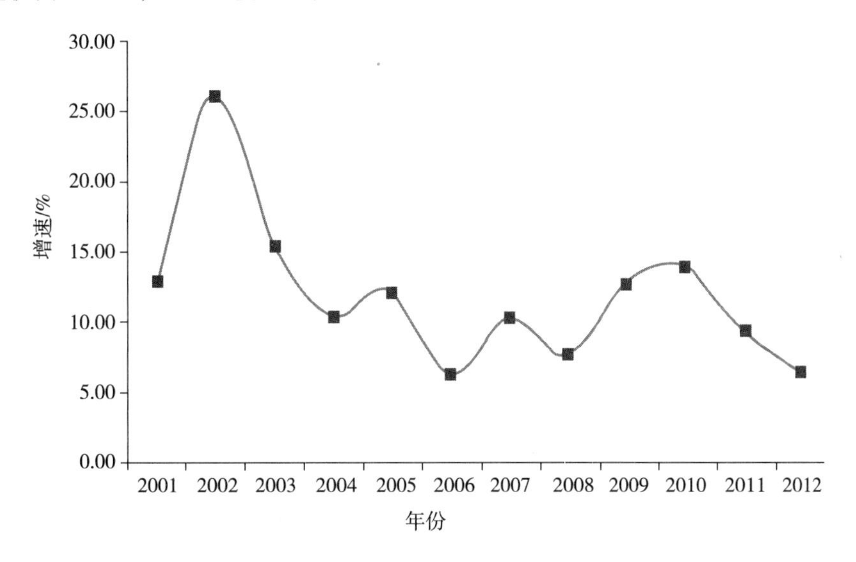

图 2-3　2001—2012 年我国机动车保有量增速

(2) 摩托车及农用类机动车数量会持续减少

未来我国机动车增量主要仍来自于汽车保有量的增长，由于汽车的普及及价格接受度提高，摩托车及农用类机动车保有量难以大幅上升，原有摩托车及农用类机动车用户会逐渐转向对汽车的购买，2006—2012 年我国摩托车及其他机动车保有量平均增速仅为 4%，比 2000—2005 年平均增速下降了 11.8 个百分点，摩托车及其他机动车增速明显放慢，2012 年摩托车及其他机动车保有量已经有所下降，未来升级换代的趋势会保持下去，预计未来我国机动车保有量增长主要靠汽车销量的增加。

(3) 汽车保有量平稳增加

国内经济增长及收入水平的提升，使汽车市场潜力快速释放，汽车销量快速增长，但受制于交通拥堵、环境污染及城市容量等因素的限制，我国汽车限购城市增加，除北京、上海、广州、贵阳等城市开始限购以外，最近杭州又加入了限购城市行列，预计未来限购城市会继续增多，汽车销量增速会继续下降。汽车销量增速已经从 2009—2010 年的 35% 以上的水平下降到 2012 年的 4.3%。2013 年我国汽车销量约 2 200 万辆，同比增长 13.8%。展望未来，汽车市场国内销量，由于环境约束日益增强、限购城市增多以及汽车油耗标准提升，国内市场汽车销量会保持相对平稳的增长，汽车市场进入较为成熟的发展阶段（图 2 -4）。

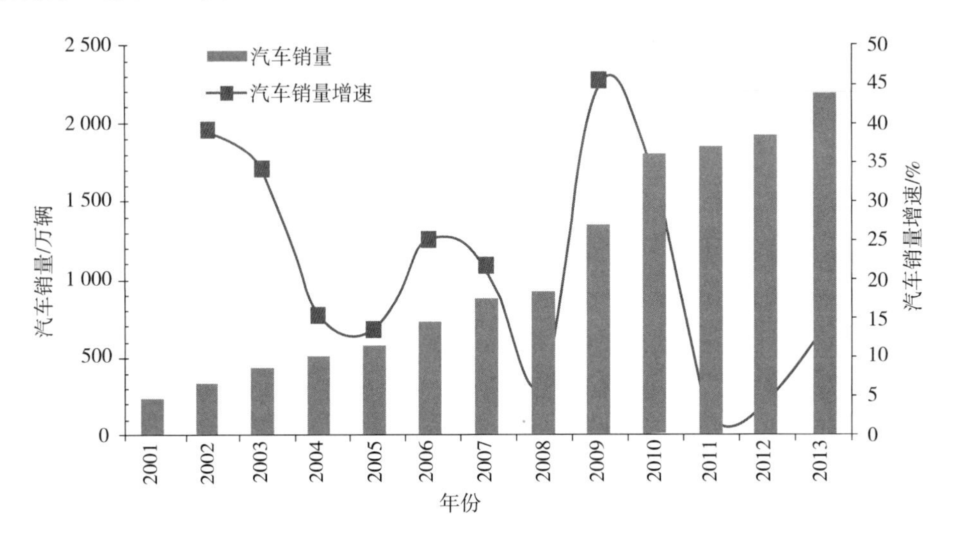

图 2 -4　2001—2013 年我国汽车销量和销量增速

2. 5. 2　我国机动车保有量预测

（1）影响未来机动车保有量增长的因素分析

目前，我国千人汽车保有量仅为 80 辆左右，离国际平均水平尚有很大差距，只有美国的 1/10，日本的 1/5。但由于我国特殊的国情，现有的城市拥堵、空气污染、能源供应紧张等因素已经显示出我国的汽车保有量存在增长的极限，同时未来的汽车市场更新换代需求所占比重会不断增大，导致汽车保有量增速会逐渐下降。

对于汽车保有量增速的预测，存在很多不确定性因素，由于限购政策覆盖范围不断扩大，以及我国能源价格改革、尾气排放标准提高、停车费上涨压力等因素使得汽车使用成本会继续上升，同时地铁、城轨等城市公共交通体系日益完善，汽车需求会受到一定抑制。同时汽车的更新换代需求会不断扩大，进一步使得汽车销量对汽车保有量增长影响的不确定性增加。我国人多地少、资源紧张、生态环保压力大等特殊国情，决定了我国汽车保有量增长存在限度，汽车销售增速的高峰已经过去，近几年的快速增长势头难以持续。预计 2020 年以前，我国汽车销量的平均增长速度会维持在 8% 左右的水平，2020 年以后汽车销量会基本保持平稳，汽车的更新换代比重会快速上升，保有量增速会大幅回落。

（2）“十三五”末期我国机动车保有量将达到 3. 5 亿辆

国内各领域专家对汽车需求的预测也差别巨大，综合国内专家的预测结果以及结合我们自己长期的跟踪分析，我们认为到 2020 年之前，我国汽车保有量平均增速会保持在 12% 左右，增速下限设定为 10% ，增速上限设定为 14% ，以此预计“十三五”末期，我国汽车保有量将达到 2. 7 亿辆左右；按增速下限作为低方案，预测为 2. 34 亿辆；按增速上限作为高方案，预计为 3. 12 亿辆（表 2 -16）。

摩托车及其他机动车方面，由于我国“限摩”城市已经达到180个，超过全国330个地级以上城市一半，摩托车市场难以继续扩大。在汽车对摩托车及其他机动车存在日益增强的替代作用下，未来摩托车及其他机动车保有量存在下降趋势，预计到2020年我国摩托车及农用机动车数量将下降到8 000万辆左右，因此总计2020年我国机动车保有总量预测值为3.5亿辆左右。

表2－16　我国汽车保有量预测结果　　单位：万辆

年份	低方案	中方案	高方案
2012	10 933	10 933	10 933
2020	23 436	27 070	31 188
2025	28 514	34 549	41 736
2030	34 691	44 094	55 852

（3）2030年我国机动车保有量将达到4.9亿辆

预计2020—2030年我国汽车保有量增速会下降到5%以下。据此推算，预计2030年我国汽车保有量会达到4.3亿辆左右。以此作为中方案，同时由于汽车保有量预测影响因素复杂多变，我们以2020—2030年汽车保有量平均增速为3%作为低方案、增速为6%作为高方案的测算标准，2030年我国汽车保有量低方案预测值为3.47亿辆，高方案预测值为5.59亿辆（表2－16）。

预计2030年摩托车及其他机动车保有量会下降到为5 000万辆左右，整体上2030年我国机动车保有量会达到4.9亿辆，基本符合我国国情及经济社会可持续发展的要求。

（4）未来新能源汽车比重将大幅提升

2012年，我国新能源汽车保有量只有1.2万辆，比重很低。根据国家新能源汽车发展规划，到2020年，新能源汽车生产能力达200万辆，累计产销量超过500万辆，据此估算，到2030年我国新能源汽车保有量能突破5 000万辆，占全国机动车保有量的10%左右。

第3章 水资源消耗预测

水是生命之源、生产之要、生态之基，是现代农业生产不可或缺的条件，是经济社会发展不可替代的基础，是生态环境改善不可分割的保障。随着我国人口的增长、生活质量的提高、城市化进程的加快，水资源供需矛盾更加突出，缺水已成为影响我国社会安定、经济发展、粮食安全和生态环境改善的首要制约因素。水资源时空分布不均以及日益严重的水污染形势又加剧了水资源的稀缺性，部分地区已经处于中度甚至重度缺水的范围之内。

3.1 水资源当前形势分析

2011 年我国全国总用水量为 6 142.3 亿 m^3，其中生活用水①占 12.8%、工业用水占 24.2%、农业用水占 61.1%、生态环境补水（仅包括人为措施供给的城镇环境用水和部分河湖、湿地补水）占 1.9%。随着人口的增加，工业化、城市化水平进一步提高，全国的总用水量仍将不断上涨。随着全面小康社会的推进，未来我国城市用水需求将有较大幅度的增加，对于华北等水资源短缺的北方地区，污水量迅速增加将威胁新、老水源的水质安全，做到合理开发和保护饮用水水源的难度加大。到 21 世纪中叶，我国将实现第三步战略目标，达到中等发达国家水平，基本实现现代化，经济总量进入世界前列，人口将达到 16 亿人，城市化率将达到 65%。这表明水资源供需前景不容乐观。表 3-1 中列出了 2007—2011 年的水资源与供水用水情况。由表 3-1 可以看出，近年来，我国的人均水资源占有量总体呈现下降趋势，同时由于产业结构的升级调整，万元 GDP 用水量逐渐呈现下降趋势。

表 3-1 2007—2011 年全国水资源与供水用水情况

年份	2007	2008	2009	2010	2011
人均水资源量/（m^3/人）	1 916.3	2 071.1	1 816.2	2 310.4	1 730.2
供水和用水量/亿 m^3	5 818.7	5 910.0	5 965.2	6 022.0	6 107.2
人均用水量/（m^3/人）	441.5	446.2	448.0	450.2	454.4
万元 GDP 用水量/亿 t	245.0	227.0	210.0	191.0	139.0

数据来源：《中国环境统计年鉴》（2012）和《中国统计年鉴》（2012）。

① 与往年相比，将生活用水量中的牲畜用水量调整至农业用水量中。

3.2　预测模型与方法

3.2.1　预测思路与技术路线

水资源消耗预测技术路线如图 3－1 所示。

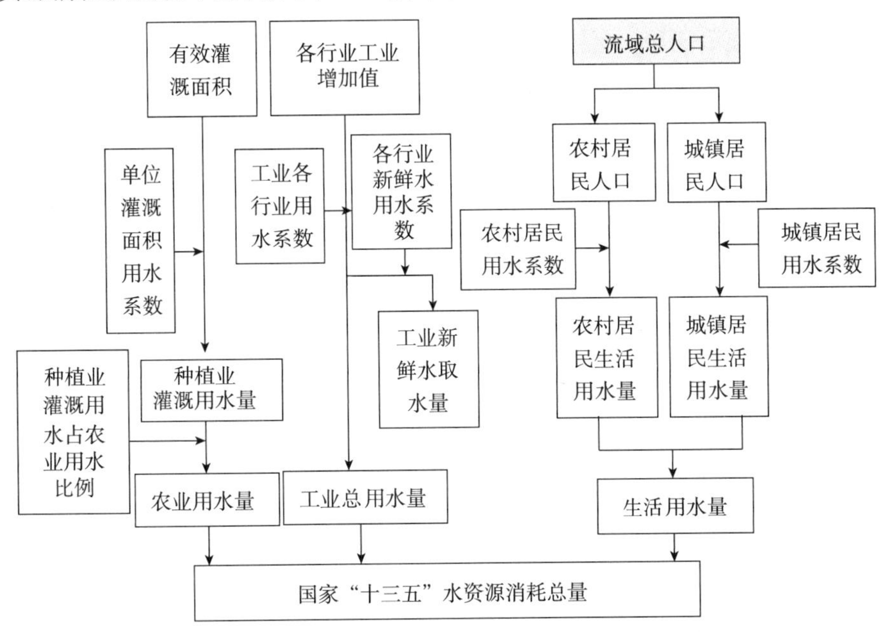

图 3－1　水资源消耗预测技术路线

1）预测指标：用水量、新鲜水取水量、重复用水率。

2）预测时间范围：基准年：2011 年（根据统计数据，可能调整到 2012 年）；重点时间段：2016 年、2020 年、2025 年、2030 年。

3）预测情景方案：根据各行业耗水的不同，分为高、中、低三种情景方案；

4）主要预测内容：

①农业用水量预测：农业用水包括种植业和林牧渔业两部分，其中，种植业用水量，根据有效灌溉面积和单位面积灌溉用水量测算，然后利用灌溉用水量占农业总用水量的比例测算农业总用水量（畜禽养殖用水已包括在农业用水中，不需单独计算）。

②工业用水量预测：工业用水量利用各行业增加值和各行业单位增加值用水量测算（分新鲜水取水量和用水量两个指标预测）。

③生活用水量预测：生活用水包括城镇居民生活用水和农村居民生活用水两部分，分别按城镇居民、农村居民人口数和城镇居民、农村居民生活用水系数测算。

④生态用水量预测：根据生态用水量占其他三类主要用水量的比例估算生态用水量。

3.2.2　预测模型

用水预测包括农业用水预测、工业用水预测、生活用水预测、生态用水预测。

（1）农业用水量预测

种植业用水量预测模型

种植业灌溉用水量与单位面积灌溉用水系数和灌溉播种面积密切相关，其计算公式为：

$$C_{pw} = E_{pw} \cdot S_{ps} \tag{3-1}$$

式中：C_{pw}——种植业灌溉用水量，亿 m^3；

E_{pw}——单位面积灌溉用水量，m^3/亩；

S_{ps}——有效灌溉面积，亿亩。

农业用水量预测模型

农业用水量（C_{Aw}）=种植业灌溉用水量/种植业灌溉用水量占总农业用水量的比例

（2）工业用水量预测

根据各行业工业增加值和各行业单位工业增加值用水量测算各行业工业用水量；各行业工业新鲜水用水量为各行业工业总用水量减去各行业工业重复用水量。

工业总用水量预测模型

$$C_{IW} = \sum C_{Iw(j)} = \sum (E_{iw(j)} \cdot P_{i(j)}/10^6 \tag{3-2}$$

式中：C_{IW}——工业用水量，亿 m^3；

j——工业行业种类；

$C_{Iw(j)}$——第 j 类行业的总用水量，亿 m^3；

$P_{i(j)}$——第 j 类行业的工业增加值，亿元；

$E_{iw(j)}$——第 j 类行业的总用水系数，即万元工业增加值用水量，m^3/万元。

工业新鲜水用量预测模型

$$C_{ifw} = \sum C_{if(k)} = \sum (E_{ifw(k)} \cdot P_{i(k)}/10^6) \tag{3-3}$$

式中：C_{ifw}——工业新鲜水用水量，亿 m^3；

C_{ifw}——第 k 类行业的新鲜水用水量，亿 m^3；

$P_{i(k)}$——第 k 类行业的工业增加值，亿元；

$E_{ifw(k)}$——第 k 类行业的新鲜水用水系数，m^3/万元。

（3）生活用水量预测

生活用水包括城镇居民生活用水和农村居民生活用水，城镇居民生活用水量根据城镇居民人口数和城镇居民生活用水系数计算得到，农村居民生活用水量根据农村居民人口数和农村居民生活用水系数计算得到。

城镇居民生活用水量预测模型

$$C_{cw} = C_{tew} \cdot P_c \tag{3-4}$$

式中：C_{cw}——城镇生活用水量，亿 m^3；

C_{tew}——城镇居民生活用水系数，L/（人·d）；

P_c——城镇人口数量，亿人。

农村居民生活用水量预测模型

$$C_{rw} = C_{rew} \cdot P_r \tag{3-5}$$

式中：C_{rw}——农村生活用水量，亿 m^3；

R_{rew}——农村居民生活用水系数，L/（人·d）；

P_r——农村人口数量，亿人。

生活用水量

$$C_{Lw} = C_{cw} + C_{rw} \tag{3-6}$$

（4）生态用水量预测

根据生态用水量占（工业、养殖业、农业、生活之和）总用水量的比例估算。

$$C_{Tw} = (C_{Aw} + C_{Iw} + C_{Lw}) \cdot \frac{r}{1-r} \tag{3-7}$$

式中：C_{Tw}—— 生态用水量，亿 m^3；

C_{Aw}——农业用水量，亿 m^3；

C_{Iw}——工业用水量，亿 m^3；

C_{Lw}——生活用水量，亿 m^3；

r——生态用水量占总用水量的比例,%。

3.2.3　模型参数确定

各模型参数的确定参照表 3－2。

表 3－2　参数的预测方法与依据

行业	参数	预测方法与依据
农业	有效灌溉面积	根据 2007—2011 年统计数据分析，有效灌溉面积总体呈上升趋势，采用时间序列的加权移动平均法，预测 2016 年、2020 年、2025 年以及 2030 年的有效灌溉面积
	单位灌溉面积用水量	根据 2007—2011 年的现状值，采用线性回归分析和趋势外推法预测单位灌溉面积用水量
工业	行业增加值	经济预测模块提供
	各行业总用水系数	根据 2007—2011 年各行业的用水系数，进行趋势外推预测得出
	重复用水率	从国内外工业用水再用率统计资料来看，其增长过程一般符合生长曲线模型，宜于用庞伯兹公式来预测，其预测模型为：$R_{iwr(i)} = R_{iwrs(i)} \cdot \exp(-be^{-kt})$ *
	各行业新鲜水用水系数	根据 2007—2011 年各行业的新鲜水用水系数，进行趋势外推预测得出

续表

行业	参数	预测方法与依据
生活	城镇和农村居民人口数	人口预测模块提供
	城镇居民人均日用水量	我国城镇居民人均日用水量从2007年的211L下降到2011年的198L**，随着城镇人口不断增加，城镇人均日用水量总体呈现下降趋势，采用回归分析和趋势外推方法预测
	农村居民人均日用水量	我国农村居民人均日用水量从2007年的68L上升到2011年的82L*，随着农村居民生活水平的提高，未来农村居民的生活用水量必然呈上升趋势，采用时间序列趋势外推法预测
生态	生态用水量占其他3类主要用水量的比例	根据2007—2011年的《中国水资源公报》，近4年这一比例从1.5%提高到了1.8%左右，预计未来这一比例将呈上升趋势，到2030年达到3.5%

注：*具体方法见《经济与环境：2020》；

**数据来源于《中国水资源公报》。

3.2.4 模型相关系数预测

（1）种植业用水、生活用水和生态用水预测模型相关系数（表3-3）

表3-3 种植业用水、生活用水和生态用水预测相关系数

年份	耕地面积/亿亩	有效灌溉面积/$\times 10^3 hm^2$	单位灌溉面积用水量/(m^3/亩)	城镇居民用水系数/[L/(人·d)]	农村居民用水系数（含牲畜用水）/[L/(人·d)]	生态用水占总用水量的比例/%
2011	18.25	61 681.60	415	198	82	1.8
2016	18.23	61 091.30	387	197	101	2.5
2020	18.22	61 530.10	364	185	120	3.0
2025	18.21	62 078.60	337	177	150	3.2
2030	18.19	62 627.10	310	170	180	3.5

（2）工业用水预测相关系数（表3-4、表3-5）

表3-4 工业各行业总用水系数 单位：t/元

年份	2011	2016	2020	2025	2030
煤炭开采和洗选业	0.006 5	0.004 7	0.003 9	0.002 9	0.001 9
石油和天然气开采业	0.004 5	0.003 4	0.002 9	0.002 3	0.001 7
黑色金属矿采选业	0.026 3	0.017 6	0.014 1	0.009 4	0.004 7
有色金属矿采选业	0.026 4	0.021 3	0.019 5	0.017 1	0.014 7

续表

年份	2011	2016	2020	2025	2030
非金属矿采选业	0.014 9	0.012 0	0.011 3	0.010 4	0.009 5
其他采矿业	0.294 6	0.326 8	0.338 6	0.354 4	0.370 2
农副食品加工业	0.012 2	0.009 9	0.008 8	0.007 4	0.006 0
食品制造业	0.015 0	0.012 5	0.011 4	0.009 9	0.008 4
饮料制造业	0.023 4	0.020 2	0.019 2	0.017 9	0.016 6
烟草制品业	0.002 7	0.002 2	0.002 1	0.002 0	0.001 9
纺织业	0.014 1	0.012 0	0.011 0	0.009 7	0.008 4
纺织服装、鞋、帽制造业	0.001 9	0.001 6	0.001 4	0.001 2	0.001 0
皮革、毛皮、羽毛（绒）及其制品业	0.004 4	0.003 9	0.003 7	0.003 4	0.003 0
木材加工及木、竹、藤、棕、草制品业	0.002 1	0.001 5	0.001 2	0.000 8	0.000 4
家具制造业	0.001 4	0.001 4	0.001 3	0.001 2	0.001 1
造纸及纸制品业	0.114 1	0.101 1	0.094 7	0.086 2	0.077 7
印刷业和记录媒介的复制	0.001 1	0.000 9	0.000 8	0.000 7	0.000 6
文教体育用品制造业	0.000 5	0.000 5	0.000 4	0.000 4	0.000 4
石油加工、炼焦及核燃料加工业	0.153 9	0.140 8	0.134 3	0.125 6	0.116 9
化学原料及化学制品制造业	0.118 5	0.097 2	0.087 2	0.073 9	0.060 6
医药制造业	0.024 5	0.021 1	0.019 4	0.017 2	0.015 0
化学纤维制造业	0.144 8	0.123 1	0.112 7	0.098 8	0.084 9
橡胶制品业	0.012 2	0.010 2	0.009 2	0.007 9	0.006 6
塑料制品业	0.001 7	0.001 5	0.001 3	0.001 2	0.001 0
非金属矿物制品业	0.012 0	0.009 8	0.008 7	0.007 3	0.005 9
黑色金属冶炼及压延加工业	0.125 8	0.111 8	0.104 9	0.095 7	0.086 5
有色金属冶炼及压延加工业	0.019 6	0.014 6	0.012 3	0.009 3	0.006 3
金属制品业	0.015 8	0.021 0	0.024 4	0.028 9	0.033 4
通用设备制造业	0.001 2	0.000 8	0.000 6	0.000 5	0.000 4
专用设备制造业	0.003 0	0.002 1	0.001 7	0.001 2	0.000 7
交通运输设备制造业	0.004 0	0.003 2	0.002 8	0.002 3	0.001 8
电气机械及器材制造业	0.001 5	0.001 3	0.001 1	0.001 1	0.001 0
通信设备、计算机及其他电子设备制造业	0.003 6	0.003 0	0.002 8	0.002 6	0.002 4
仪器仪表及文化、办公用机械制造业	0.008 9	0.006 8	0.005 9	0.004 7	0.003 5

续表

年份	2011	2016	2020	2025	2030
工艺品及其他制造业	0.001 1	0.000 9	0.000 7	0.000 6	0.000 5
废弃资源和废旧材料回收加工业	0.002 8	0.003 5	0.003 0	0.002 3	0.001 6
电力、热力的生产和供应业	0.371 0	0.306 0	0.275 4	0.234 6	0.193 8
燃气生产和供应业	0.041 1	0.030 9	0.026 5	0.020 6	0.014 7
水的生产和供应业	0.016 3	0.010 0	0.007 7	0.004 6	0.001 5

表3-5　工业各行业新鲜水用水系数　　单位：t/元

年份	2011	2016	2020	2025	2030
煤炭开采和洗选业	0.002 2	0.001 6	0.001 3	0.001 1	0.000 9
石油和天然气开采业	0.000 8	0.000 6	0.000 5	0.000 5	0.000 4
黑色金属矿采选业	0.005 8	0.004 1	0.003 3	0.002 8	0.002 3
有色金属矿采选业	0.010 6	0.007 6	0.006 8	0.006 3	0.005 8
非金属矿采选业	0.003 7	0.002 8	0.002 3	0.002 0	0.001 7
其他采矿业	0.196 5	0.269 2	0.301 4	0.322 9	0.344 4
农副食品加工业	0.005 9	0.004 6	0.004 1	0.003 8	0.003 4
食品制造业	0.005 6	0.004 4	0.003 9	0.003 6	0.003 2
饮料制造业	0.009 9	0.009 6	0.009 2	0.009 0	0.008 7
烟草制品业	0.000 2	0.000 2	0.000 1	0.000 1	0.000 1
纺织业	0.010 1	0.008 7	0.008 0	0.007 6	0.007 1
纺织服装、鞋、帽制造业	0.001 3	0.001 1	0.000 9	0.000 8	0.000 7
皮革、毛皮、羽毛（绒）及其制品业	0.003 2	0.002 9	0.002 7	0.002 6	0.002 5
木材加工及木、竹、藤、棕、草制品业	0.001 0	0.000 7	0.000 5	0.000 4	0.000 3
家具制造业	0.000 8	0.000 8	0.000 8	0.000 8	0.000 8
造纸及纸制品业	0.052 3	0.043 8	0.039 7	0.037 0	0.034 3
印刷业和记录媒介的复制	0.000 5	0.000 4	0.000 3	0.000 3	0.000 2
文教体育用品制造业	0.000 4	0.000 3	0.000 3	0.000 3	0.000 3
石油加工、炼焦及核燃料加工业	0.007 2	0.005 0	0.004 0	0.003 4	0.002 7
化学原料及化学制品制造业	0.011 2	0.008 4	0.007 2	0.006 4	0.005 6
医药制造业	0.004 7	0.003 9	0.003 5	0.003 3	0.003 0
化学纤维制造业	0.013 6	0.010 5	0.009 1	0.008 2	0.007 3
橡胶制品业	0.001 6	0.001 2	0.001 0	0.000 9	0.000 7
塑料制品业	0.000 4	0.000 3	0.000 3	0.000 3	0.000 3
非金属矿物制品业	0.003 0	0.002 3	0.002 0	0.001 8	0.001 6

续表

年份	2011	2016	2020	2025	2030
黑色金属冶炼及压延加工业	0.007 3	0.005 3	0.004 5	0.004 0	0.003 4
有色金属冶炼及压延加工业	0.002 8	0.001 9	0.001 6	0.001 4	0.001 2
金属制品业	0.002 5	0.002 3	0.002 1	0.002 0	0.001 9
通用设备制造业	0.000 6	0.000 4	0.000 3	0.000 3	0.000 2
专用设备制造业	0.000 7	0.000 5	0.000 4	0.000 4	0.000 3
交通运输设备制造业	0.000 8	0.000 5	0.000 4	0.000 4	0.000 3
电气机械及器材制造业	0.000 3	0.000 2	0.000 1	0.000 1	0.000 1
通信设备、计算机及其他电子设备制造业	0.001 2	0.001 2	0.001 3	0.001 4	0.001 4
仪器仪表及文化、办公用机械制造业	0.001 2	0.000 9	0.000 7	0.000 6	0.000 5
工艺品及其他制造业	0.000 7	0.000 6	0.000 5	0.000 5	0.000 4
废弃资源和废旧材料回收加工业	0.001 7	0.001 8	0.001 9	0.002 0	0.002 0
电力、热力的生产和供应业	0.068 7	0.050 6	0.042 7	0.037 5	0.032 2
燃气生产和供应业	0.003 5	0.002 5	0.002 0	0.001 7	0.001 4
水的生产和供应业	0.010 3	0.005 7	0.004 2	0.003 2	0.002 2

3.3 预测结果与分析

3.3.1 农业用水量预测结果

依据2008—2012年的《中国统计年鉴》和《中国环境统计年鉴》中的统计数据进行分析可知，2007—2011年，全国耕地有效灌溉面积总体呈现增长趋势（图3－2）。同时，结合国家当前对农业耕地保护政策、保障措施及农田水利基础设施建设等，对未来农业有效灌溉面积进行了预测，如图3－3所示。

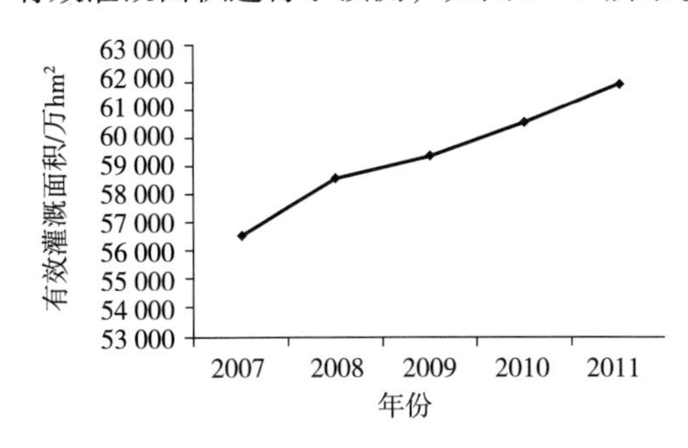

图3－2　2007—2011年我国耕地有效灌溉面积变化趋势

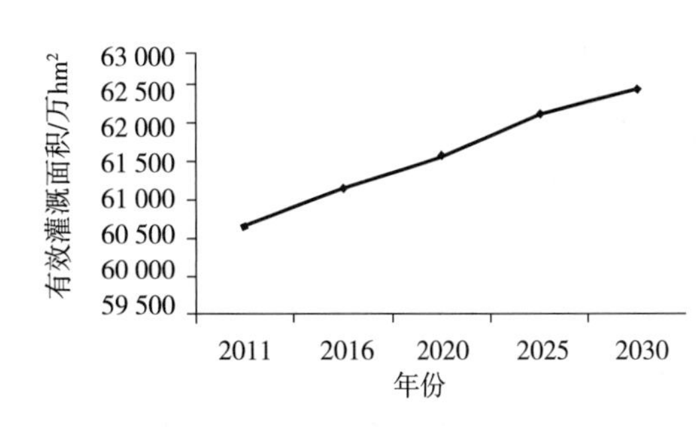

图3－3　2011—2030年我国耕地有效灌溉面积变化趋势

由于未来我国将大力实施农田保护措施和全面提高农业种植技术、大力推进农田水利基础设施建设、综合提高农业节水灌溉技术措施，农业用水效率将不断提升，未来农业用水量将呈现逐渐下降趋势。根据农业用水消耗预测模型对未来农业灌溉用水量和农业用水量进行了预测（图3－4）。预测结果表明，2011年农业用水量达到3 750.3亿 m^3，到2016年农业用水量达到3 663.3亿 m^3，“十二五”期间，农业用水量下降了1.4%；“十三五”期间，随着农业现代化技术的不断提高，水资源利用率得以提升，到2020年农业用水量下降到3 549.9亿 m^3，与“十二五”相比“十三五”期间农业用水量下降了4.0%。未来将进一步提高农业种植技术和节水技术，农业用水量将逐步呈现下降趋势。

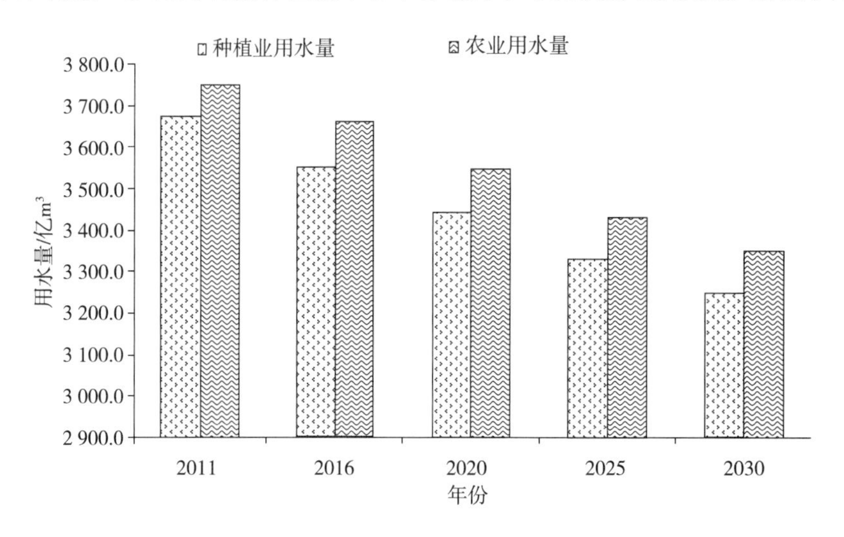

图3－4　我国种植业和农业用水量预测

3.3.2　工业用水量预测结果

通过对工业用水量增长趋势的分析可知，工业用水量不仅要依赖于对增长速度、产值规模的正确判断，而且更重要的是对工业化过程中工业结构演变规律的深刻理解和对未来工业结构的正确判断。从我国的现状工业用水结构（图3－5）来看，除电力、热力的生产和供应业外，黑色金属冶炼及压延加工业、化学原料及化学制品制造业、石油加工、炼焦及核燃料加工业、造纸及纸制品业这5个行业对工业用水增长影响最大。工业结构在工业化过程中变化很大，根据工业化进程的规律，化工、钢铁和机械电子工业是工业化中期的主导部门；造纸工业在工业化初期和中期也发展较快。当这5个部门在工业化后期变为缓慢增长或零增长时，整个工业用水将趋于零增长。同时，根据工业化过程中产业结构演变的规律，重化工业在工业化后期一般不再扩张，甚至萎缩，这正是发达国家近20多年工业用水量（特别是制造业用水量）几乎为零增长的原因。

由于2011—2030年仍是我国工业的高速增长扩张期，因此，到2030年我国对工业用水量的需求还达不到发达国家工业后期几乎为零的程度。根据图3－6的预测结果可知，随着未来工业经济的高速发展，2011—2030年我国工业用水量仍将呈现上升趋势，由图知这一时期我国工业总用水量增长了11%。随着工艺技术的不断进步、工业水资源重复

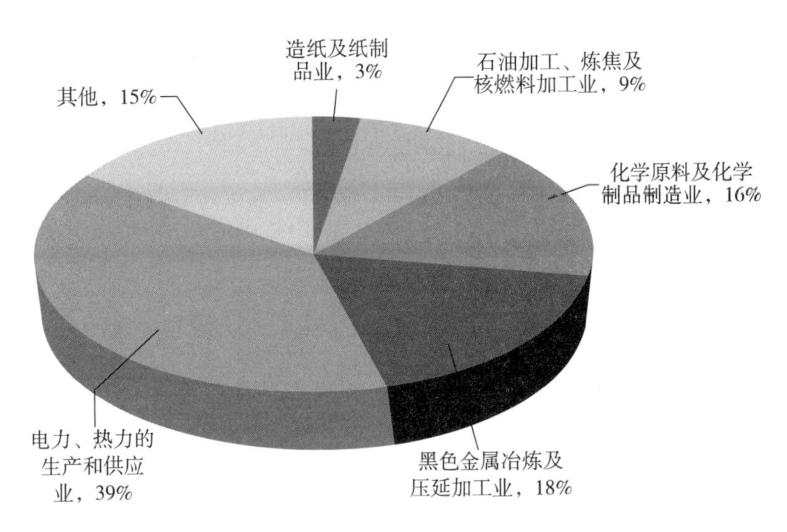

图3－5　2011年我国工业用水结构

利用率的不断提高，未来工业水资源重复用将不断增加，水资源利用效率也将不断提高。随着工业经济的快速增长，工业重复用水量增长趋势较为明显，工业重复用水量由2011年的7 484.88亿m^3增长到2030年的10 162.35亿m^3，增长了26.35%。随着工业经济的高速增长，未来对新鲜水的利用仍将呈现缓慢增长的趋势，2011年新鲜水取水量占总用水量的比例为16.64%，而到2030年新鲜水取水量占总用水量的比例为16.27%，表明随着水资源利用率的提高，重复用水量将持续加大，新鲜水在未来工业总用水量中的比重将呈现下降趋势。

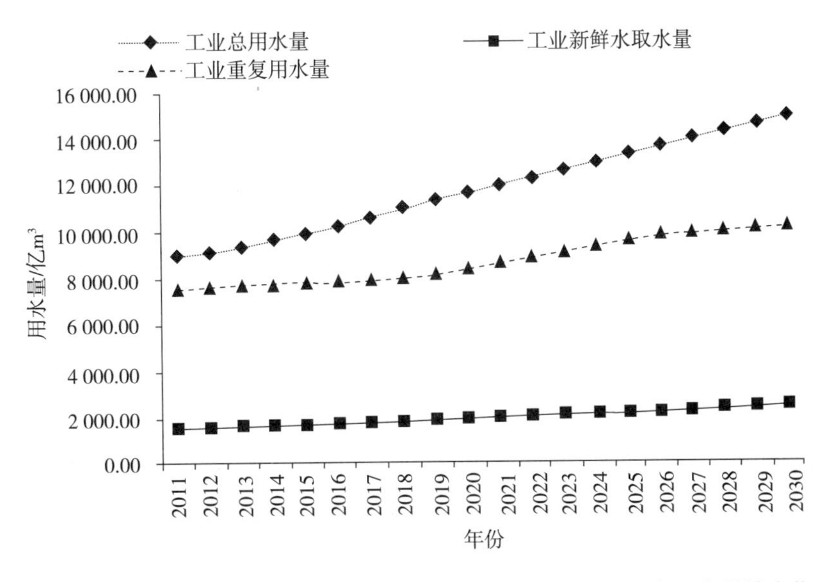

图3－6　2011—2030年我国工业用水量、新鲜水取水量、重复用水量的变化

3.3.2.1　工业用水量仍将持续增长

2011年，工业用水总量为8 970.38亿m^3，预测结果表明，2011—2030年，工业用水总量仍将呈现持续增长的态势（表3－6）。到2016年、2020年、2025年及2030年，工业总用水量分别达到10 204.78亿m^3、11 650.37亿m^3、13 330.15亿m^3以及14 923.24亿m^3，

相对于 2011 年分别增加了 12.10%、23.00%、32.71% 以及 39.89%，2021—2030 年由于水资源利用率进一步提高，水资源用水量增速将有所放缓。

从工业行业用水结构来看，电力、热力的生产和供应业，黑色金属冶炼及压延加工业，化学原料及化学制品制造业，石油加工、炼焦及核燃料加工业以及造纸及纸制品业等五大行业的发展的用水需求依然较大，从表 3-6 可以看出，虽然这五大行业的用水系数呈逐步减小的趋势，但总体来讲，用水需求仍呈增长趋势。2011 年，这五大行业用水需求分别为 3 454.56 亿 m^3、1 642.07 亿 m^3、1 450.82 亿 m^3、755.45 亿 m^3 和 291.40 亿 m^3，这五大行业用水需求将占整个工业行业用水量的 84.6%（v），其中电力行业用水需求占 38.5%；到 2016 年，这五大行业用水需求分别为 3 606.44（v）、1 966.29（v）、1 841.09（v）、815.12（v）和 339.30（v），五大行业用水需求将占整个工业行业用水量的 83.9%（v），其中电力行业用水需求占 35.3%（v）；到 2020 年，这五大行业的用水需求分别达到 3 753.21 亿 m^3、2 293.56 亿 m^3、2 235.17 亿 m^3、926.05 亿 m^3 以及 414.05 亿 m^3，其中电力行业用水需求占 32.2%。到 2025 年，这五大行业的用水需求分别达到 4 070.73 亿 m^3、2 530.91 亿 m^3、2 563.31 亿 m^3、1 073.79 亿 m^3 以及 523.02 亿 m^3，其中电力行业用水需求占 30.5%。到 2030 年，这五大行业用水需求将分别达到 4 279.85 亿 m^3、2 758.71 亿 m^3、2 925.09 亿 m^3、1 203.98 亿 m^3 以及 644.98 亿 m^3，占整个工业行业用水量的 82.6%，其中电力行业用水需求占 28.1%。总体来看这五大行业用水量均呈现总量增加。

3.3.2.2 工业新鲜水取水量缓慢增长

2011 年，工业新鲜水取水量为 1 486.88 亿 m^3，预测结果表明，2012—2030 年，工业新鲜水取水量仍将呈现持续增长（表 3-7），到 2016 年、2020 年、2025 年以及 2030 年，工业新鲜水取水量将分别达到 1 678.24 亿 m^3、1 784.53 亿 m^3、2 118.40 亿 m^3 以及 2 428.59 亿 m^3，相对于 2011 年分别增长了 11.04%、16.68%（v）、29.53% 以及 38.53%。

2011 年，工业新鲜水取水量最大的五个行业分别是电力热力的生产和供应业，黑色金属冶炼及压延加工业，化学原料及化学制品制造业，造纸及纸制品业和纺织业，取水量分别为 769.70 亿 m^3、91.96 亿 m^3、92.03 亿 m^3、122.59 亿 m^3 以及 64.40 亿 m^3，分别占工业行业总取水量的 51.77%、6.18%、6.19%、8.24% 以及 4.33%；到 2016 年，这五个行业的取水量分别为 851.92 亿 m^3、96.73 亿 m^3、113.68 亿 m^3、151.06 亿 m^3 以及 72.16 亿 m^3，分别占工业行业总取水量的 50.76%、5.76%、6.77%、9.00% 以及 4.34%；到 2020 年，这五大行业取水量分别达到 880.18 亿 m^3、100.58 亿 m^3、133.29 亿 m^3、172.70 亿 m^3 以及 79.99 亿 m^3，这五大行业取水量将占整个工业行业取水量的 48.33%、5.52%、7.32%、9.48% 以及 4.39%；到 2025 年，这五大行业取水量分别达到 951.03 亿 m^3、110.51 亿 m^3、151.63 亿 m^3、224.50 亿 m^3 以及 91.59 亿 m^3，这五大行业取水量将占整个工业行业取水量的 44.89%、5.22%、7.16%、10.60% 以及 4.32%；到 2030 年，这五大行业取水量将分别达到 1 059.55 亿 m^3、119.54 亿 m^3、165.76 亿 m^3、265.63 亿 m^3 以及 100.58 亿 m^3，这五大行业取水量将占整个工业行业取水

量的 43. 63%、4. 92%、6. 83%、10. 94% 以及 4. 14%。

由图 3 -7 可以看出，这 5 个取水大户新鲜水取水量仍将继续增加。除电力、热力的生产和供应业外，其他 4 个重点行业的新鲜水取水量增长趋势比较缓慢。

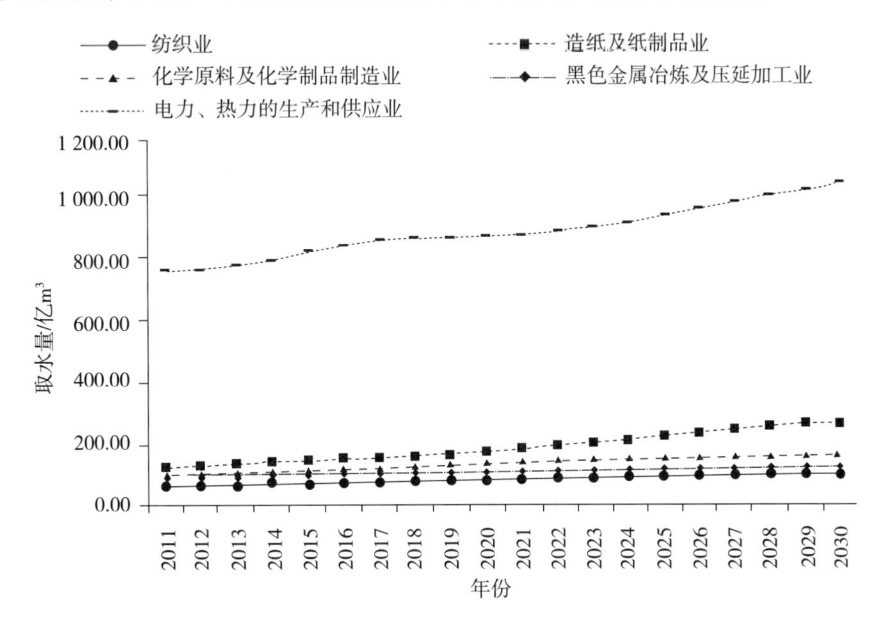

图 3 -7　五大重点行业新鲜取水量变化

3. 3. 2. 3　工业重复用水量不断增长

表 3 -8、图 3 -8 显示了 2011—2030 年，电力、热力的生产和供应业，黑色金属冶炼及压延加工业，化学原料及化学制品制造业，石油加工、炼焦及核燃料加工业，造纸及纸制品制造业这五大行业的重复用水量以及其变化趋势。从图中可以看出石油加工、炼焦及核燃料加工业以及黑色金属冶炼及压延加工业的重复用水量在五个行业中是最高的，并呈现逐年上涨的趋势，在 2011 年、2016 年、2020 年、2025 年以及 2030 年重复用水率分别达到了 95. 34%、96. 67%、97. 01%、97. 69% 以及 98. 37% 和 94. 25%、95. 39%、95. 70%、96. 32% 以及 96. 94%；其中，纺织业的重复用水率是最低的，并且依照本报告的用水系数和取水系数的预测方法，如果按照目前的用水和取水趋势，纺织业的重复用水率将变化不大，在 2011 年、2016 年、2020 年、2025 年以及 2030 年分别达到 28. 56%、27. 04%、26. 58%、25. 66% 以及 24. 74%，还有较大的提升空间，这点需要引起关注。此外，造纸及纸制品业的重复用水率在 2011 年为 52. 33%，到 2016 年、2020 年、2025 年以及 2030 年分别达到 57. 16%、58. 02%、59. 74% 以及 61. 46%，电力、热力的生产和供应业的重复用水率在 2011 年为 83. 11%，到 2016 年、2020 年、2025 年以及 2030 年分别达到 83. 85%、84. 51%、85. 83% 以及 87. 52%，也有一定的提升空间，应给予适当的关注。

表 3-6 各行业用水量和用水系数预测

行业 \ 年份	用水系数/(m^3/元)					用水量/亿 m^3				
	2011	2016	2020	2025	2030	2011	2016	2020	2025	2030
煤炭开采和洗选业	0.006 5	0.004 7	0.003 9	0.002 9	0.001 9	73.04	60.53	58.81	50.25	39.00
石油和天然气开采业	0.004 5	0.003 4	0.002 9	0.002 3	0.001 7	34.59	25.61	23.42	20.11	15.85
黑色金属矿采选业	0.026 3	0.017 6	0.014 1	0.009 4	0.004 7	69.40	75.73	84.44	80.99	56.29
有色金属矿采选业	0.026 4	0.021 3	0.019 5	0.017 1	0.014 7	43.29	47.50	56.84	67.71	75.36
非金属矿采选业	0.014 9	0.012 0	0.011 3	0.010 4	0.009 5	16.66	20.09	26.42	35.18	44.00
其他采矿业	0.294 6	0.326 8	0.338 6	0.354 4	0.370 2	1.13	1.87	2.61	3.76	5.15
农副食品加工业	0.012 2	0.009 9	0.008 8	0.007 4	0.006 0	109.60	117.20	130.99	140.50	137.89
食品制造业	0.015 0	0.012 5	0.011 4	0.009 9	0.008 4	49.41	57.93	71.29	89.82	105.33
饮料制造业	0.023 4	0.020 2	0.019 2	0.017 9	0.016 6	78.75	95.02	122.27	165.37	211.97
烟草制品业	0.002 7	0.002 2	0.002 1	0.002 0	0.001 9	10.70	10.95	13.25	16.57	19.98
纺织业	0.014 1	0.012 0	0.011 0	0.009 7	0.008 4	92.33	100.44	111.38	118.45	112.65
纺织服装、鞋、帽制造业	0.001 9	0.001 6	0.001 4	0.001 2	0.001 0	5.88	6.12	6.68	6.90	6.32
皮革毛皮羽毛(绒)及其制品业	0.004 4	0.003 9	0.003 7	0.003 4	0.003 0	8.66	9.86	11.22	12.43	12.05
木材加工及木竹藤棕草制品业	0.002 1	0.001 5	0.001 2	0.000 8	0.000 4	4.24	4.51	5.02	4.93	3.51
家具制造业	0.001 4	0.001 4	0.001 3	0.001 2	0.001 1	1.46	2.00	2.53	3.32	4.21
造纸及纸制品业	0.114 1	0.101 1	0.094 7	0.086 2	0.077 7	291.40	339.30	414.05	523.02	644.98
印刷业和记录媒介的复制	0.001 1	0.000 9	0.000 8	0.000 7	0.000 6	1.02	1.26	1.59	2.04	2.47
文教体育用品制造业	0.000 5	0.000 5	0.000 4	0.000 4	0.000 4	0.33	0.46	0.54	0.78	1.11
石油加工、炼焦及核燃料加工业	0.153 9	0.140 8	0.134 3	0.125 6	0.116 9	755.45	815.12	926.05	1 073.79	1 203.98
化学原料及化学制品制造业	0.118 5	0.097 2	0.087 2	0.073 9	0.060 6	1 450.82	1 841.09	2 235.17	2 563.31	2 925.09

续表

行业 \ 年份	用水系数/(m³/元)					用水量/亿 m³				
	2011	2016	2020	2025	2030	2011	2016	2020	2025	2030
医药制造业	0. 024 5	0. 021 1	0. 019 4	0. 017 2	0. 015 0	100. 95	141. 83	199. 95	297. 61	419. 02
化学纤维制造业	0. 144 8	0. 123 1	0. 112 7	0. 098 8	0. 084 9	145. 58	175. 69	219. 85	282. 70	346. 49
橡胶制品业	0. 012 2	0. 010 2	0. 009 2	0. 007 9	0. 006 6	19. 01	22. 49	27. 80	35. 01	41. 72
塑料制品业	0. 001 7	0. 001 5	0. 001 3	0. 001 2	0. 001 0	5. 19	6. 47	7. 93	10. 74	12. 77
非金属矿物制品业	0. 012 0	0. 009 8	0. 008 7	0. 007 3	0. 005 9	115. 29	138. 02	170. 11	210. 91	244. 70
黑色金属冶炼及压延加工业	0. 125 8	0. 111 8	0. 104 9	0. 095 7	0. 090 0	1 642. 07	1 966. 29	2 293. 56	2 530. 91	2 758. 71
有色金属冶炼及压延加工业	0. 019 6	0. 014 6	0. 012 3	0. 009 3	0. 006 3	134. 08	154. 26	168. 46	161. 55	133. 86
金属制品业	0. 015 8	0. 021 0	0. 024 4	0. 028 9	0. 033 4	74. 21	150. 39	243. 88	423. 68	691. 99
通用设备制造业	0. 001 2	0. 000 8	0. 000 6	0. 000 5	0. 000 4	10. 47	8. 84	9. 31	10. 87	11. 81
专用设备制造业	0. 003 0	0. 002 1	0. 001 7	0. 001 2	0. 000 7	17. 14	15. 80	16. 66	16. 06	12. 43
交通运输设备制造业	0. 004 0	0. 003 2	0. 002 8	0. 002 3	0. 001 8	49. 25	57. 02	68. 57	81. 42	88. 47
电气机械及器材制造业	0. 001 5	0. 001 3	0. 001 1	0. 001 1	0. 001 0	14. 42	17. 91	21. 49	31. 06	39. 21
通信计算机及其他电子设备制造业	0. 003 6	0. 003 0	0. 002 8	0. 002 6	0. 002 4	35. 60	42. 02	53. 20	69. 01	86. 34
仪器仪表及文化办公用机械制造业	0. 008 9	0. 006 8	0. 005 9	0. 004 7	0. 003 5	14. 07	15. 49	17. 93	19. 95	20. 13
工艺品及其他制造业	0. 001 1	0. 000 9	0. 000 7	0. 000 6	0. 000 5	1. 57	1. 67	1. 71	1. 91	2. 01
废弃资源和废旧材料回收加工业	0. 002 8	0. 003 5	0. 003 0	0. 002 3	0. 001 6	1. 34	2. 22	2. 36	2. 35	2. 07
电力、热力的生产和供应业	0. 362 0	0. 340 0	0. 320 0	0. 308 0	0. 290 0	3 454. 56	3 606. 44	3 753. 21	4 070. 73	4 279. 85
燃气生产和供应业	0. 041 1	0. 030 9	0. 026 5	0. 020 6	0. 014 7	30. 69	44. 35	65. 30	91. 15	103. 22
水的生产和供应业	0. 016 3	0. 010 0	0. 007 7	0. 004 6	0. 001 5	6. 76	4. 97	4. 53	3. 30	1. 28
总计						8 970. 38	10 204. 78	11 650. 37	13 330. 15	14 923. 24

表 3－7　各行业预测年的新鲜水取水系数和新鲜水用水量

年份 行业	取水系数/(m^3/元)					取水量/亿 m^3				
	2011	2016	2020	2025	2030	2011	2016	2020	2025	2030
煤炭开采和洗选业	0.002 0	0.001 6	0.001 2	0.001 2	0.000 6	22.65	20.83	18.10	21.54	12.32
石油和天然气开采业	0.000 7	0.000 6	0.000 5	0.000 5	0.000 4	5.38	4.40	4.04	3.93	3.73
黑色金属矿采选业	0.005 3	0.004 1	0.003 3	0.002 8	0.002 3	14.01	17.40	19.76	24.13	27.54
有色金属矿采选业	0.010 0	0.007 6	0.006 6	0.006 3	0.005 8	16.43	16.84	19.09	24.95	29.73
非金属矿采选业	0.003 5	0.002 8	0.002 2	0.002 0	0.001 7	3.91	4.61	5.20	6.76	7.87
其他采矿业	0.196 5	0.269 2	0.300 0	0.322 9	0.344 4	0.75	1.54	2.31	3.43	4.79
农副食品加工业	0.005 6	0.004 6	0.004 1	0.003 8	0.003 4	50.31	55.03	61.03	71.20	78.14
食品制造业	0.005 5	0.004 4	0.003 9	0.003 6	0.003 2	18.18	20.47	24.39	32.21	40.12
饮料制造业	0.009 9	0.009 6	0.009 2	0.009 0	0.008 7	33.15	45.10	58.59	82.69	111.09
烟草制品业	0.000 2	0.000 2	0.000 1	0.000 1	0.000 1	0.81	0.88	0.63	0.83	1.05
纺织业	0.010 0	0.008 7	0.007 9	0.007 5	0.007 2	64.40	72.76	79.99	91.59	100.58
纺织服装、鞋、帽制造业	0.001 3	0.001 1	0.000 9	0.000 8	0.000 7	4.02	4.15	4.29	4.60	4.42
皮革毛皮羽毛(绒)及其制品业	0.003 2	0.002 9	0.002 7	0.002 6	0.002 5	6.30	7.16	8.19	9.51	10.04
木材加工及木竹藤棕草制品业	0.001 0	0.000 7	0.000 5	0.000 4	0.000 3	2.02	1.95	2.09	2.47	2.63
家具制造业	0.000 8	0.000 8	0.000 8	0.000 8	0.000 8	0.83	1.17	1.56	2.21	3.06
造纸及纸制品业	0.050 0	0.045 0	0.039 5	0.037 0	0.032 0	122.59	151.06	172.70	224.50	265.63
印刷业和记录媒介的复制	0.000 5	0.000 4	0.000 3	0.000 3	0.000 2	0.44	0.54	0.60	0.73	0.82
文教体育用品制造业	0.000 4	0.000 3	0.000 3	0.000 3	0.000 3	0.26	0.29	0.40	0.59	0.83
石油加工、炼焦及核燃料加工业	0.006 5	0.005 0	0.004 0	0.003 4	0.002 7	31.92	28.80	27.58	28.64	27.81
化学原料及化学制品制造业	0.010 8	0.008 4	0.007 0	0.006 3	0.005 0	92.03	113.68	133.29	151.63	165.76

续表

行业＼年份	取水系数/(m^3/元)					取水量/亿 m^3				
	2011	2016	2020	2025	2030	2011	2016	2020	2025	2030
医药制造业	0.004 7	0.003 9	0.003 5	0.003 3	0.003 0	19.37	26.11	36.07	56.23	83.80
化学纤维制造业	0.013 0	0.010 5	0.009 1	0.008 2	0.007 3	13.07	14.91	17.75	23.46	29.79
橡胶制品业	0.001 6	0.001 2	0.001 0	0.000 9	0.000 7	2.49	2.71	3.02	3.77	4.42
塑料制品业	0.000 4	0.000 3	0.000 3	0.000 3	0.000 3	1.26	1.34	1.83	2.68	3.83
非金属矿物制品业	0.003 0	0.002 3	0.002 0	0.001 8	0.001 6	28.82	32.56	39.11	52.00	66.36
黑色金属冶炼及压延加工业	0.006 7	0.005 5	0.004 5	0.004 0	0.003 8	91.96	96.73	100.58	110.51	119.54
有色金属冶炼及压延加工业	0.002 5	0.001 9	0.001 5	0.001 4	0.001 2	17.10	20.14	20.54	24.32	25.50
金属制品业	0.002 5	0.002 3	0.002 1	0.002 0	0.001 9	11.54	16.09	20.99	29.32	39.36
通用设备制造业	0.000 6	0.000 4	0.000 3	0.000 3	0.000 2	4.80	4.42	4.66	5.44	5.91
专用设备制造业	0.000 7	0.000 5	0.000 4	0.000 4	0.000 3	3.78	3.62	3.92	4.69	5.33
交通运输设备制造业	0.000 8	0.000 5	0.000 4	0.000 4	0.000 3	8.73	8.53	9.80	12.39	14.75
电气机械及器材制造业	0.000 3	0.000 2	0.000 1	0.000 1	0.000 1	2.49	2.51	1.95	2.82	3.92
通信计算机及其他电子设备制造业	0.001 2	0.001 2	0.001 3	0.001 4	0.001 4	11.37	17.45	24.70	35.83	50.36
仪器仪表及文化办公用机械制造业	0.001 2	0.000 9	0.000 7	0.000 6	0.000 4	1.90	1.94	2.13	2.55	2.30
工艺品及其他制造业	0.000 7	0.000 6	0.000 5	0.000 5	0.0004	1.05	1.13	1.22	1.43	1.61
废弃资源和废旧材料回收加工业	0.001 7	0.001 8	0.001 9	0.002 0	0.002 0	0.81	1.15	1.49	1.99	2.58
电力、热力的生产和供应业	0.063 5	0.060 0	0.053 0	0.050 0	0.052 0	769.70	851.92	880.18	951.03	1 059.55
燃气生产和供应业	0.003 5	0.002 5	0.002 0	0.001 7	0.001 4	2.62	3.51	4.93	7.52	9.83
水的生产和供应业	0.008 8	0.005 7	0.004 2	0.003 2	0.002 2	3.65	2.83	2.47	2.30	1.87
总计						1 486.88	1 678.24	1 784.53	2 118.40	2 428.59

表 3－8　各行业预测年的重复用水率和重复用水量

行业＼年份	重复用水率/%					重复用水量/亿 m^3				
	2011	2016	2020	2025	2030	2011	2016	2020	2025	2030
煤炭开采和洗选业	66. 77	66. 18	66. 03	65. 73	65. 43	48. 77	40. 06	38. 83	33. 03	25. 52
石油和天然气开采业	83. 27	83. 82	84. 04	84. 48	84. 92	27. 76	20. 70	18. 98	16. 38	12. 99
黑色金属矿采选业	77. 91	76. 87	76. 55	75. 91	75. 27	54. 06	58. 22	64. 64	61. 48	42. 37
有色金属矿采选业	60. 08	64. 71	65. 06	65. 77	66. 48	26. 01	30. 73	36. 98	44. 53	50. 10
非金属矿采选业	75. 34	78. 15	79. 70	82. 80	85. 9	12. 55	15. 70	21. 06	29. 13	37. 80
其他采矿业	33. 40	18. 47	14. 99	8. 79	2. 59	0. 38	0. 35	0. 39	0. 33	0. 13
农副食品加工业	52. 06	52. 87	53. 10	53. 57	54. 04	57. 06	61. 96	69. 55	75. 27	74. 52
食品制造业	62. 54	64. 82	65. 50	66. 86	68. 22	30. 90	37. 55	46. 70	60. 05	71. 85
饮料制造业	57. 86	52. 43	51. 94	50. 96	49. 98	45. 56	49. 82	63. 51	84. 27	105. 94
烟草制品业	92. 23	93. 23	93. 66	94. 52	95. 38	9. 86	10. 21	12. 41	15. 66	19. 06
纺织业	28. 56	27. 04	26. 58	25. 66	24. 74	26. 36	27. 16	29. 60	30. 39	27. 87
纺织服装、鞋、帽制造业	31. 31	31. 10	30. 88	30. 45	30. 02	1. 84	1. 90	2. 06	2. 10	1. 90
皮革毛皮羽毛(绒)及其制品业	26. 45	28. 44	29. 12	30. 48	31. 84	2. 29	2. 80	3. 27	3. 79	3. 84
木材加工及木竹藤棕草制品业	51. 40	55. 86	57. 19	59. 86	62. 53	2. 18	2. 52	2. 87	2. 95	2. 19
家具制造业	41. 55	39. 22	38. 80	37. 97	37. 14	0. 61	0. 79	0. 98	1. 26	1. 56
造纸及纸制品业	54. 24	57. 16	58. 02	59. 74	61. 46	158. 04	193. 95	240. 23	312. 45	396. 40
印刷业和记录媒介的复制	57. 63	58. 94	59. 47	60. 53	61. 59	0. 59	0. 74	0. 95	1. 23	1. 52
文教体育用品制造业	24. 26	25. 61	27. 21	30. 42	33. 63	0. 08	0. 12	0. 15	0. 24	0. 37
石油加工、炼焦及核燃料加工业	95. 34	96. 67	97. 01	97. 69	98. 37	697. 58	763. 53	870. 58	1016. 77	1148. 24
化学原料及化学制品制造业	90. 62	91. 48	91. 73	92. 23	92. 73	1314. 73	1 684. 23	2 050. 32	2 364. 14	2 712. 44

续表

行业＼年份	重复用水率/%					重复用水量/亿 m^3				
	2011	2016	2020	2025	2030	2011	2016	2020	2025	2030
医药制造业	80.94	81.73	81.96	82.43	82.9	81.70	115.91	163.88	245.32	347.37
化学纤维制造业	90.67	91.63	91.90	92.45	93	131.99	160.98	202.04	261.36	322.24
橡胶制品业	86.85	88.32	88.74	89.59	90.44	16.51	19.86	24.67	31.37	37.73
塑料制品业	76.19	77.18	77.52	78.21	78.9	3.95	4.99	6.15	8.40	10.07
非金属矿物制品业	74.79	76.59	77.11	78.16	79.21	86.22	105.70	131.17	164.84	193.83
黑色金属冶炼及压延加工业	94.25	95.39	95.70	96.32	96.94	1 514.81	1 836.32	2 149.06	2 387.15	2 619.12
有色金属冶炼及压延加工业	86.13	87.05	87.32	87.86	88.4	115.48	134.28	147.10	141.94	118.34
金属制品业	84.13	90.11	91.51	94.31	97.11	62.43	135.52	223.17	399.58	671.99
通用设备制造业	53.03	49.86	48.89	46.96	45.03	5.55	4.41	4.55	5.11	5.32
专用设备制造业	76.86	78.08	78.41	79.07	79.73	13.17	12.34	13.06	12.70	9.91
交通运输设备制造业	81.54	85.17	86.15	88.12	90.09	40.16	48.56	59.08	71.74	79.71
电气机械及器材制造业	81.40	85.66	86.79	89.06	91.33	11.74	15.34	18.65	27.66	35.81
通信计算机及其他电子设备制造业	67.34	56.09	53.06	47.01	40.96	23.97	23.57	28.23	32.44	35.36
仪器仪表及文化办公用机械制造业	86.19	87.75	88.19	89.08	89.97	12.13	13.59	15.81	17.77	18.11
工艺品及其他制造业	34.18	29.07	27.57	24.57	21.57	0.54	0.48	0.47	0.47	0.43
废弃资源和废旧材料回收加工业	39.76	43.08	34.98	18.78	2.58	0.53	0.95	0.82	0.44	0.05
电力、热力的生产和供应业	81.52	83.85	84.51	85.83	87.15	2 816.15	3 024.00	3 171.84	3 493.91	3 729.89
燃气生产和供应业	91.52	92.16	92.34	92.71	93.08	28.09	40.87	60.30	84.50	96.08
水的生产和供应业	37.47	44.54	46.18	49.46	52.74	2.53	2.22	2.09	1.63	0.67
总计						7 484.88	8 702.92	9 996.20	1 1543.80	13 068.62

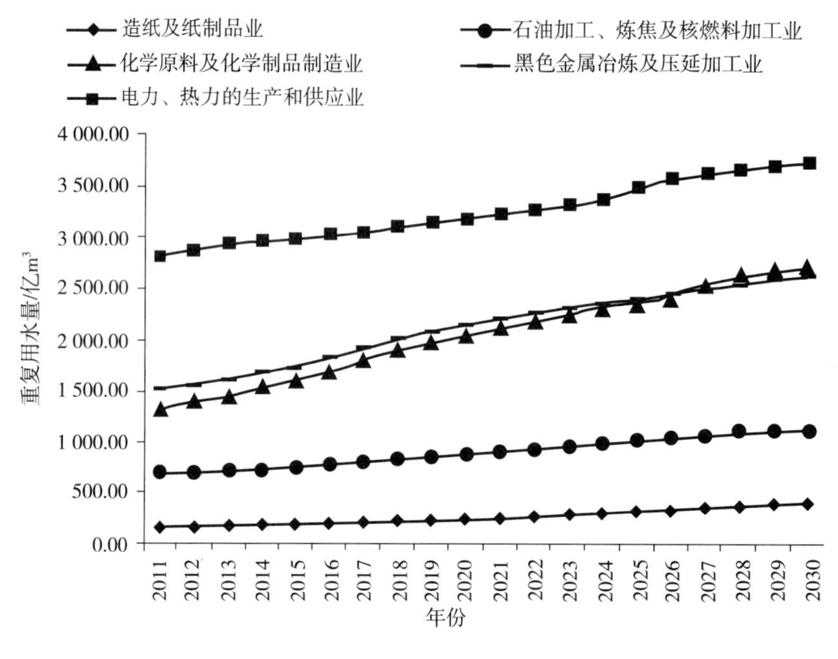

图3－8　五大重点行业重复用水量变化

3.3.3　生活用水量预测

3.3.3.1　城镇生活用水量缓慢增加

根据城镇生活用水量预测模型预测了2011—2030年城镇生活用水量，结果见表3－9，图3－10给出了未来城镇生活用水的变化趋势。随着经济和城市化进程的发展，以及城市居民生活水平的提高和公共市政设施范围的不断扩大和完善，城镇人口、人均用水系数和用水普及率都会相应增加，因此，在整个预测期内城镇生活用水量都呈增长趋势。

根据预测，2011—2030年，随着城镇人口的不断增长，城镇人均日用水量逐渐呈现下降趋势，而随着农村人口的不断减少，农村人均日用水量呈上升趋势。到2016年，2020年、2025年以及2030年，城镇人均日用水量分别比2011年下降0.51%、6.57%、10.61%以及14.14%；农村人均日用水量分别比2011年增长18.81%、31.67%、45.33%以及54.44%。农村的增长快于城镇。在预测年间，城镇人口逐年上升，农村人口出现负增长，在2016年、2020年、2025年以及2030年，城镇人口分别比2011年增长12.9%、21.19%、29.57%以及36.34%；农村人口分别比2011年下降9.82%、18.14%、28.54%以及38.93%。

2011年，生活用水总量为789.1亿m^3，到2016年、2020年、2025年以及2030年，将分别达到834.2亿m^3、863.6亿m^3、880.8亿m^3以及902.8亿m^3，分别比2011年增长5.39%、8.62%、10.40%以及12.59%；城镇生活用水量将分别达到539.8亿m^3、560.0亿m^3、573.2亿m^3以及581.0亿m^3，分别比2011年增长7.20%、10.64%、12.61%以及13.78%；农村生活用水量将分别达到294.4亿m^3、303.0亿m^3、307.6亿m^3以及321.8亿m^3，分别比2011年增加2.09%、4.87%、6.29%以及10.42%。从预测结

果可以看出，城镇生活用水量和农村生活用水量均呈现逐步增加的趋势，尽管农村人口出现负增长，但是由于农村人均用水量增加趋势较快，农村生活用水量仍呈增长趋势。根据预测，“十三五”期间，生活用水增长迅速，2020 年，生活用水总量相对于 2011 年增加了 8.62%，到 2030 年生活用水量增加趋缓，2030 年相对于 2020 年增加 4.34%。

3.3.3.2　农村生活用水量迅速增长

农村生活用水量的预测结果见表 3－9，从各项指标的变化趋势来看，预测期内农村人口不断下降，但生活用水系数不断增加，总体来看农村生活用水量呈现增长趋势。

表 3－9　农村生活用水量、城镇生活用水量以及生活用水总量预测　单位：亿 m^3

年份	生活用水总量	城镇生活用水量	农村生活用水量
2011	789.1	500.9	288.2
2016	834.2	539.8	294.4
2020	863.6	560.6	303.0
2025	880.8	573.2	307.6
2030	902.8	581.0	321.8

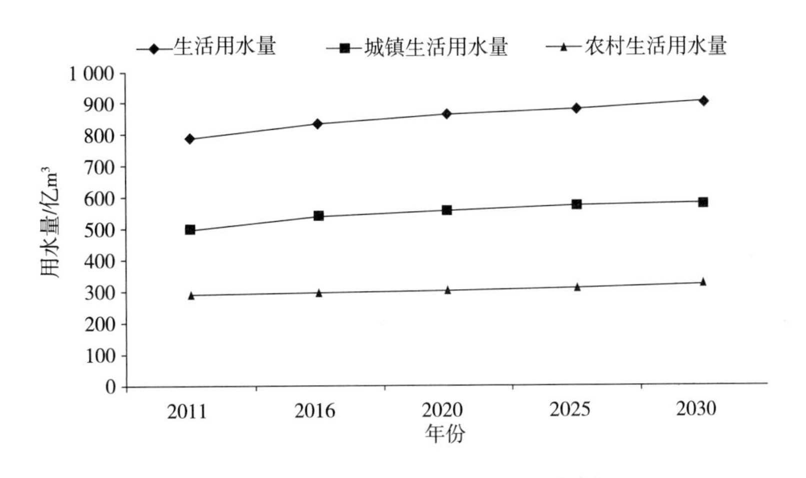

图 3－9　2011—2030 年生活用水量变化

3.3.4　总用水量预测

表 3－10 为 2011—2030 年整个预测期内用水量的预测结果。图 3－10 为预测重点年的工业用水、农业用水、生活用水以及生态用水的比例变化图。从表 3－10 和图 3－10 中可以看出，目前工业用水占总用水的比重较高，从长远发展趋势来看工业用水量仍将持续增长。

2020 年全国的总用水量将达到 6 381.42 亿 m^3，比 2011 年增加 3.74%，其中，工业用水增加 18.02%，农业用水下降 5.65%，生活用水增加占 8.62%，生态用水增加 24.66 %；2020—2030 年，全国的用水量将继续上升，预计到 2030 年全国的用水量将达到 6 886.69 亿 m^3，比 2020 年增加 7.34%，其中，工业用水增加 25.01%，农业用水下降 6.01%，生活用水增加4.34%，生态用水增加28.96%。可以看出，农业用水的比重在逐年下降，工业用水、生活用水和生态用水的比重在逐年上升。

表3－10　预测年份各个部门的用水需求　　单位：亿 m^3

年份	用水需求总量	农业用水需求总量	工业新鲜水取水量	生活用水需求总量	生态用水需求总量
2011	6 142.99	3 750.32	1 486.88	789.16	110.57
2016	6 295.26	3 663.26	1 678.24	834.16	119.61
2020	6 381.42	3 549.91	1 786.53	863.57	146.77
2025	6 589.56	3 432.24	2 118.40	880.77	158.15
2030	6 886.69	3 348.71	2 428.59	902.78	206.60

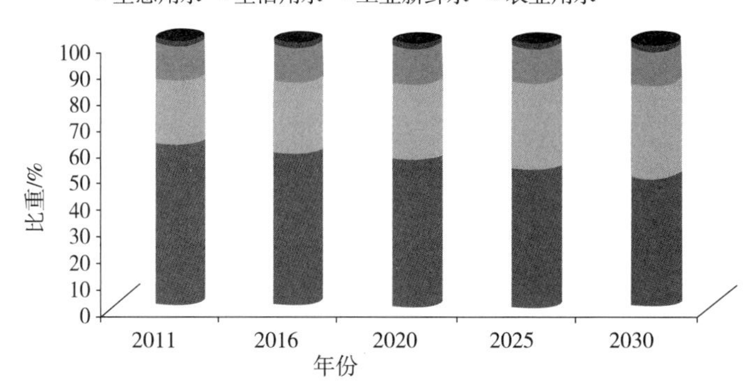

图3－10　工业用水、农业用水、生活用水及生态用水所占比例预测

3.4　结论与建议

3.4.1　结论

（1）农业节水效率不断提高，用水比重明显下降

“十二五”期间，由于农业节水技术的不断提高，大力加强农田基础设施建设，全国农业用水量逐年呈现下降。2011年全国农业用水量为3 750.32亿 m^3，到2016年农业用水量下降到3 663.26亿 m^3，“十二五”期间农业用水量下降了6.61%。“十三五”期间，随着不断调整农业生产结构，实施高效的水资源管理措施，制定科学的灌溉制度，完善农田水利基础工程设施，因地制宜地推广各种节水技术，有效提高农业用水利用率，促进传统农业向集约化农业转变，形成了工程节水、农业节水、管理节水的农业高效用水技术体系，农业耗水逐渐减少，农业用水总体呈现稳定下降的趋势。到2020年农业用水量下降为3 549.91亿 m^3，“十三五”期间农业用水量下降了3.09%。根据预测，到2030年农业用水量下降为3 348.71亿 m^3，农业用水的比重逐年下降。

（2）工业用水持续增长，重复用水效率不断提高

按照“十二五”规划纲要要求，到“十二五”末，中国万元工业增加值用水量要下

降30%。工业取水量占总取水量的1/4左右，其中高用水行业取水量占工业总取水量60%左右。由于从现在到2030年仍是我国工业的高速增长扩张期，因此，到2030年我国对工业用水量的需求还达不到发达国家工业后期几乎为零的程度。根据预测结果可知，随着未来工业经济的高速发展，2011—2030年我国的工业用水量仍将呈现上升趋势。根据工业水资源消耗预测模型预测得到的结果可知，2016年、2020年、2025年、2030年工业新鲜水用水量分别达到1 678.24亿m^3、1 786.53亿m^3、2 118.40亿m^3和2 428.59亿m^3。随着未来通过实施工业用水多元化（如城市污水回用、海水淡化的综合利用等）、大力推广工业节水新工艺、积极采用工业节水新技术、调整工业生产结构、加大政策与法规的执行力度，工业行业新鲜水取水量逐渐减少。2011年新鲜水用水量占总用水量的比例为15.0%，而到2030年新鲜水取水量占总用水量的比例为14.3%，工业新鲜水取水量在总用水量中所占的比例呈现下降趋势，也即随着水资源利用率的提高，重复用水量将持续加大，新鲜水在未来工业总用水量中的比重将呈现下降趋势。

（3）生活用水未来稳步增长，农村生活用水量高于城镇

20世纪80年代以来，我国生活用水总量持续增加，在国民经济用水中的比重稳步提高，人均生活用水定额逐年增加。用水定额增长地区差异明显，东部最快，其次是中部，西部增长最慢，城市水资源需求压力逐年增大。随着经济和城市化进程的发展，以及城市居民生活水平的提高和公共市政设施范围的不断扩大和完善，城市人口、人均用水系数和用水普及率都在相应增加。根据预测，2011—2030年，随着城镇人口的不断增长，城镇人均日用水量逐渐呈现下降趋势，而随着农村人口的不断减少，农村人均日用水量均呈上升趋势。到2016年、2020年、2025年以及2030年，城镇人均日用水量分别比2011年下降0.51%、6.57%、10.61%以及14.14%；农村人均日用水量分别比2011年增长18.81%、31.67%、45.33%以及54.44%，农村的增长快于城镇。在预测年间，城镇人口逐年上升，农村人口出现负增长，在2016年、2020年、2025年以及2030年，城镇人口分别比2011年增长12.9%、21.19%、29.57%以及36.34%；农村人口分别比2011年下降9.82%、18.14%、28.54%以及38.93%。从预测结果的变化趋势来看，预测期内农村人口不断下降，但生活用水系数不断增加，总体来看农村生活用水量呈现增加趋势。

3.4.2 建议

我国对水资源缺乏统一规划和管理，水资源开发建设与使用管理分属不同部门，造成管理上的混乱。未来我国水资源的供需矛盾仍将十分突出，区域性缺水将是水资源短缺的主要表现形式。

第一，以改善生态环境为根本和切入点，实现水资源的可持续利用。经济建设要充分考虑水土资源条件和生态环境保护的要求，合理确定与调整经济结构和产业布局，要在保护生态的前提下加快发展，根据水资源条件确定重点发展区域和发展重点，实现资源的优化配置，提高区域的资源环境承载能力。要把水资源的开发利用与节约保护结合起来。对于污染严重地区，应将改善水环境作为区域经济社会发展的首要目标，果断地

关停严重污染环境的小企业，加大污染治理力度。全面开展水资源与水环境保护规划工作，逐步建立完整的、科学的全国水资源规划体系。

第二，建立面向流域/区域生态保护的水环境分区管理格局，强化地表水和地下水、流域和近岸海域的统筹管理。加强饮用水水源规范化建设、风险防范。强化水质良好水体的优先保护。强化流域环境综合整治，加大农村环境污染治理力度，制定有毒有害化学品淘汰清单，制订“一湖一策”科学方案，合理规划水资源利用方式，保障河道生态流量；统筹陆海管理，建立海岸带生态红线管理制度。

第三，实施流域水环境综合管理，以水环境保护优化产业发展、城镇发展和资源开发利用。加大水污染防治投入和治理力度，有效控制主要污染物排放量，并逐步拓展总量控制范围，完善污染物总量控制制度。逐步改善流域水环境质量，维护和恢复水生态系统健康，全面构建水环境安全的生态空间格局。完善水环境保护相关法律法规和标准规范，提高环境监督执法、监控预警和风险管理能力，增强公众的水环境保护意识，促进流域可持续发展，支撑“美丽中国”建设目标的实现。

第 4 章　水污染产生量排放量预测

在维系人的生存、保障经济建设和维护社会发展的所有自然要素中，水的重要性毋庸赘述。然而随着工业化、城市化日益加快，世界面临着水资源短缺、水污染严重的挑战。中国尤其严重，是世界 13 个缺水国家之一，全国 600 多个城市中目前大约一半的城市缺水，水污染的恶化更使水短缺雪上加霜。我国江河湖泊普遍遭受污染，全国 75% 的湖泊出现了不同程度的富营养化；90% 的城市水域污染严重，南方城市总缺水量的 60% ~ 70% 是由于水污染造成的；对我国 118 个大中城市的地下水调查显示，有 115 个城市地下水受到污染，其中重度污染约占 40% 。水污染降低了水体的使用功能，加剧了水资源短缺，对我国可持续发展战略的实施带来了负面影响。

4.1　水污染当前形势分析

表 4 - 1、图 4 - 1 至图 4 - 3 显示了 2006—2011 年废水和污染物的排放情况，可以看出，近 6 年来我国的废水排放量逐年增加，2011 年的废水排放量达到 659. 2 亿 t，相对于 2006 年增加了近 22% ，其中，生活污水排放量相对于 2006 年上升了 44. 3% ，工业废水排放量下降了约 4. 1% 。随着城市化水平的提高以及城镇人口的持续增长，生活污水排放量仍将保持较快速度的增长，而环保基础设施的建设进度和排污能力又远远滞后于污染负荷的增长水平。目前，农村生活污水排放量尚未纳入统计范围，随着农村生活水平的提高，人均污染排放量也在增加，由于农村没有污水管网和污染治理设施，所排放的污水相对于城镇更难集中治理，对未来环境所造成的安全隐患不容忽视。

表 4 - 1　2006—2011 年全国水污染部分统计指标

年份	2006	2007	2008	2009	2010	2011
废水排放量/亿 t	536. 8	556. 8	571. 7	589. 7	617. 3	659. 2
其中：工业	240. 2	246. 6	241. 7	234. 5	237. 5	230. 9
生活	296. 6	310. 2	330. 0	355. 2	379. 8	427. 9
化学需氧量排放量/万 t	1 428. 2	1 381. 8	1 320. 7	1 277. 5	1 238. 1	1 293. 6
其中：工业	542. 3	511. 1	457. 6	439. 7	434. 8	354. 8
生活	885. 9	870. 8	863. 1	837. 8	803. 3	938. 8
氨氮排放量/万 t	141. 4	132. 3	127. 0	122. 6	120. 3	260. 4
其中：工业	42. 5	34. 1	29. 7	27. 4	27. 3	28. 1
生活	98. 9	98. 3	97. 3	95. 3	93. 0	147. 7

注：数据来自环境统计年报。

2006—2011 年，全国的 COD 排放量不断下降，相对于 2006 年下降了 13.3%，2010—2011 年，点源污染的控制受到经济发展和技术瓶颈的制约，尚未得到完全控制，面源污染对于环境的威胁又逐步在凸显，面源污染相对于点源污染来讲，具有分散性、隐蔽性、随机性和不确定性，且不易监测、核查和统计。据估计，养殖业污染已经超过工业和生活污染，成为水体的最大污染源，而目前的环境治理手段，无论是从体制、机制还是从管理手段方面都是针对点源污染来开展的，对于面源污染尚缺乏足够的重视以及治理经验，其防治工作远远滞后于产业的发展。

（1）废水排放量

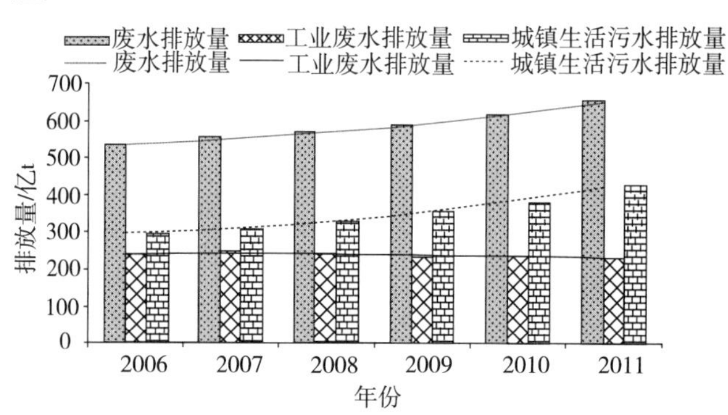

图 4-1　2006—2011 年工业废水、城镇生活污水以及废水总排放量的变化

（2）化学需氧量

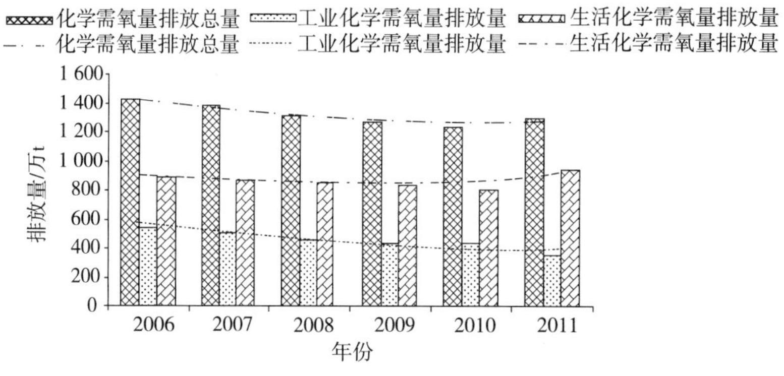

图 4-2　2006—2011 年工业 COD、生活 COD 及 COD 排放总量的变化

（3）氨氮排放量

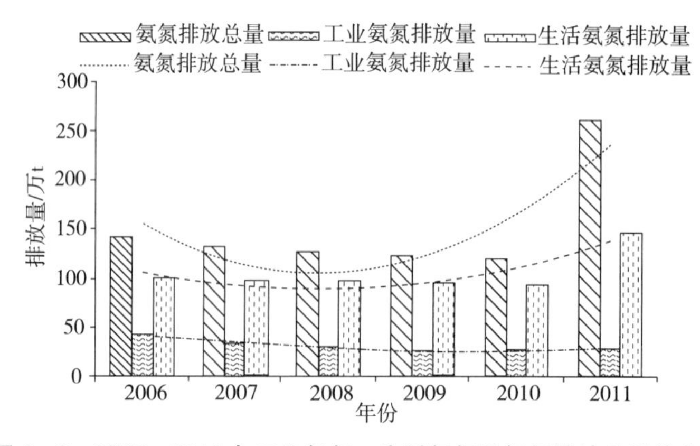

图 4-3　2006—2011 年工业氨氮、生活氨氮及氨氮排放总量的变化

4.2 预测模型与方法

4.2.1 预测思路与技术路线

水污染物排放预测技术路线见图4－4。

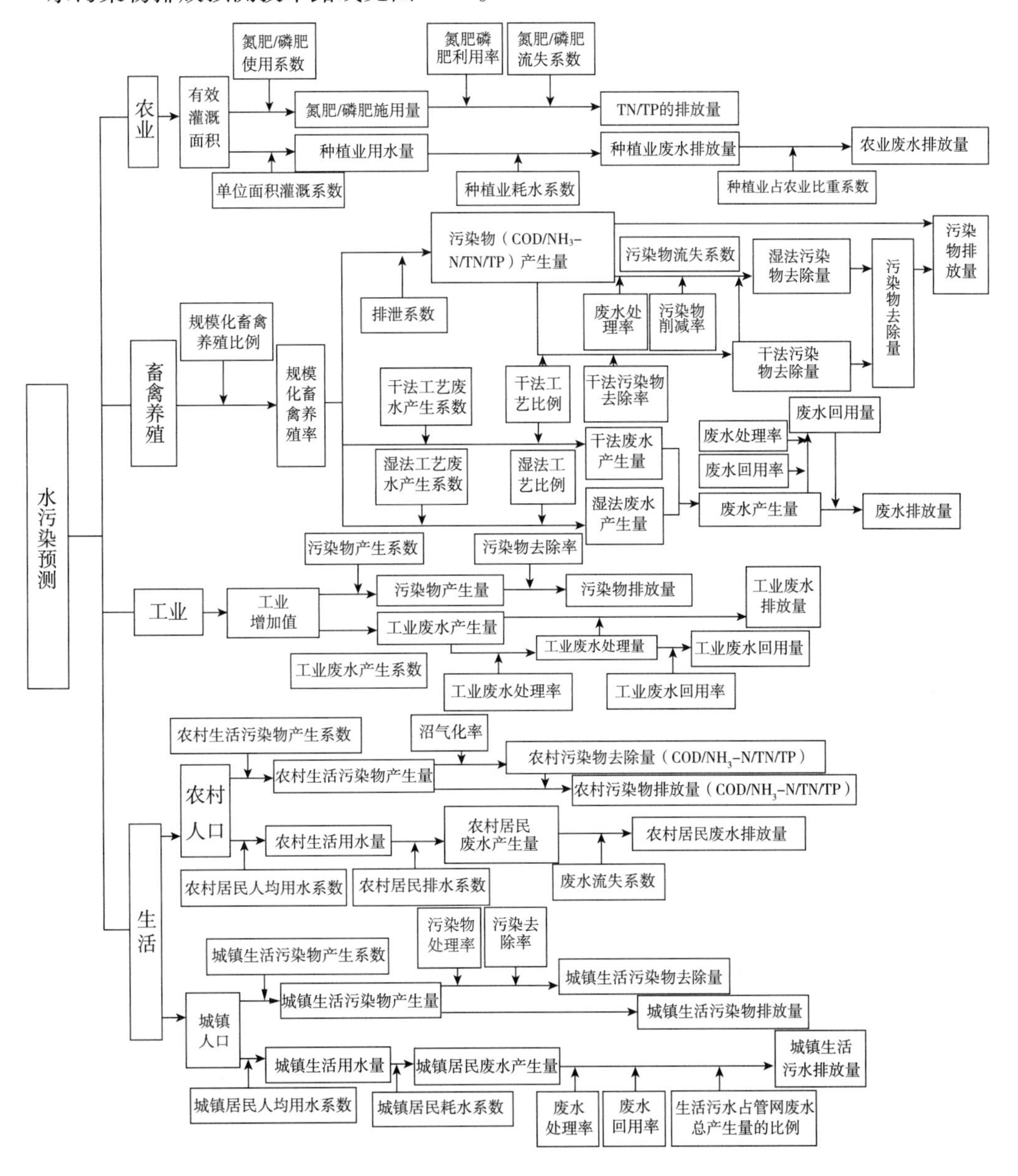

图4－4 水污染物排放预测技术路线

1）预测指标：废水、COD、NH_3－N、总氮、总磷等的产生量和排放量。

2）时间范围，基准年：2011年（部分数据基准年可能调整到2012年）；重点时间段：2016年、2020年、2025年、2030年。

3）预测情景方案：对废水及污染物排放量预测，根据控制目标不同，分两种情景方案，一是在现有的废水处理水平和污染物去除率正常提高下，二是在达到理想的控制目标（根据国家规划或行业规划要求设定）情景下。两种情景方案最为关键的是预测出废水和水污染物去除率。

4）主要预测内容：对行业进行分类，按不同行业预测：行业分类按农业、工业和生活三部分进行，其中农业分为种植业和畜禽养殖业；工业按《中国环境统计年鉴》或《中国统计年鉴》的39个行业部门分类进行；生活分为城镇生活和农村生活。

4.2.2 预测模型

各污染源废水和污染物产生量与排放量预测模型见表4－2，废水治理投资和运行费用预测方法见表4－3。

（1）农业废水和污染物

首先，利用预测得到的种植业用水量与种植业耗水系数相乘得到废水产生量（假设废水产生量等于排放量）；其次，根据化肥施用量（需要预测）、化肥利用率（源强系数）以及种植业的污染物流失系数计算污染物排放量。预测污染物包括TP和TN。

（2）规模化畜禽养殖场废水和污染物预测

首先预测畜禽养殖量（存栏量）、畜禽废水产生系数和排泄系数得到废水和污染物产生量，然后根据废水处理率、废水回用率以及流失系数计算废水排放量；按干法和湿法两种清粪工艺计算污染物去除量，然后根据污染物流失系数计算得到污染物排放量。预测污染物包括COD、NH_3-N、TP和TN，畜禽种类包括猪、肉牛、奶牛、肉鸡、蛋鸡和羊。

（3）工业废水和污染物预测

由于各个行业的工艺复杂，废水的产生量数据较难估算，在环境统计年鉴上，给出了各个行业的废水排放量，且废水的排放系数，即单位产值的废水排放量呈现出较好的规律性，故根据废水排放量的现状值直接估算目标年份的排放量是一种较好的方法。预测年份的工业增加值和工业废水产生系数、污染物产生系数相乘即得到工业废水产生量和污染物产生量。再根据工业废水处理率、工业废水回用率污染物去除率得到工业废水排放量和污染物排放量。预测污染物包括COD和NH_3-N。

（4）农村生活污水和污染物预测

农村生活污水包括农村居民生活污水和散养畜禽废水两部分。其中，居民生活污水产生量在预测用水量的基础上，根据农村生活耗水系数计算，散养畜禽废水产生量则直接通过散养畜禽量和散养畜禽的废水产生系数预测，两部分之和即为农村生活污水产生量，随后考虑废水流失系数后得到废水排放量。污染物产生量根据农村人口、散养畜禽量和人畜污染物产生系数计算，然后根据沼气化率和污染物流失系数计算得到污染物排放量。预测污染物包括COD、NH_3-N、TP和TN。

（5）城镇生活污水和污染物预测

城镇生活污水产生量的预测和农村居民生活污水产生量的预测方法类似，在预测得到用水量的基础上，通过城镇居民生活耗水系数，计算得到污水产生量；然后根据生活污水占城镇管网废水的比例，计算总的城镇管网废水产生量；利用回用率目标计算处理回用量，计算得到废水排放量。城镇生活污水中污染物产生量的预测方法和农村居民生活污染类似，城镇人口和城镇居民污染物产生系数相乘即得到生活污水的污染物产生量，然后根据废水处理率和污染物削减率计算废水和污染物排放量。

（6）废水治理投资

废水治理投资主要包括畜禽废水、工业废水、城镇生活污水等的治理投资，当年废水治理投资为当年新增处理能力（含当年报废处理能力）与单位废水治理投资系数的乘积。

（7）废水治理运行费用

废水治理运行费用为当年废水实际处理量与单位废水运行费用系数的乘积。对于畜禽废水治理，将干捡粪治理工艺的人工成本也计入运行费用中。

表4-2　废水和污染物产生量与排放量预测模型

行业	废水/污染物	预测方法
种植业	废水	废水产生量=用水量×（1-种植业耗水系数） 废水排放量=废水排放未达标量=不同类型农田的废水流失系数×废水产生量
	TP	TP排放量=TP产生量×TP流失系数 TP产生量=磷肥施用量×（1-磷肥利用率）×0.436 6 磷肥施用量=耕地面积×单位耕地面积化肥施用量×磷肥施肥结构
	TN	TN排放量=TN产生量×TN流失系数 TN产生量=氮肥施用量×（1-氮肥利用率）
规模化畜禽养殖	废水	规模化畜禽养殖量=畜禽养殖量×规模化养殖比例 废水产生量=规模化畜禽养殖量×（湿法工艺比例×湿法工艺的废水产生系数+干法工艺比例×干法工艺的废水产生系数） 废水回用量=废水产生量×废水处理率×废水回用率 废水排放量=废水产生量-废水回用量
	污染物（COD、NH_3-N、TP、TN）	污染物产生量=规模化畜禽养殖量×排泄系数 污染物去除量=干法污染物去除量+湿法污染物去除量 污染物排放量=（污染物产生量-污染物去除量）×污染物流失系数 干法污染物去除量=污染物产生量×（1-湿法工艺比例）×干法污染物清除率 湿法污染物去除量=（污染物产生量-干法污染物去除量）×废水处理率×污染物削减率
农村生活	废水	废水排放量=废水产生量×废水流失系数 农村居民废水产生量=农村居民用水量×（1-耗水系数）
	污染物（COD、NH_3-N、TP、TN）	农村居民污染物产生量=农村人口×污染物产生系数 污染物去除量=农村居民污染物产生量×沼气化率 污染物排放量=（污染物产生量-污染物去除量）×污染物流失系数
工业	废水	废水排放量=Σ(行业增加值×各个行业废水排放系数） 废水处理量=Σ行业废水产生量×（废水处理率或废水应处理率）
	污染物（COD、NH_3-N）	污染物产生量=Σ(行业增加值×行业污染物产生系数） 污染物排放量=［行业污染物产生量×（1-污染物去除率)］

续表

行业	废水/污染物	预测方法
城镇生活	废水	废水排放量 = 废水产生量 × 废水处理率 × （1 - 废水回用率）/ 生活污水占管网废水总产生量的比例 废水产生量 = 城镇居民用水量 × （1 - 城镇居民耗水系数）
	污染物 （COD、NH_3 - N）	污染物产生量 = 城镇人口 × 污染物产生系数 污染物去除量 = 污染物产生量 × 废水处理率 × 污染物去除率 污染物排放量 = 污染物产生量 - 污染物去除量

表 4 -3　废水治理投资和运行费用的预测方法

项目	预测方法
治理投资	治理投资 = 新增设计处理能力 × 单位废水治理投资系数 新增设计处理能力 = 当年设计处理能力 - 上年设计处理能力 + 当年报废处理能力 = 设备折旧率 × 上年设计处理能力
运行费用	运行费用 = 废水实际处理量 × 单位废水运行费用系数 废水处理量 = 废水产生量 × 废水处理率

4.2.3　模型参数确定

预测模型参数的确定方法见表 4 -4 至表 4 -19。

表 4 -4　废水和污染物排放量预测模型参数预测方法

行业	指标	预测方法和依据
种植业	种植业耗水系数	耗水系数由全国水资源公报计算得出，再用趋势外推法推得。一般种植业的生产耗水系数取 0.655
	不同类型农田的废水流失系数	水田取 0.2，旱田取 0.05
	单位耕地面积化肥施用量	根据统计数据，2007—2011 年，我国耕地的平均化肥施用量（折纯量）呈现逐年上升趋势，2007—2011 年 4 年来的平均化肥施用量分别为 419 kg/hm^2、430 kg/hm^2、444 kg/hm^2、457 kg/hm^2、468 kg/hm^2；采用趋势分析法，预测到 2030 年单位化肥施用量为 658 kg/hm^2
	施肥结构	以 N : P_2O_5 : K_2O 达到 1 : 0.5 : 0.4 为目标，将氮肥 : 磷肥 : 钾肥 : 复合肥由 2007 年的 45 : 15 : 15 : 25 调整至 2030 年的：方案 1 保持现状，方案 2 为 28 : 10 : 8 : 14
	化肥利用率	目前氮肥利用率约为 35%，预计随着单位化肥施用量的减少以及施肥结构的调整，到 2030 年利用率提高到 55%；目前磷肥利用率约为 30%，预计到 2030 年利用率提高到 45%
	TN/TP 流失系数	根据化肥的利用率，目前氮肥的流失系数为 60%，磷肥的流失系数为 70%，未来随着化肥利用率的提高，流失系数将不断降低，预计到 2030 年氮肥的流失系数将降到 30%，磷肥的流失系数降到 35%

续表

行业	指标	预测方法和依据
规模化畜禽养殖	畜禽养殖量	畜禽养殖量主要取决于消费需求、食品结构、畜禽生产能力、饲料供应和畜牧业科技进步等因素，对以上因素综合分析，可知今后我国肉类及禽蛋的增长幅度将呈稳中有升的态势，奶类在“十一五”和“十二五”期间保持高速增长态势
	规模化养殖比例	畜牧业的生产方式正在向规模化和集约化方向发展，规模化养殖比例将不断提高，由《中国畜牧业年鉴2007》，得到2007年6种畜禽的规模化养殖比例，并在此基础上确定规模化养殖比例的预测目标，到2030年：猪65%、肉牛60%、奶牛65%、肉鸡75%、蛋鸡70%、羊50%
	湿法工艺比例	根据污染源普查数据，2007年湿法工艺比例为：猪61.5%、牛59.5%、鸡39.0%、羊20.0%；到2030年降低到：方案1为猪20%、牛21%、鸡10%、羊5%；方案2为猪26%、牛26%、鸡15%、羊10%
	废水处理率	根据污染源普查数据，2007年废水处理率为：猪24.0%、肉牛15.3%、奶牛36.5%、肉鸡和蛋鸡39.0%、羊10.0%；到2030年分别提高到：方案1为猪牛80%、鸡85%、羊65%；方案2为猪牛85%、鸡95%、羊70%
	干法污染物清除率	根据调查，2005年干法污染物清除率为：猪60.0%、肉牛68.0%、奶牛55.0%、肉鸡和蛋鸡80.0%、羊60.0%，到2030年提高到：方案1为猪和肉牛75%、奶牛70%、鸡85%、羊70%；方案2为猪和肉牛85%、奶牛80%、鸡90%、羊80%
	废水回用率	根据污染源普查数据，2007年废水回用率为0；预计到2030年提高到：方案1为30%；方案2为50%
	污染物流失系数	当前畜禽养殖污染物流失系数大约为80%，随着未来畜禽养殖规模化程度的不断提高以及畜禽养殖污染物处理技术的不断改进，污染物流失系数不断降低。当前畜禽养殖污染物流失系数为80%~90%，预计到2030年，方案一：污染物流失系数将降低到40%~50%；方案二：污染物流失系数将降低到35%~40%
	污染物削减率	随着未来畜禽养殖规模化程度的不断提高以及畜禽养殖污染物处理技术的不断提高，污染物削减率也不断提高。当前畜禽养殖污染物削减系数：猪牛削减率为30%，鸡为35%，羊为25%；预计到2030年，方案一：猪牛削减率为45%，鸡为50%、羊为45%；方案二：猪牛削减率为50%，鸡为55%、羊为50%
农村生活	农村居民生活耗水系数	根据1999—2007年的中国水资源公报，农村居民生活耗水系数基本保持在0.8~0.9，预计随着农村居民生活水平的提高，耗水系数将逐步下降，到2030年将降至0.65
	农村居民人均污染物产生量	根据三峡地区的专项调查报告，2006年农村居民的污染物产生系数取：COD 35.1g/（人·d），NH_3-N 3.02g/（人·d），TP 0.34g/（人·d），TN 4.72g/（人·d）。预计随着农村居民生活水平的提高，到2030年污染物产生系数将提高到：COD 46.5g/（人·d），NH_3-N 4.10g/（人·d），TP 0.46g/（人·d），TN 6.21g/（人·d）

续表

行业	指标	预测方法和依据
农村生活	沼气化率	根据“十一五”全国农村沼气工程建设规划，全国大约有60%的农村户适宜加入沼气综合利用工程，截至2005年年底，全国户用沼气达到1 800万户，占总农村户数的7.2%。预计到2030年，农村沼气普及率将达到：方案1为45%；方案2为55%
	废水流失系数	目前农村生活污水流失为60%～70%，预计未来随着农村环境基础设施的不断健全完善，废水流失系数将不断降低，到2030年，方案一：废水流失系数为40%～50%；方案二：废水流失系数为35%～45%
	污染物流失系数	未来农村污染物流失系数也将不断降低，预计到2030年，方案一：污染物流失系数为35%～45%；方案二：污染物流失系数为30%～40%
工业	废水排放系数	各行业废水排放系数根据现有的（2007—2011年）五年的废水排放系数进行趋势外推求得
	废水处理率	根据污染源普查数据，得到2011年各行业的废水处理率
	污染物去除率	根据历史数据进行预测：根据环境统计年鉴可以得到2007—2011年各个行业的污染物去除率
	污染物产生系数	根据污染源普查数据，得到2011年各行业的污染物产生系数，然后用趋势外推法预测
城镇生活	耗水系数	根据水资源公报的统计数据，1997—2002年的耗水系数基本上维持在0.25，2003—2007年的耗水系数为0.25，随着水资源利用效率的提高，预计到2030年，耗水系数可达到0.35
	废水处理率	根据《全国城镇污水处理及再生利用设施建设“十一五”规划》，以近期2010年达到70%，远期2030年所有城市的生活污水处理率达到100%为目标，确定预测目标年的城镇生活污水处理率：方案1为2020年85%，2030年95%；方案2为2020年80%，2020年90%
	废水回用率	参考《全国城镇污水处理及再生利用设施建设“十一五”规划》中关于再生水利用率的目标，确定预测目标年的城镇生活污水回用率：方案1为2020年15%，2030年25%；方案2为2020年30%，2030年45%
	生活污水占管网废水总产生量的比例	根据2006年统计数据，推算得出生活污水占管网废水总产生量的比例为87%。考虑到未来工业企业向工业园区集中搬迁以及工业废水集中处理比例的提高，该比例在未来会小幅提升，到2030年达到100%
	各级废水处理能力比例	根据《中国城市建设统计年报2006》和中国监测站统计数据，2006年城镇污水处理厂（含其他污水处理设施）的一、二和三级处理能力比例分别为14.8%、80.2%和2.8%，预计到2030年将分别达到：方案1为0、85%和15%；方案2为0、95%和5%
	污染物去除率	各级城镇污水处理设施的污染物去除率相对稳定，根据2012年环境统计年报及调查数据，2011年一、二、三级处理设施的全国平均污染物去除率依次分别是：COD为90%、85%、10%，NH_3-N为85%、75%、0，TP（TN）为85%、75%、0。预计未来二级处理能力的污染物去除率有小幅提升，三级保持不变，一级将消失，因此，仅对二级处理设施的各项污染物去除率进行预测，预计到2030年COD为95%，NH_3-N为80%，TP（TN）为85%

续表

行业	指标	预测方法和依据
城镇生活	污染物产生系数	根据环境统计年鉴与中国统计年鉴的现状值计算出2007—2011年的污染物产生系数，再用趋势外推法预测

表4-5 治理投资和运行费用预测中技术参数的预测方法与依据

行业	指标	预测方法和依据
治理投资	当年设计处理能力	当年设计处理能力=当年实际处理能力/处理设施正常运转率/运行安全系数+上年设计处理能力×0.05 当年实际处理能力=当年废水处理量/365
	处理设施正常运转率	根据《中国城市建设统计年报2007》中的数据推算，2007年城镇生活污水处理设施的正常运转率为80.0%，预计到2030年将达到100%；根据《中国环境统计年报2012》及历史数据推算，2006年工业废水处理设施的正常运转率为75%，预计到2030年将达到100%
	运行安全系数	根据一般废水治理设施的设计参数，该系数为0.75
	单位废水治理投资系数	根据环境统计基表投资以及有关研究，确定投资系数如下：城镇生活污水治理投资系数（含管网）为3级3 500元/（d·m^3）、2级2 500元/（d·m^3）；沼气池54 150元/15户；工业废水各行业不同，畜禽养殖不同畜禽种类也不同，这里不用一一列出
运行费用	单位废水运行费用系数	根据有关研究，确定运行费用系数如下：城镇生活污水运行费用系数为3级1.15元/t，2级0.7元/t，1级0.3元/t；畜禽废水运行费用系数为湿法1.15元/t，不同畜禽的干法成本不同；沼气池1 625元/15户；工业废水各行业不同，这里不再一一列出

表4-6 种植业相关系数

年份	耗水系数	单位耕地面积化肥施用量/（kg/hm^2）	施肥结构/%				氮肥利用率/%	磷肥利用率/%
			氮肥	磷肥	钾肥	复合肥		
2011	0.68	468.87	41.75	14.36	10.61	33.22	41.00	19.62
2016	0.70	488.10	38.19	13.65	10.01	29.18	45.00	24.35
2020	0.72	545.03	33.74	12.97	9.26	24.13	50.00	30.00
2025	0.73	601.95	29.29	11.33	8.51	19.08	55.00	35.00
2030	0.75	658.88	24.84	10.25	7.76	14.03	60.00	40.00

表4-7 各种畜禽的规模化养殖比例 单位:%

年份	猪	肉牛	奶牛	肉鸡	蛋鸡	羊
2011	36.5	27.5	43.5	55.0	42.5	26.0
2016	43.4	36.3	49.8	60.6	51.3	30.6
2020	50.0	45.0	55.0	65.0	60.0	35.0
2025	57.5	55.0	61.0	70.0	70.0	40.0
2030	65.0	60.0	65.0	75.0	70.0	50.0

表 4-8　规模化畜禽养殖场的废水产生系数和污染物排泄系数

项目		猪	肉牛	奶牛	肉鸡	蛋鸡	羊
废水产生系数/［t/（头·a）］	水冲粪	6.57	23.73	54.75	0.22	0.26	15.7
	干清粪	2.74	11.86	33.76	0.09	0.09	7.8
污染物排泄系数/［kg/（头·a）］	COD	48.52	226.2	401.5	4.9	2.4	4.4
	NH_3-N	2.07	25.15	25.15	0.125	0.125	0.57
	TP	1.7	10.07	10.07	0.115	0.115	0.45
	TN	4.51	61.1	61.1	0.275	0.275	2.28

表 4-9　农村生活污染物产生系数　　单位：g/（人·d）

年份	COD	NH_3-N	TP	TN
2011	38.78	3.33	0.38	5.21
2016	42.46	3.65	0.41	5.70
2020	45.40	3.90	0.44	6.09
2025	38.04	4.21	0.48	6.58
2030	46.50	4.10	0.46	6.21

表 4-10　农村生活耗水系数　　单位:%

年份	农村生活耗水系数
2011	85.00
2016	80.00
2020	75.00
2025	70.00
2030	65.00

表 4-11　城镇生活污染物产生系数　　单位：g/（人·d）

年份	COD 产生系数	NH_3-N 产生系数
2011	66.08	6.14
2016	68.70	6.38
2020	70.28	6.51
2025	72.13	6.66
2030	74.43	6.85

表 4-12　城镇居民废水产生量和排放量相关系数　　单位:%

年份	生活污水占管网废水总产生量的比例	城镇居民耗水系数	废水处理率
2011	87.86	35.10	81.54
2012	88.29	35.38	85.23
2016	88.93	36.60	90.77

续表

年份	生活污水占管网废水总产生量的比例	城镇居民耗水系数	废水处理率
2020	90.00	37.65	100
2025	95.00	38.70	100
2030	100	39.35	100

表4－13　工业废水排放系数　　单位：t/万元

行业	年份				
	2011	2016	2020	2025	2030
煤炭开采和洗选业	11.28	9.37	8.49	7.32	6.15
石油和天然气开采业	1.49	1.22	1.10	0.94	0.78
黑色金属矿采选业	12.57	9.05	7.59	5.65	3.71
有色金属矿采选业	36.74	29.28	25.95	21.51	17.07
非金属矿采选业	8.95	6.18	5.15	3.78	2.41
其他采矿业	330.53	291.80	274.49	251.41	228.33
农副食品加工业	25.46	22.30	20.80	18.80	16.80
食品制造业	20.77	17.65	16.19	14.25	12.31
饮料制造业	25.90	16.42	12.35	6.93	1.51
烟草制品业	1.10	0.93	0.85	0.75	0.65
纺织业	41.61	38.02	36.26	33.91	31.56
纺织服装、鞋、帽制造业	5.58	4.86	4.51	4.05	3.59
皮革毛皮羽毛（绒）及其制品业	14.21	12.67	11.93	10.94	9.95
木材加工及木竹藤棕草制品业	3.10	2.03	1.65	1.14	0.63
家具制造业	3.06	2.70	2.50	2.36	2.22
造纸及纸制品业	208.41	182.01	169.42	152.64	135.86
印刷业和记录媒介的复制	2.99	2.72	2.59	2.42	2.25
文教体育用品制造业	1.97	1.79	1.71	1.60	1.49
石油加工、炼焦及核燃料加工业	22.11	19.33	18.00	16.23	14.46
化学原料及化学制品制造业	35.58	27.78	24.34	19.76	15.18
医药制造业	14.42	11.43	10.10	8.33	6.56
化学纤维制造业	50.30	40.50	36.09	30.21	24.33
橡胶制品业	5.70	4.64	4.17	3.54	2.91
塑料制品业	2.12	1.91	1.81	1.68	1.55
非金属矿物制品业	6.27	4.59	3.90	2.98	2.06
黑色金属冶炼及压延加工业	12.60	9.44	8.10	6.32	4.54
有色金属冶炼及压延加工业	5.00	3.46	2.86	2.06	1.26
金属制品业	9.14	8.28	7.86	7.30	6.74

续表

行业	年份				
	2011	2016	2020	2025	2030
通用设备制造业	1.87	1.37	1.18	0.93	0.68
专用设备制造业	2.90	2.25	1.98	1.62	1.26
交通运输设备制造业	2.29	1.61	1.35	1.01	0.67
电气机械及器材制造业	1.60	1.37	1.26	1.12	0.98
通信计算机及其他电子设备制造业	4.46	4.69	4.82	4.99	5.16
仪器仪表及文化办公用机械制造业	4.38	3.22	2.75	2.12	1.49
工艺品及其他制造业	3.01	2.66	2.49	2.27	2.05
废弃资源和废旧材料回收加工业	8.53	10.11	11.04	12.28	13.52
电力、热力的生产和供应业	14.46	10.18	8.45	6.14	3.83
燃气生产和供应业	7.13	4.80	3.90	2.70	1.50
水的生产和供应业	31.41	25.45	22.76	19.17	15.58

表 4－14　工业 COD 的产生系数　　单位：t/亿元

行业＼年份	2011	2016	2020	2025	2030
煤炭开采和洗选业	72.39	48.91	43.39	33.86	24.33
石油和天然气开采业	12.75	7.05	5.92	5.17	4.42
黑色金属矿采选业	16.36	7.21	5.71	4.21	2.71
有色金属矿采选业	64.25	27.49	20.73	10.71	5.69
非金属矿采选业	28.09	19.39	17.23	14.41	11.59
其他采矿业	476.05	363.78	301.50	178.45	105.40
农副食品加工业	281.29	192.58	170.90	129.04	87.18
食品制造业	280.00	195.22	176.37	140.17	103.97
饮料制造业	648.16	575.27	554.41	514.19	473.97
烟草制品业	5.30	4.55	4.20	3.80	2.80
纺织业	248.58	204.96	192.93	170.38	147.83
纺织服装、鞋、帽制造业	28.26	26.32	25.75	24.12	23.49
皮革毛皮羽毛（绒）及其制品业	170.50	139.02	128.86	110.05	91.24
木材加工及木竹藤棕草制品业	27.33	17.91	15.59	12.46	9.33
家具制造业	10.22	5.65	5.34	4.23	3.12
造纸及纸制品业	2 712.05	1 976.85	1 790.88	1 420.44	1 050.00
印刷业和记录媒介的复制	11.19	9.72	9.33	9.05	8.77
文教体育用品制造业	4.59	3.96	3.79	2.95	2.11
石油加工、炼焦及核燃料加工业	89.98	46.97	38.96	24.44	10.92
化学原料及化学制品制造业	172.67	128.89	117.42	95.99	74.56

续表

行业＼年份	2011	2016	2020	2025	2030
医药制造业	198.69	155.46	143.86	122.16	100.46
化学纤维制造业	359.28	259.25	233.50	183.50	133.50
橡胶制品业	14.36	11.82	11.13	11.25	10.37
塑料制品业	6.04	4.86	4.55	3.43	3.31
非金属矿物制品业	14.48	10.25	9.22	8.66	8.10
黑色金属冶炼及压延加工业	30.94	24.96	23.42	21.84	20.26
有色金属冶炼及压延加工业	12.36	6.65	5.48	4.65	3.82
金属制品业	17.01	14.36	13.62	13.65	12.68
通用设备制造业	8.11	6.46	6.03	6.68	7.33
专用设备制造业	6.53	4.58	4.12	4.70	5.28
交通运输设备制造业	7.72	5.31	4.75	5.14	5.53
电气机械及器材制造业	4.83	3.64	3.35	4.28	5.21
通信计算机及其他电子设备制造业	6.38	5.01	4.65	5.44	6.23
仪器仪表及文化办公用机械制造业	14.32	10.71	9.78	9.43	9.08
工艺品及其他制造业	14.78	19.66	20.24	22.91	25.58
废弃资源和废旧材料回收加工业	17.34	9.03	7.97	7.36	6.75
电力、热力的生产和供应业	13.47	8.78	7.67	6.96	6.25
燃气生产和供应业	114.43	84.35	63.76	54.08	44.40
水的生产和供应业	148.44	93.04	88.11	68.75	56.39

表4－15　工业氨氮的产生系数　　单位：t/亿元

行业＼年份	2011	2016	2020	2025	2030
煤炭开采和洗选业	0.58	0.33	0.28	0.21	0.14
石油和天然气开采业	0.55	0.43	0.38	0.31	0.24
黑色金属矿采选业	0.36	0.25	0.20	0.14	0.08
有色金属矿采选业	0.76	0.47	0.39	0.29	0.19
非金属矿采选业	0.32	0.21	0.19	0.16	0.13
其他采矿业	28.46	12.91	9.44	4.82	0.20
农副食品加工业	6.59	4.83	4.06	3.04	2.02
食品制造业	13.64	8.97	7.61	5.80	3.99
饮料制造业	7.11	5.90	5.43	4.81	4.19
烟草制品业	0.25	0.22	0.20	0.18	0.16
纺织业	5.06	3.74	3.27	2.65	2.03
纺织服装、鞋、帽制造业	0.92	0.81	0.76	0.69	0.62

续表

行业 \ 年份	2011	2016	2020	2025	2030
皮革毛皮羽毛（绒）及其制品业	7.36	4.49	3.70	2.65	1.60
木材加工及木竹藤棕草制品业	0.65	0.34	0.27	0.18	0.09
家具制造业	0.33	0.25	0.22	0.18	0.14
造纸及纸制品业	16.63	9.40	7.51	4.99	2.47
印刷业和记录媒介的复制	0.55	0.46	0.43	0.39	0.35
文教体育用品制造业	0.18	0.14	0.13	0.12	0.11
石油加工、炼焦及核燃料加工业	31.71	26.79	24.43	21.29	18.15
化学原料及化学制品制造业	44.38	33.70	28.95	22.62	16.29
医药制造业	5.22	3.20	2.58	1.75	0.92
化学纤维制造业	8.09	6.14	5.28	4.13	2.98
橡胶制品业	0.73	0.50	0.43	0.34	0.25
塑料制品业	0.26	0.19	0.17	0.14	0.11
非金属矿物制品业	0.56	0.31	0.25	0.17	0.09
黑色金属冶炼及压延加工业	2.66	1.99	1.76	1.45	1.14
有色金属冶炼及压延加工业	2.07	1.35	1.15	0.88	0.61
金属制品业	0.95	0.68	0.60	0.50	0.40
通用设备制造业	0.25	0.18	0.16	0.13	0.10
专用设备制造业	0.29	0.15	0.13	0.10	0.07
交通运输设备制造业	0.22	0.14	0.12	0.10	0.08
电气机械及器材制造业	0.14	0.10	0.10	0.10	0.10
通信计算机及其他电子设备制造业	0.31	0.20	0.17	0.13	0.09
仪器仪表及文化办公用机械制造业	0.42	0.26	0.22	0.17	0.12
工艺品及其他制造业	0.54	0.54	0.54	0.54	0.54
废弃资源和废旧材料回收加工业	0.76	0.50	0.42	0.32	0.22
电力、热力的生产和供应业	0.49	0.23	0.18	0.12	0.06
燃气生产和供应业	5.75	2.19	1.51	0.60	0.31
水的生产和供应业	4.97	2.65	2.07	1.30	0.53

表 4－16　生活污水治理投资和运行系数

		1 级	2 级	3 级
单位废水治理投资系数	城镇生活		2 500 元/（d·m^3）	3 500 元/（d·m^3）
	沼气池		54 150 元/15 户	
单位废水运行费用系数	城镇生活	0.3 元/t	0.7 元/t	1.15 元/t
	沼气池		1 625 元/15 户	

表4－17　不同畜禽的废水治理投资系数

单位：元/（t·d）

畜禽种类	猪	肉牛	奶牛	肉鸡	蛋鸡	羊
废水治理投资系数	5 000	7 000	8 000	2 000	2 000	3 000

表4－18　不同畜禽的处理工艺的治理成本

单位：元/（t·d）

	猪	肉牛	奶牛	肉鸡	蛋鸡	羊
干法	10	100	100	0.8	0.8	20
湿法	1.15					

表4－19　工业废水治理投资和运行系数

行业	废水治理投资系数/［元/（t·a）］	废水治理运行费用系数/（元/t）
煤炭开采和洗选业	6.88	0.58
石油和天然气开采业	14.55	2.05
黑色金属矿采选业	2.63	0.92
有色金属矿采选业	9.13	0.64
非金属矿采选业	5.03	0.46
其他采矿业	5.03	0.98
农副食品加工业	12.66	0.46
食品制造业	12.66	1.71
饮料制造业	12.66	3.39
烟草制品业	12.66	1.05
纺织业	9.8	1.52
纺织服装、鞋、帽制造业	9.8	2.09
皮革毛皮羽毛（绒）及其制品业	11.2	2.02
木材加工及木竹藤棕草制品业	7.5	1.18
家具制造业	7.5	1.99
造纸及纸制品业	7.7	0.79
印刷业和记录媒介的复制	15.89	3.24
文教体育用品制造业	15.89	3.18
石油加工、炼焦及核燃料加工业	13.34	4.17
化学原料及化学制品制造业	19.81	0.61
医药制造业	23.18	3.54
化学纤维制造业	8.46	2.64
橡胶制品业	8.84	0.95
塑料制品业	11.61	2.12

续表

行业	废水治理投资系数/［元/（t·a）］	废水治理运行费用系数/（元/t）
非金属矿物制品业	6. 66	0. 63
黑色金属冶炼及压延加工业	7. 51	0. 36
有色金属冶炼及压延加工业	12. 92	1. 14
金属制品业	14. 77	3. 25
通用设备制造业	12. 25	1. 90
专用设备制造业	12. 25	0. 75
交通运输设备制造业	12. 25	3. 30
电气机械及器材制造业	12. 25	2. 23
通信计算机及其他电子设备制造业	12. 25	4. 42
仪器仪表及文化办公用机械制造业	12. 25	3. 93
工艺品及其他制造业	4	1. 37
废弃资源和废旧材料回收加工业	4	2. 05
电力、热力的生产和供应业	8. 05	0. 42
燃气生产和供应业	7. 15	3. 85
水的生产和供应业	7. 15	0. 88

4. 3 预测结果与分析

4. 3. 1 废水与污染物产生量预测

4. 3. 1. 1 废水产生量预测

（1）工业废水产生量预测

根据工业废水产生量预测模型预测结果可知，随着未来工业产业结构优化升级，对水资源消耗的压力逐渐减缓，未来工业废水产生量将呈现缓慢增长趋势（图 4 – 5）。2011 年工业废水产生量为 343. 55 亿 t，到 2016 年、2020 年、2025 年和 2030 年工业废水产生量将达到 393. 01 亿 t、450. 23 亿 t、499. 99 亿 t 和 527. 23 亿 t。与 2011 年相比，到 2016 年、2020 年、2025 年和 2030 年分别增长了 12. 59%、23. 69%、31. 29% 和 34. 84%。“十二五”期间工业废水产生量增加了 12. 59%，“十三五”期间工业废水产生量比“十二五”期间增加了 16. 15%。

（2）农业废水产生量呈现下降趋势，畜禽养殖业废水产生比例呈现增长趋势

农业废水产生量分为种植业废水产生量和规模化畜禽养殖业废水产生量，预测结果如表 4 – 20 所示。

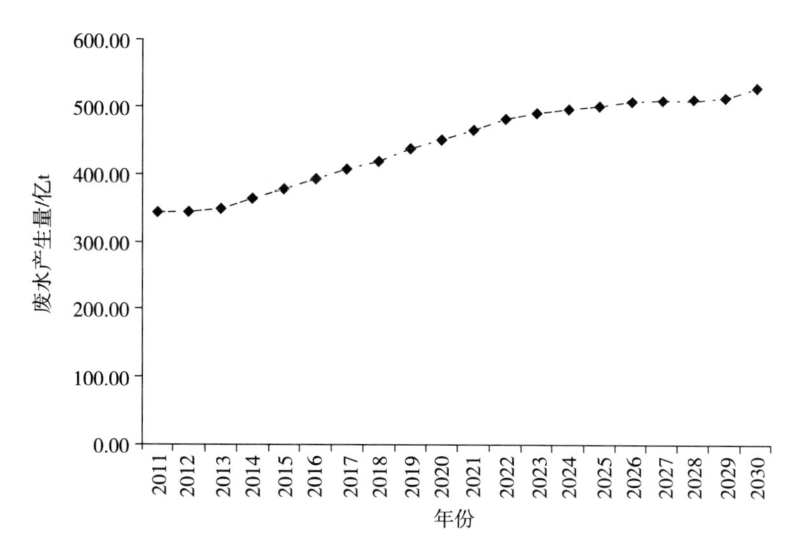

图 4-5　工业废水产生量变化预测

表 4-20　预测年农业、种植业和规模化畜禽养殖业废水产生量　　单位：亿 t

年份	农业	种植业	规模化畜禽养殖业
2011	1 306.78	1 228.70	42.94
2016	1 184.45	1 063.90	54.06
2020	1 071.28	940.67	65.41
2025	998.78	847.28	80.36
2030	902.29	728.04	97.33

预测结果显示，种植业的废水产生量占农业废水产生量的绝大部分，但随着灌溉用水总量的减少，一系列节水技术措施的实施导致农作物耗水系数增加，其废水产生量呈现逐年下降的趋势，占农业废水产生量的比例逐步下降；随着畜禽养殖业产值和规模化养殖比例逐年提高，其废水产生量逐年增加，占农业废水产生量的比例也逐年增大，预测结果如图 4-6 所示。

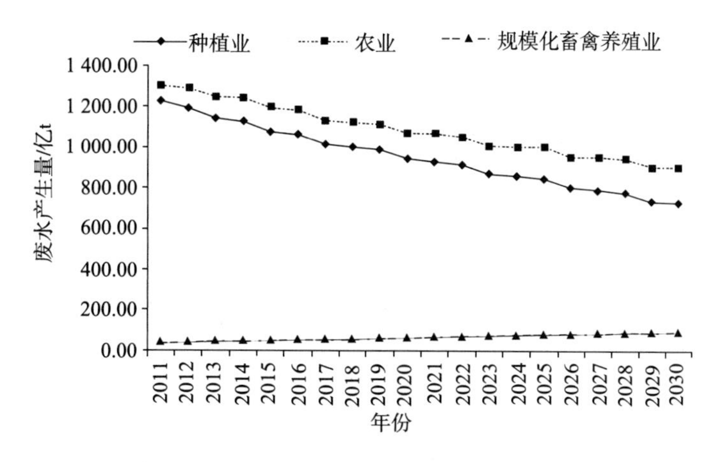

图 4-6　农业、种植业、规模化畜禽养殖业废水产生量变化预测

2011年，种植业废水产生量为1 228.70亿t，占农业废水产生量的90%，2016年、2020年、2025年以及2030年种植业废水分别达到1 063.90亿t，940.67亿t，847.28亿t以及728.04亿t，分别占农业废水产生量的90%、88%、85%以及81%。规模化畜禽养殖业在2011年的废水产生量为42.94亿t，“十三五”期间，规模化畜禽养殖业的废水产生量依旧维持迅速增长的趋势，2016年、2020年、2025年以及2030年分别达到54.06亿t、65.41亿t、80.36亿t、97.33亿t，其废水产生量比2011年增长了32.35%、34.35%、46.55%和55.88%。

（3）生活污水产生量不断增加，农村增长快于城镇

生活污水产生量包括城镇生活污水产生量和农村生活污水产生量，根据生活污水产排放量预测模型和相关系数对未来农村和城镇生活污水产生量进行预测，预测结果见表4－21和图4－7。

表4－21　预测年生活污水、城镇生活污水和农村生活污水产生量

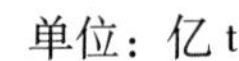
单位：亿t

年份	生活污水	城镇生活污水	农村生活污水
2011	368.33	43.24	325.09
2016	401.09	58.88	342.21
2020	425.26	75.75	349.51
2025	443.63	92.28	351.35
2030	465.00	112.62	352.38

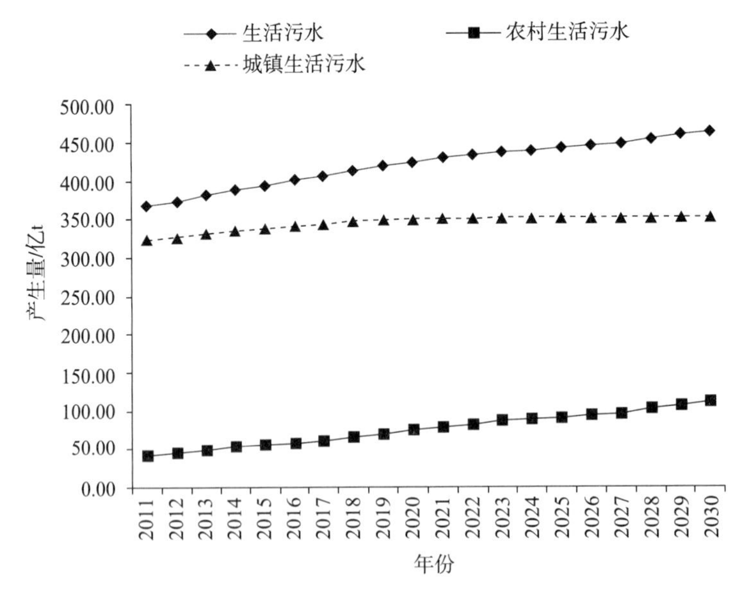

图4－7　生活污水、城镇生活污水和农村生活污水产生量变化预测

根据预测，未来城镇和农村生活污水产生量都将随用水量的增加而增加。对于城镇生活污水产生量来说，由于用水消耗系数逐步增加，导致污水产生量的增长趋势慢于用水量；而对于农村生活污水产生量来讲，由于预测其用水消耗系数逐步降低，因此，其

污水产生量的增长趋势快于农村生活用水量的增长趋势。总体来看，生活污水产生量依旧出现继续上升的趋势，2011 年，生活污水总产生量为 368.33 亿 t，到 2016 年、2020 年、2025 年以及 2030 年将分别达到 401.09 亿 t、425.26 亿 t、443.63 亿 t 以及 465.00 亿 t，分别比 2011 年增加 8.17%、14.69%、16.97% 以及 20.79%；2011 年，农村生活污水产生量为 43.24 亿 t，随着农村生活水平的提高，农村生活污水产生量在 2016 年、2020 年、2025 年以及 2030 年分别达到 58.88 亿 t、75.75 亿 t、92.28 亿 t 以及 112.62 亿 t，分别比 2011 年增加 26.57%、48.23%、53.15% 以及 61.61%；2011 年，城镇生活污水产生量 325.09 亿 t，到 2016 年、2020 年、2025 年以及 2030 年分别达到 342.21 亿 t、349.51 亿 t、351.35 亿 t 以及 352.38 亿 t，分别比 2011 年增加 5.00%、7.42%、7.47% 以及 7.74%。总体来看，生活污水产生量逐年增加，但增长速率趋于慢缓，农村生活污水产生量增长速率较快，高于城镇生活污水产生量的增长，虽然，目前来看农村生活污水产生量远远低于城镇生活污水产生量，但近年农村地区污水产生增长较快，且没有污水管网以及污水处理厂，产生的生活污水将形成面源污染，对环境造成越来越大的危害，因此，必须对农村生活污水所形成的危害给予足够重视。

4.3.1.2　COD 产生量预测

（1）规模化畜禽养殖业 COD 产生量仍将保持增长势头

2011 年，规模化畜禽养殖业 COD 产生量达到了 5 671.98 万 t。预测表明，畜禽养殖业的 COD 产生量在“十二五”期间将从 2011 年的 5 671.98 万 t 增加到 2015 年的 6 954.44万 t，增长了 18.44%。“十三五”期间继续保持较高速率的增长，2020 年将增加到 8 540.26 万 t，相对于 2015 年增长了 18.57%。由图 4－8 可以看到，由于在未来几年内规模化畜禽养殖的产值和规模化比例增加，特别是产污系数较大的肉牛和奶牛的产值和规模化程度提高，规模化畜禽养殖业的 COD 产生量增长迅速。到 2025 年和 2030 年 COD 产生量将分别达到 10 161.53 万 t 和 11 862.37 万 t，相对于 2020 年增长了 15.95% 和 28.01%；相对于 2016 年增长了 28.75% 和 38.97%；相对于 2011 年增加了 44.18% 和 52.19%（表 4－22）。

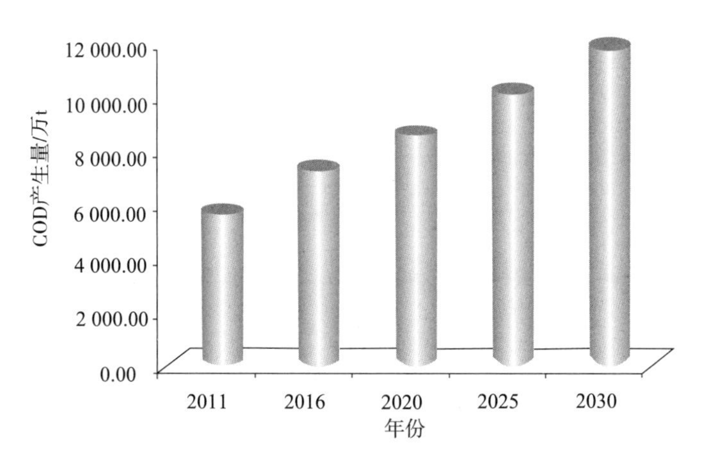

图 4－8　规模化畜禽养殖业 COD 产生量预测

表 4－22　规模化畜禽养殖业污染物产生量预测　　单位：万 t

年份	COD	NH_3－N
2011	5 671. 98	295. 35
2016	7 239. 84	390. 80
2020	8 540. 26	469. 07
2025	10 161. 53	566. 81
2030	11 862. 37	668. 35

（2）生活 COD 产生量逐渐增长，农村生活 COD 产生量在 2015 年左右达到峰值

生活 COD 主要是指城镇生活和农村生活 COD 产生量。图 4－9 显示了预测年农村生活、城镇生活和总的生活 COD 的产生量的变化趋势，可以看出，城镇生活 COD 产生量呈现增长趋势，而农村生活 COD 产生量呈现下降趋势。由于人口的增长、餐饮和旅游等第三产业的发展以及产污系数的增加，城镇生活 COD 产生量未来将持续增加，预计在 2016 年、2020 年、2025 年以及 2030 年分别达到 2 035. 83 万 t、2 255. 28 万 t、2 443. 29 万 t 以及 2 623. 79 万 t，分别比 2011 年增长 13. 65%、22. 05%、28. 05% 以及 33. 00%。随着人口的不断减少，农村生活 COD 产生量呈现下降趋势，2011 年 COD 产生量为 965. 29 万 t，到 2016 年、2020 年、2025 年以及 2030 年分别下降到 943. 51 万 t、914. 16 万 t、848. 41 万 t 以及 768. 00 万 t，相对于 2011 年下降了 2. 31%、5. 59%、13. 78% 以及 25. 69%。

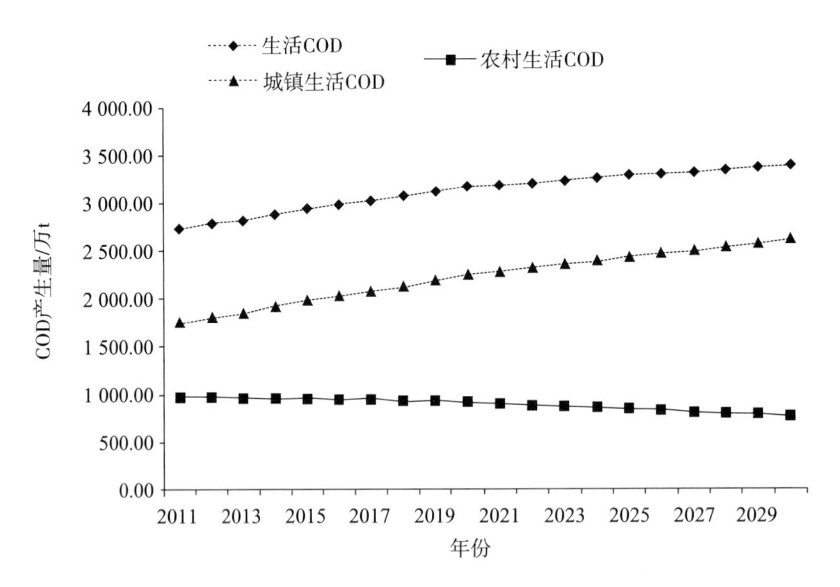

图 4－9　农村生活、城镇生活及生活 COD 产生量预测

根据预测结果来看，2011—2030 年生活 COD 的产生量逐年增加，2011 年生活 COD 的产生总量达到 2 721. 46 万 t，预计在 2016 年、2020 年、2025 年以及 2030 年分别达到 2 979. 34万 t、3 169. 44 万 t、3 291. 70 万 t 以及 3 391. 80 万 t，分别比 2011 年增加 8. 66%、14. 13%、17. 32% 以及 19. 76%（表 4－23）。

表4－23　生活COD产生量预测　　　单位：万t

年份	生活COD	农村生活COD	城镇生活COD
2011	2 721.46	965.29	1 756.17
2016	2 979.34	943.51	2 035.83
2020	3 169.44	914.16	2 255.28
2025	3 291.70	848.41	2 443.29
2030	3 391.80	768.00	2 623.79

（3）工业COD的产生量持续增长

工业总的COD产生量预测结果如图4－10所示，各行业COD产生量预测结果如表4－24所示。由表4－24可以看出，尽管COD的产生系数呈现递减趋势，但是由于工业产值的提高效应大于工业COD产生系数的减少效应，工业总的COD产生量以及各行业的COD产生量仍将不断增加。其中，2011年工业行业总的COD产生量为1 948.90万t，到2016年、2020年、2025年以及2030年分别达到2 268.59万t、2 598.32万t、3 115.92万t以及3 449.63万t，相对于2011年分别增加了11.73%、22.58%、35.44%以及45.03%（图4－11）。

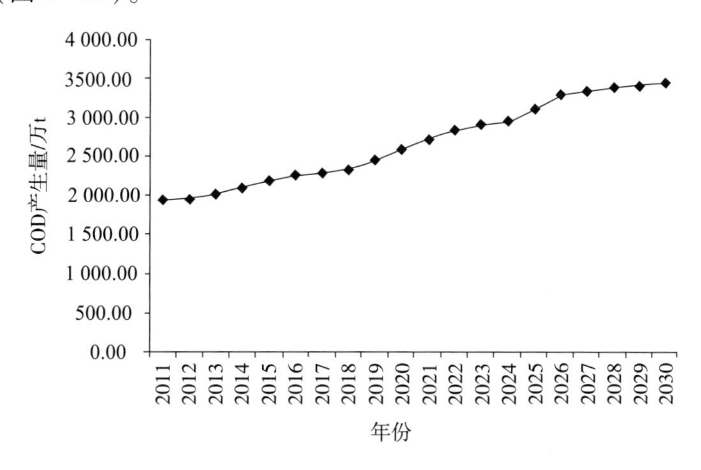

图4－10　工业COD产生量变化预测

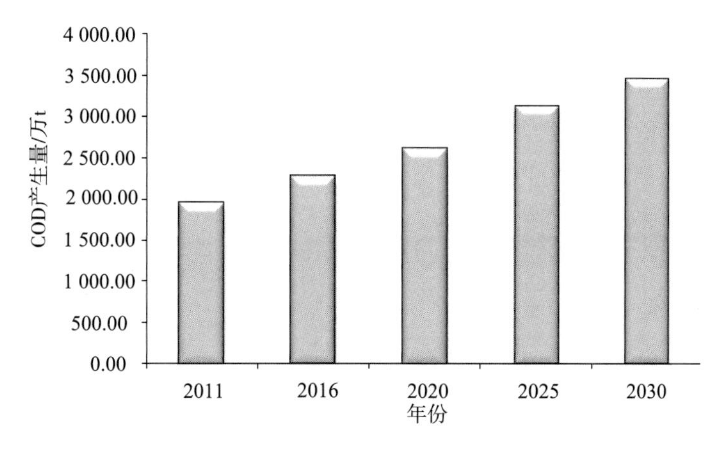

图4－11　关键年份工业COD产生量预测

表 4-24　工业行业 COD 产生量预测

指标 / 年份 / 行业	COD 产生系数/(t/亿元)					COD 产生量/万 t				
	2011	2016	2020	2025	2030	2011	2016	2020	2025	2030
总计						1 948. 90	2 268. 59	2 598. 32	3 115. 92	3 449. 63
煤炭开采和洗选业	62. 39	54. 91	43. 39	33. 86	24. 33	58. 20	61. 05	65. 43	61. 02	49. 94
石油和天然气开采业	12. 75	7. 05	5. 92	5. 17	4. 42	9. 80	5. 39	4. 78	4. 52	4. 12
黑色金属矿采选业	16. 36	7. 21	5. 71	4. 21	3. 71	4. 32	3. 10	3. 42	3. 63	4. 44
有色金属矿采选业	64. 25	27. 49	20. 73	11. 71	7. 69	10. 55	6. 13	6. 04	4. 64	3. 94
非金属矿采选业	28. 09	19. 39	17. 23	14. 41	11. 59	3. 14	3. 25	4. 03	4. 87	5. 37
其他采矿业	1 076. 05	393. 78	301. 50	210. 45	120. 40	0. 41	0. 23	0. 23	0. 22	0. 17
农副食品加工业	281. 29	211. 58	170. 90	130. 04	100. 18	224. 84	274. 36	313. 92	347. 46	253. 22
食品制造业	280. 00	195. 22	176. 37	148. 17	112. 97	92. 53	90. 29	110. 30	134. 42	141. 65
饮料制造业	648. 16	585. 27	554. 41	510. 19	473. 97	218. 13	275. 66	353. 07	471. 35	605. 21
烟草制品业	5. 30	4. 55	4. 20	3. 80	2. 80	2. 14	2. 29	2. 65	3. 15	2. 94
纺织业	248. 58	204. 96	192. 93	172. 38	152. 83	163. 36	176. 95	195. 34	206. 84	222. 39
纺织服装、鞋、帽制造业	28. 26	26. 32	25. 75	24. 12	23. 49	8. 75	10. 40	12. 28	13. 87	14. 84
皮革、毛皮、羽毛(绒)及其制品业	170. 50	140. 02	128. 86	110. 05	91. 24	33. 55	35. 16	39. 06	40. 24	36. 64
木材加工及木、竹、藤、棕、草制品业	27. 33	17. 91	15. 59	12. 46	9. 33	5. 52	5. 38	6. 52	7. 68	8. 18
家具制造业	10. 22	5. 65	5. 34	4. 23	3. 12	1. 06	0. 82	1. 04	1. 17	1. 19
造纸及纸制品业	2 450. 05	2 190. 85	1 790. 88	1 513. 00	1 350. 00	600. 17	735. 46	783. 01	918. 01	1 062. 51
印刷业和记录媒介的复制业	11. 19	9. 72	9. 33	9. 05	8. 77	1. 08	1. 40	1. 86	2. 63	3. 60

续表

行业 \ 指标 年份	COD 产生系数/(t/亿元)					COD 产生量/万 t				
	2011	2016	2020	2025	2030	2011	2016	2020	2025	2030
文教体育用品制造业	4.59	3.96	3.79	2.95	2.11	0.30	0.38	0.51	0.58	0.58
石油加工、炼焦及核燃料加工业	89.98	46.97	38.96	26.44	16.92	44.18	27.19	26.86	22.60	17.43
化学原料及化学制品制造业	172.67	138.89	117.42	99.99	80.56	207.93	263.13	300.98	360.99	392.74
医药制造业	198.69	155.46	143.86	125.16	100.46	81.87	104.75	148.27	220.02	266.66
化学纤维制造业	359.28	285.25	233.50	195.50	143.50	36.13	40.70	45.55	55.94	58.57
橡胶制品业	14.36	11.82	11.13	11.25	11.37	2.24	2.61	3.36	4.99	7.19
塑料制品业	6.04	4.86	4.55	3.43	3.31	1.90	2.17	2.78	3.07	4.23
非金属矿物制品业	14.48	10.25	9.22	8.66	8.10	13.91	14.51	18.03	25.02	33.59
黑色金属冶炼及压延加工业	30.94	24.96	23.42	21.99	20.26	40.64	43.90	51.21	59.27	62.10
有色金属冶炼及压延加工业	12.36	7.05	5.48	4.65	3.82	8.46	7.47	7.51	8.08	8.12
金属制品业	17.01	14.36	13.62	13.60	12.68	8.01	10.27	13.61	19.94	26.27
通用设备制造业	8.11	6.46	6.03	6.68	7.90	7.07	7.61	9.36	14.52	23.32
专用设备制造业	6.53	4.58	4.12	4.70	6.28	3.79	3.49	4.04	8.03	11.15
交通运输设备制造业	7.72	5.31	4.75	5.14	5.93	8.87	9.53	11.63	18.19	29.15
电气机械及器材制造业	4.83	3.64	3.35	4.28	5.21	4.60	5.21	6.54	12.08	20.23
通信设备、计算机及其他电子设备制造业	6.38	5.01	4.65	5.44	6.23	6.31	7.13	8.84	14.44	22.41
仪器仪表及文化办公用机械制造业	14.32	10.71	9.78	9.43	9.08	2.26	2.44	2.97	4.00	5.22
工艺品及其他制造业	14.78	19.66	20.24	23.91	25.58	2.21	3.85	4.96	7.60	10.30

续表

行业 \ 指标 / 年份	COD产生系数/(t/亿元)					COD产生量/万t				
	2011	2016	2020	2025	2030	2011	2016	2020	2025	2030
废弃资源和废旧材料回收加工业	17.34	9.03	7.97	7.36	6.75	0.83	0.57	0.63	0.75	0.87
电力、热力的生产和供应业	13.47	8.78	7.67	6.96	7.25	15.12	12.46	12.74	13.85	16.77
燃气生产和供应业	114.43	54.35	43.76	27.08	14.40	8.56	7.79	10.78	12.42	10.11
水的生产和供应业	148.44	83.04	71.11	52.75	26.39	6.16	4.12	4.18	3.79	2.24

从行业结构看，在工业各行业中，对COD的产生量贡献度较大的5个行业分别是造纸及纸制品业、饮料制造业、农副食品加工业、纺织业、化学原料及化学制品制造业，2011年各行业COD分别产生量为600.17万t、218.13万t、224.84万t、163.36万t、207.93万t，对整个工业行业COD产生量的贡献度大小分别为30.80%、11.19%、11.54%、8.38%、10.67%。五大行业中（图4-12），造纸业在2011—2030年COD产生量最大，其中2011年COD产生量为600.17万t，到2016年、2020年、2025年以及2030年分别达到735.46万t、783.01万t、918.01万t以及1 062.51万t，相对于2011年增加了18.93%、23.35%、34.62%以及43.51%；纺织业COD产生量最小，2011年COD产生量为163.36万t，到2016年、2020年、2025年以及2030年分别达到176.95万t、195.34万t、206.84万t以及222.39万t，相对于2011年增加了7.68%、16.37%、22.15%以及26.55%。农副食品加工业和化学原料及化学制品制造业2011—2030年所产生的COD总体增长趋势缓慢，增加产生的COD总量总体所占的比重最少。

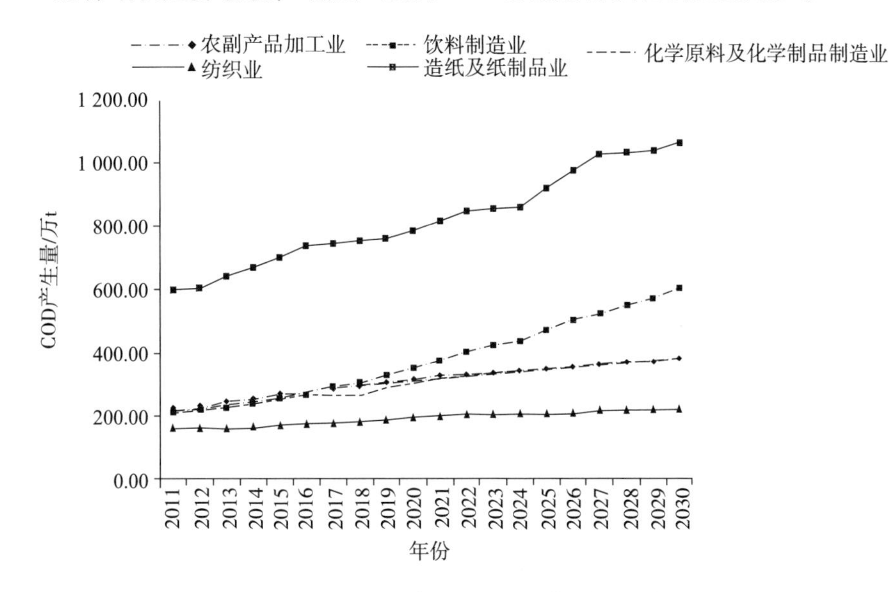

图4-12 重点行业COD产生量预测

4.3.1.3 NH_3-N 产生量预测

（1）规模化畜禽养殖业 NH_3-N 的产生量增长迅速

图4-13为2011—2030年规模化畜禽养殖业 NH_3-N 产生量的变化趋势图。随着未来规模化畜禽养殖环境的不断改善和科学养殖技术的不断提高，同时对非规模化畜禽养殖进行管制，未来规模化畜禽养殖规模将不断扩大，规模化畜禽养殖业 NH_3-N 产生量将呈现持续增长的趋势。2011年，畜禽养殖业氨氮的产生量（表4-22）为295.35万t，到2016年、2020年、2016年以及2030年分别达到390.80万t、469.07万t、566.81万t以及668.35万t，分别比2011年增长了24.42%、37.04%、47.89%以及55.81%。

（2）生活 NH_3-N 的产生量逐渐增长

城镇生活和农村生活 NH_3-N 的产生量预测结果见表4-25。图4-14为2011—2030年城镇生活、农村生活以及生活总的 NH_3-N 产生量变化趋势图。由图4-14可以看出，

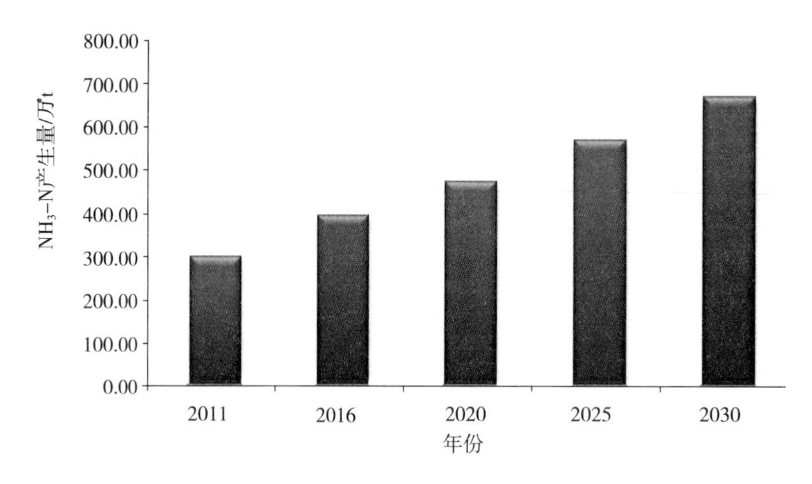

图 4－13　规模化畜禽养殖业 NH_3－N 产生量预测

与 COD 的产生量增长趋势相同，生活 NH_3－N 产生量也在逐年上涨，其中，由于城镇人口的增加，城镇生活的 NH_3－N 产生量增长快于其产污系数的提高速率，由于预测农村人口的数量在逐年递减，其生活的 NH_3－N 产生量增长慢于其 NH_3－N 产污系数的增长速率。2011 年，生活 NH_3－N 产生量为 249.32 万 t，其中，城镇生活 NH_3－N 产生量为 163.05 万 t，占总的生活 NH_3－N 产生量的 66.68%；到 2016 年、2020 年、2025 年以及 2030 年生活总的氨氮产生量分别达到 277.11 万 t、298.58 万 t、317.68 万 t、335.16 万 t，分别比 2011 年增长 11.15%、19.76%、27.42% 以及 34.43%，其中城镇生活 NH_3－N 产生量分别占 67.87%、69.52%、70.56% 以及 71.62%，城镇生活的 NH_3－N 的比例在逐年上升。

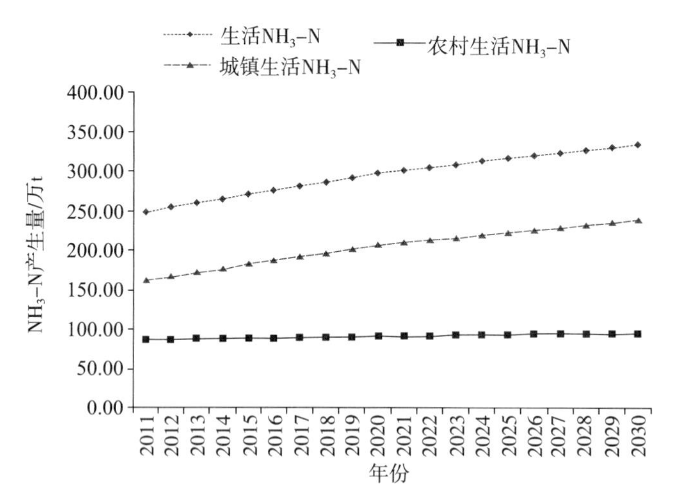

图 4－14　生活 NH_3－N 产生量预测

表 4－25　生活 NH_3－N 产生量预测　　单位：万 t

年份	生活	农村生活	城镇生活
2011	249.32	86.27	163.05
2016	277.11	89.03	188.07

续表

年份	生活	农村生活	城镇生活
2020	298.58	91.02	207.56
2025	317.68	93.51	224.17
2030	335.16	95.12	240.04

（3）工业 NH_3-N 的产生量持续增长

2011 年，工业总的 NH_3-N 产生量为 85.83 万 t，根据预测结果（表 4-26），到 2016 年、2020 年、2025 年以及 2030 年 NH_3-N 产生量将分别达到 89.82 万 t、98.95 万 t、102.14 万 t 以及 105.13 万 t。在各工业行业中，对 NH_3-N 产生量贡献度最大的为化学原料及化学制品制造业，2011 年其 NH_3-N 产生量占到了整个行业的 32.77%。根据现有的污染物产生系数的发展趋势，预测到 2016 年、2020 年、2025 年以及 2030 年，该行业的 NH_3-N 产生量将分别达到 35.05 万 t、42.29 万 t、50.54 万 t 以及 57.53 万 t，对工业行业 NH_3-N 产生量的贡献率不断增大，分别为 39.02%、42.74%、49.49% 以及 54.72%。因此，对化学原料及化学制品制造业加大污染治理力度，是减少 NH_3-N 污染物对环境的损害的有效途径。

表 4-26 工业行业 NH_3-N 产生量预测

行业	NH_3-N 产生系数/（t/亿元）					NH_3-N 产生量/万 t				
	2011 年	2016 年	2020 年	2025 年	2030 年	2011 年	2016 年	2020 年	2025 年	2030 年
总计						85.83	89.82	98.95	102.14	105.13
煤炭开采和洗选业	0.80	0.55	0.45	0.21	0.14	8 040.23	7 158.91	6 785.99	3 768.64	2 873.91
石油和天然气开采业	0.75	0.50	0.38	0.31	0.24	5 533.61	4 128.98	3 068.76	2 710.00	2 237.92
黑色金属矿采选业	0.35	0.25	0.20	0.14	0.08	8 72.40	1 052.73	1 197.79	1 206.30	958.05
有色金属矿采选业	0.70	0.42	0.39	0.29	0.19	1 149.89	936.58	1 136.89	1 148.31	974.00
非金属矿采选业	0.50	0.30	0.19	0.16	0.13	559.06	503.20	444.23	541.18	602.11
其他采矿业	28.46	23.50	18.00	12.82	1.20	91.88	126.15	138.79	136.16	16.69
农副食品加工业	11.00	7.00	6.20	3.04	2.40	98 815.45	83 291.05	92 285.71	57 719.35	55 157.00
食品制造业	13.64	8.97	8.00	5.80	3.99	39 656.41	41 475.08	50 029.46	52 619.20	50 029.96
饮料制造业	7.11	5.40	4.80	4.81	4.19	2 3557.51	25 433.65	30 568.65	44 438.61	53 502.06
烟草制品业	0.55	0.35	0.20	0.18	0.16	2 219.80	1 761.63	1 261.66	1 491.31	1 682.54
纺织业	7.06	5.50	4.20	2.65	2.03	46 395.02	46 133.13	42 525.04	32 360.05	27 223.65
纺织服装、鞋、帽制造业	0.92	0.81	0.76	0.69	0.62	2 847.94	3 210.33	3 624.81	3 969.06	3 916.68

续表

行业	NH_3-N 产生系数/（t/亿元）					NH_3-N 产生量/万 t				
	2011年	2016年	2020年	2025年	2030年	2011年	2016年	2020年	2025年	2030年
皮革、毛皮、羽毛（绒）及其制品业	7.36	4.49	3.70	2.65	1.60	14 471.69	11 803.70	11 216.75	9 689.00	6 424.51
木材加工及木、竹、藤、棕、草制品业	0.65	0.34	0.27	0.18	0.09	1 313.85	1 014.22	1 128.94	1 110.04	789.44
家具制造业	0.33	0.25	0.22	0.18	0.14	343.71	364.42	428.86	498.35	535.22
造纸及纸制品业	16.00	11.00	9.50	4.99	2.47	40 861.90	36 926.49	41 535.89	30 276.82	20 503.17
印刷业和记录媒介的复制业	0.55	0.46	0.43	0.39	0.35	532.38	662.96	855.49	1 134.97	1 438.10
文教体育用品制造业	0.18	0.14	0.13	0.12	0.11	113.97	133.33	174.01	234.96	304.09
石油加工、炼焦及核燃料加工业	31.71	22.00	22.00	16.00	11.00	152 219.22	127 340.44	151 698.00	136 788.66	123 591.27
化学原料及化学制品制造业	50.00	39.00	30.00	23.80	19.60	281 216.58	350 503.80	422 938.42	505 440.91	575 268.41
医药制造业	5.22	4.00	2.58	1.75	0.92	20 602.12	26 951.64	26 591.40	30 279.70	25 699.81
化学纤维制造业	8.09	6.14	5.28	4.10	3.40	8 131.54	8 765.07	10 299.95	11 731.56	13 876.10
橡胶制品业	0.73	0.50	0.43	0.34	0.25	1 012.57	1 099.57	1 299.24	1 506.86	1 580.33
塑料制品业	0.26	0.19	0.17	0.14	0.11	802.20	859.19	1 037.28	1 252.99	1 404.20
非金属矿物制品业	0.50	0.31	0.25	0.17	0.09	4 803.84	4 388.22	4 888.18	4 911.52	3 732.74
黑色金属冶炼及压延加工业	6.00	4.00	1.76	1.45	1.14	56 487.33	70 350.39	38 481.06	39 082.16	34 943.62
有色金属冶炼及压延加工业	2.07	1.35	1.15	0.88	0.58	14 126.43	14 339.46	15 750.20	15 286.59	12 324.07
金属制品业	0.95	0.68	0.60	0.50	0.40	4 452.41	4 828.34	5 996.96	7 330.18	8 287.27
通用设备制造业	0.25	0.18	0.16	0.13	0.10	2 180.73	2 151.15	2 483.69	2 826.57	2 952.53
专用设备制造业	0.29	0.15	0.13	0.10	0.07	1 220.10	1 161.05	1 274.04	1 338.70	1 243.14
交通运输设备制造业	0.40	0.25	0.12	0.10	0.08	4 987.04	4 489.62	2 938.87	3 539.79	3 932.16
电气机械及器材制造业	0.14	0.09	0.10	0.10	0.08	1 342.52	1 289.19	1 953.45	2 823.46	3 136.43
通信设备、计算机及其他电子设备制造业	0.31	0.20	0.17	0.13	0.09	3 016.11	2 848.73	3 230.21	3 450.29	3 237.60

续表

行业	NH_3-N 产生系数/（t/亿元）					NH_3-N 产生量/万 t				
	2011年	2016年	2020年	2025年	2030年	2011年	2016年	2020年	2025年	2030年
仪器仪表及文化办公用机械制造业	0.42	0.26	0.22	0.17	0.12	664.16	586.51	668.47	721.50	690.30
工艺品及其他制造业	0.54	0.54	0.54	0.54	0.54	806.83	1 057.90	1 322.90	1 717.32	2 173.56
废弃资源和废旧材料回收加工业	0.76	0.50	0.42	0.30	0.22	364.27	311.09	330.07	306.06	284.07
电力、热力的生产和供应业	0.60	0.23	0.18	0.12	0.05	7 272.75	3 194.69	2 989.28	2 387.53	1 156.72
燃气生产和供应业	4.75	3.00	1.51	0.60	0.31	3 551.67	4 302.49	3 720.87	2 654.82	2 176.75
水的生产和供应业	3.97	2.65	2.07	1.30	0.53	1 645.47	1 313.58	1 216.56	933.87	450.84

4.3.1.4　TN 和 TP 产生量预测

（1）畜禽养殖和生活 TN 产生量预测

畜禽养殖和生活 TN 产生量预测结果见表 4－27。根据预测结果可知，随着未来畜禽养殖规模化的不断提高，TN 产生量将不断增加。畜禽养殖 TN 的产生量 2011 年为 471.49 万 t，2016 年、2020 年、2025 年和 2030 年比 2011 年分别增长了 12.85%、24.53%、34.37% 和 42.75%。同时随着人口的增长，生活 TN 产生量也不断增长，到 2011 年，城镇生活和农村生活 TN 产生量分别为 143.58 万 t 和 127.42 万 t，2016 年、2020 年、2025 年和 2030 年比 2011 年城镇生活 TN 产生量分别增长了 1.96%、3.71%、6.03% 和 16.96%；农村 TN 产生量增长了 1.41%、2.87%、4.55% 和 8.50%。

表 4－27　TN 产生量预测结果　　单位：万 t

年份	畜禽养殖	城镇生活	农村生活
2011	471.49	143.58	127.42
2016	540.99	146.45	129.24
2020	624.73	149.11	131.18
2025	718.43	152.80	133.49
2030	823.59	172.90	139.26

（2）畜禽养殖和生活 TP 产生量预测

畜禽养殖和生活 TP 产生量预测结果见表 4－28。根据预测结果可知，随着未来畜禽养殖规模化的不断提高，TP 产生量将不断增加，畜禽养殖 TP 的产生量 2011 年为 157.94 万 t，2016 年、2020 年、2025 年和 2030 年比 2011 年分别增长了 56.99%、74.16%、83.10% 和

88.18%。同时随着人口的增长，生活 TP 产生量也不断增长，到 2011 年，城镇生活和农村生活 TN 产生量为 26.19 万 t 和 18.81 万 t，2016 年、2020 年、2025 年和 2030 年比 2011 年城镇生活 TN 产生量分别增长了 0.81%、1.33%、3.60% 和 8.35%；农村 TN 产生量分别增长了 1.93%、2.49%、2.79% 和 5.24%。显然随着未来规模化养殖的不断扩大，TN 和 TP 的产生量将持续增加，未来畜禽养殖依然是面源污染控制的重点。

表 4-28　TP 产生量预测结果

单位：万 t

年份	畜禽养殖	城镇生活	农村生活
2011	157.94	26.19	18.81
2016	367.18	27.00	19.18
2020	611.26	27.14	19.29
2025	934.56	27.78	19.35
2030	1 335.66	29.22	19.29

4.3.1.5　各部门污染物产生情况分析

图 4-15 和图 4-16 分别是 2016 年、2020 年、2025 年以及 2030 年规模化畜禽养殖业、生活以及工业 COD 和 NH_3-N 产生量比例变化图，图中显示了这三大块主要的污染物产生源所产生的污染物比例的变化。2011 年，规模化畜禽养殖业、生活以及工业 3 个部门 COD 产生量分别为 5 671.98 万 t、2 723.30 万 t 和 1 948.90 万 t。根据预测到 2016 年规模化畜禽养殖业、生活以及工业 3 个部门 COD 产生量的比例，分别为 58%、24% 和 18%；到 2020 年，规模化畜禽养殖业产生的 COD 比例上升到 60%、工业和生活的比例均有所下降，分别下降到 18% 以及 22%；到 2025 年，规模化畜禽养殖业产生 COD 的比例继续上升，达到 61%，工业和生活分别下降为 19% 以及 20%；预计到 2030 年，规模化畜禽养殖业的 COD 产生量比例将达到 63%，工业和生活的比例分别降为 19% 和 18%。

2011 年规模化畜禽养殖业、生活以及工业这 3 个部门 NH_3-N 产生量分别为 295.35 万 t、249.32 万 t 和 85.83 万 t。根据预测，到 2016 年规模化畜禽养殖业、生活以及工业 NH_3-N 的产生比例分别是 52%、36% 以及 12%；到 2020 年，规模化畜禽养殖业产生的 NH_3-N 上升到 54%，工业和生活的比例均有下降，分别下降到 11% 以及 35%；2025 年，规模化畜禽养殖业 NH_3-N 比例继续上升，达到 58%，工业和生活分别下降为 10% 以及 32%；预计到 2030 年，规模化畜禽养殖业 NH_3-N 产生比例将达到 60%，工业和生活的比例分别达到 30% 以及 10%。由以上预测结果可知，无论是 COD 还是 NH_3-N，畜禽养殖业对于污染物产生量的贡献都超过了工业和生活，成为不可忽视的污染源大户，因此，也是未来污染源防治工作的重中之重。

4.3.2　废水及污染物排放量预测

4.3.2.1　废水排放量预测

（1）农业废水排放量逐年下降

农业废水排放量分为种植业废水排放量和规模化畜禽养殖废水排放量两部分。

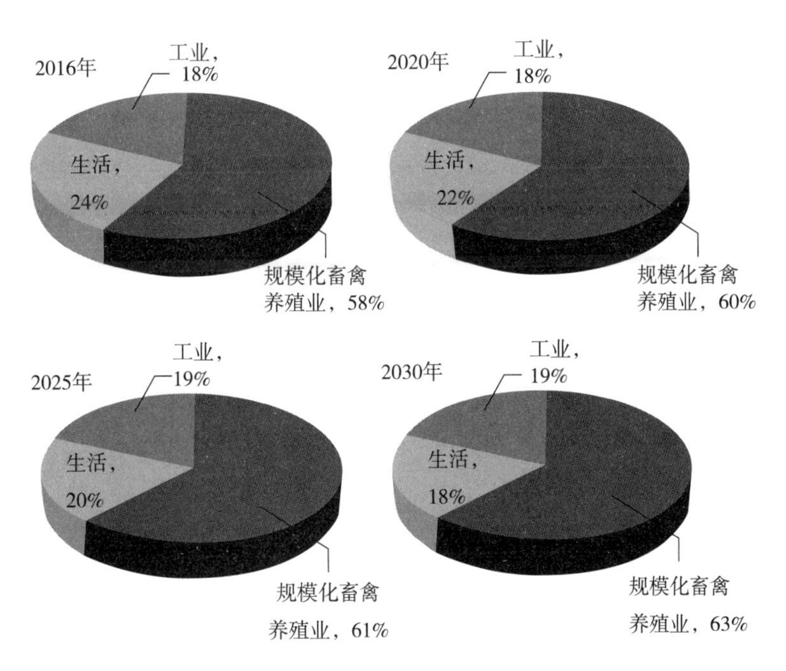

图4-15　预测年规模化畜禽养殖业、生活以及工业COD产生量比例

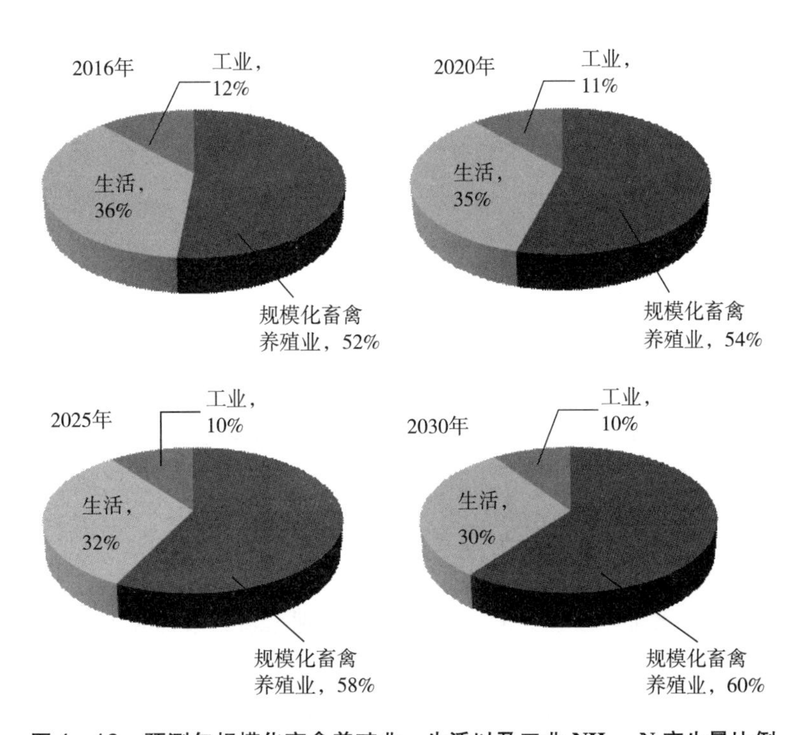

图4-16　预测年规模化畜禽养殖业、生活以及工业NH_3-N产生量比例

1）种植业技术不断提升，废水排放逐年下降

面源污染主要来源于种植业产生的污染，其污染程度与气候、地形、降雨量等有很大的关系。目前还没有建立起对于种植业的废水排放量这种非点源的废水排放量的统计数据，计算方法也不完善。通常认为农田的废水排放量等于灌溉和降雨产生的农田径流量。根据此方法算出2011年农田废水排放量为1 228.70亿t，到2016年、2020年、2025

年以及2030年分别达到1 063.90亿t、940.67亿t、847.28亿t以及728.04亿t，由于灌溉用水量的减少和假设年均降雨量保持不变，预测结果显示的废水排放量呈现逐年下降的趋势。

2）规模化畜禽养殖不断提高，废水排放量逐年减少

禽畜养殖业的废水排放量分为两部分：干法和湿法。预测结果如表4－29所示：随着畜禽养殖污染技术的不断升级和畜禽养殖规模化程度的不断提高，畜禽养殖业废水的排放量在逐年下降，2011年规模化畜禽养殖业的废水排放量为23.1亿t，到2016年、2020年、2025年和2030年分别下降到19.5亿t、17.3亿t、14.1亿t以及12.4亿t，分别比2011年下降15.30%、25.20%、38.72%以及46.39%。虽然畜禽养殖业废水占废水排放总量的比例不高，但由于它是面源污染，难以集中收集处理，降雨的影响将大大增加它对环境的危害程度，未来仍需加大对其治理力度。

表4－29　畜禽养殖业各类废水排放量预测　　单位：亿t

年份	猪	肉牛	奶牛	肉鸡	蛋鸡	羊	总计
2011	5.8	3.1	1.5	2.3	2.6	6.9	23.1
2016	4.8	3.6	1.5	1.8	2.1	5.1	19.5
2020	4.1	3.8	1.5	1.4	1.6	4.0	17.3
2025	3.3	3.8	1.3	1.0	1.2	3.0	14.1
2030	2.8	3.8	1.2	0.8	1.0	2.3	12.4

（2）工业废水排放量逐年下降

根据废水排放系数的预测方法预测出的工业废水排放量结果如表4－30所示。预测结果表明，随着污染治理措施的不断加大、污染减排技术的不断提高、工业行业废水处理率的提高，各行业的废水排放系数逐年下降，各行业工业废水排放量呈现逐年下降趋势。到2011年，工业废水排放总量为232.87亿t，到2016年、2020年、2025年以及2030年分别达到197.20亿t、184.68亿t、166.43亿t以及147.61亿t，分别比2011年下降15.32%、20.69%%、28.53%以及36.61%。

2011年，行业废水排放量最大的前5个行业分别为造纸及纸制品业，化学原料及化学制品制造业，纺织业，电力、热力的生产和供应业以及农副食品加工业，排放量分别为48.43亿t、37.87亿t、23.74亿t、17.68亿t以及24.68亿t，分别占工业行业废水排放总量的20.80%、16.26%、10.19%、7.59%以及10.60%。随着未来产业结构的优化、工艺技术的提高、高效废水处理技术的大力推广应用，这五大行业的废水排放量趋势如图4－17所示。从图中可以看出，2011—2030年，造纸及纸制品业，化学原料及化学制品制造业，纺织业，电力、热力的生产和供应业以及农副食品加工业这五大工业行业废水排放量总体呈现下降趋势。

表4-30　工业行业废水排放量预测

行业	废水排放系数/(t/元)					废水排放量/万t				
	2011年	2016年	2020年	2025年	2030年	2011年	2016年	2020年	2025年	2030年
总计						232.87×10^4	197.20×10^4	184.68×10^4	166.43×10^4	147.61×10^4
煤炭开采和洗选业	11.28	9.37	8.49	7.32	6.15	129 323.09	107 855.20	90 099.90	68 524.65	57 663.93
石油和天然气开采业	1.49	1.22	1.10	0.94	0.78	6 298.33	3 917.94	2 131.98	1 495.57	1 141.90
黑色金属矿采选业	12.57	9.05	7.59	5.65	3.71	18 276.81	16 711.91	14 091.37	9 736.57	6 553.33
有色金属矿采选业	36.74	29.28	25.95	21.51	17.07	33 194.12	27 423.03	21 181.13	16 353.22	11 332.01
非金属矿采选业	8.95	6.18	5.15	3.78	2.41	7 004.98	6 009.79	7 043.96	6 264.80	4 883.46
其他采矿业	330.53	291.80	274.49	251.41	228.33	885.80	992.25	1 238.14	1 308.40	1 389.12
农副食品加工业	25.46	22.30	20.80	18.80	16.80	246 845.48	236 249.12	254 931.82	247 585.64	250 357.62
食品制造业	20.77	17.65	16.19	14.25	12.31	34 311.06	22 034.40	24 805.55	17 840.63	13 197.19
饮料制造业	25.90	16.42	12.35	6.93	1.51	43 581.39	20 101.54	18 679.52	9 667.75	1 899.20
烟草制品业	1.10	0.93	0.85	0.75	0.65	2 815.17	2 732.92	2 930.35	3 069.61	3 017.79
纺织业	41.61	38.02	36.26	33.91	31.56	237 409.75	201 402.55	138 407.15	128 687.97	106 174.65
纺织服装、鞋、帽制造业	5.58	4.86	4.51	4.05	3.59	11 735.36	11 260.39	11 755.41	11 508.56	10 012.70
皮革毛皮羽毛(绒)及其制品业	14.21	12.67	11.93	10.94	9.95	18 173.73	12 953.19	8 915.03	7 759.83	5 653.27
木材加工及木竹藤棕草制品业	3.10	2.03	1.65	1.14	0.63	4 254.06	3 585.32	3 770.33	3 472.93	2 439.77
家具制造业	3.06	2.70	2.50	2.36	2.22	2 167.24	2 305.97	2 663.30	3 227.73	3 747.06
造纸及纸制品业	208.41	182.01	169.42	152.64	135.86	484 354.50	426 449.53	412 107.78	432 130.38	460 240.70
印刷业和记录媒介的复制	2.99	2.72	2.59	2.42	2.25	1 840.53	2 299.00	2 816.02	3 479.06	4 081.65
文教体育用品制造业	1.97	1.79	1.71	1.60	1.49	817.24	1 020.27	1 250.88	1 547.57	1 818.55
石油加工、炼焦及核燃料加工业	22.11	19.33	18.00	16.23	14.46	75 996.67	49 223.45	41 020.52	38 573.89	33 583.15
化学原料及化学制品制造业	35.58	27.78	24.34	19.76	15.18	378 709.26	336 374.71	352 294.89	231 383.63	110 739.17

续表

行业	废水排放系数/(t/元)					废水排放量/万 t				
	2011 年	2016 年	2020 年	2025 年	2030 年	2011 年	2016 年	2020 年	2025 年	2030 年
医药制造业	14.42	11.43	10.10	8.33	6.56	35 649.91	37 497.77	46 479.82	56 787.76	62 580.17
化学纤维制造业	50.30	40.50	36.09	30.21	24.33	30 350.70	18 493.33	18 551.06	18 239.17	15 738.37
橡胶制品业	5.70	4.64	4.17	3.54	2.91	5 651.28	5 997.46	6 835.30	7 687.62	8 047.86
塑料制品业	2.12	1.91	1.81	1.68	1.55	4 238.28	4 976.30	5 991.38	7 367.57	8 656.56
非金属矿物制品业	6.27	4.59	3.90	2.98	2.06	36 144.06	29 887.99	27 947.68	21 868.38	17 215.80
黑色金属冶炼及压延加工业	12.60	9.44	8.10	6.32	4.54	160 003.65	125 179.73	112 425.91	97 708.63	78 301.00
有色金属冶炼及压延加工业	5.00	3.46	2.86	2.06	1.26	14 966.56	9 904.57	9 694.59	6 977.98	3 815.15
金属制品业	9.14	8.28	7.86	7.30	6.74	17 139.27	16 465.27	20 229.24	19 798.83	18 502.36
通用设备制造业	1.87	1.37	1.18	0.93	0.68	10 362.90	9 421.51	9 937.10	9 908.22	8 783.76
专用设备制造业	2.90	2.25	1.98	1.62	1.26	10 732.78	10 055.49	10 604.59	10 713.34	9 879.23
交通运输设备制造业	2.29	1.61	1.35	1.01	0.67	29 943.46	27 881.99	31 970.61	35 788.35	36 978.79
电气机械及器材制造业	1.60	1.37	1.26	1.12	0.98	10 103.85	11 477.42	13 451.27	15 621.63	16 962.97
通信计算机及其他电子设备制造业	4.46	4.69	4.82	4.99	5.16	24 230.25	24 730.16	30 727.12	37 479.95	42 785.97
仪器仪表及文化办公用机械制造业	4.38	3.22	2.75	2.12	1.49	4 412.02	4 308.53	4 566.48	4 444.79	3 784.20
工艺品及其他制造业	3.01	2.66	2.49	2.27	2.05	2 860.03	3 053.18	3 333.66	3 566.24	3 643.02
废弃资源和废旧材料回收加工业	8.53	10.11	11.04	12.28	13.52	2 604.38	3 729.65	4 741.55	6 188.88	7 707.51
电力、热力的生产和供应业	14.46	10.18	8.45	6.14	3.83	176 797.45	124 530.11	62 625.48	45 840.50	30 277.04
燃气生产和供应业	7.13	4.80	3.90	2.70	1.50	3 622.70	4 040.90	5 251.97	5 901.65	4 650.16
水的生产和供应业	31.41	25.45	22.76	19.17	15.58	8 862.48	7 412.91	7 310.16	6 802.85	5 851.18

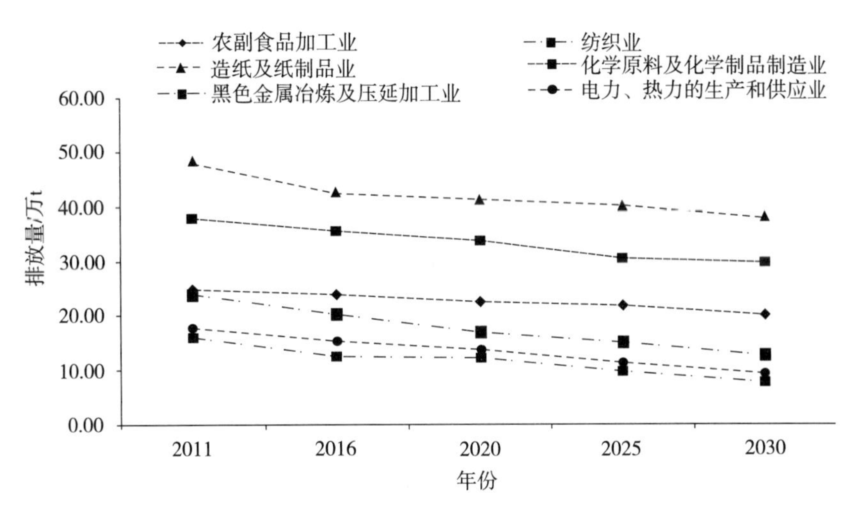

图4-17 工业重点行业废水排放量变化趋势预测

（3）生活污水排放量缓慢增长

生活污水排放量受人均用水量、人口数量、耗水率和回用率等诸多因素的影响。图4-18是2011—2030年生活污水排放量预测结果，由图可以看出，2011—2030年生活污水排放量总体呈增长趋势，但增长趋势逐渐缓慢。由2011年的455.73亿t增长到2030年的677.51亿t，增长了约32.74%，年平均增长率为1.6%。“十二五”期间生活污水增长了18.67%，年平均增长率为3.7%；“十三五”期间生活污水增长了8.29%，年平均增长率为1.6%。

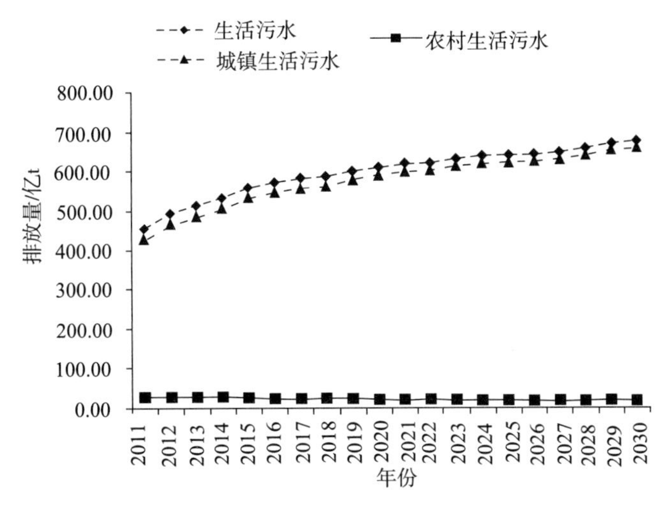

图4-18 生活污水排放量预测

1）城镇生活污水排放量

由于污水回用率的逐年提高，城镇生活污水排放量的增长速率小于用水量和污水产生量的增长速率。由图4-18可以看出，2011—2030年，城镇生活污水排放量增长速度逐渐放缓，由2011年的427.9亿t增长到2030年的660.62亿t，增长了约31.01%。“十二五”期间，由于采取高效污水处理技术工艺提高了污水处理率，城镇生活污水排放量比2011年增长了14.79%；“十三五”期间进一步加大城镇生活污染治理措施，到2020年排放量达到589.80亿t，相对于“十二五”时期，城镇生活污水排放量增长了9.32%。

2）农村生活污水排放量

由预测结果可知，由于农村人口数量不断下降、农民生活水平不断提高、农村生活耗水系数降低，农村生活污水排放量呈现逐年下降趋势。2011年农村生活污水排放量为28.10亿t，到2016年、2020年、2025年以及2030年，分别达到25.32亿t、21.21亿t、18.46亿t以及16.89亿t，分别比2011年下降了9.91%、24.53%、34.33%以及39.89%。

（4）废水排放量汇总分析

2011年，工业和生活的废水排放总量为688.6亿t，预测结果表明，2016年、2020年、2025年以及2030年的废水排放总量将分别增长到770.13亿t、795.69亿t、808.29亿t以及825.12亿t，相对于2011年，将分别增长14.46%、17.02%、18.49%以及20.16%。图4-19为预测年工业和生活废水排放量比例变化图，从图中可以看出，生活污水排放量总体呈现增长趋势，而工业废水排放量总体呈现下降趋势。

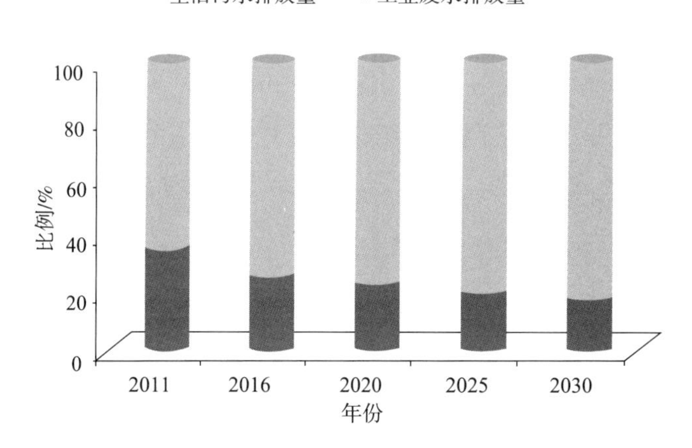

图4-19　预测年生活和工业废水排放量比例

4.3.2.2　COD排放量预测

（1）规模化畜禽养殖业COD排放量预测

1）规模化畜禽养殖业的治理目标方案

方案一

畜禽养殖业的污染物排放量与湿法工艺比例、废水处理率、湿法污染物清除率、干法污染物清除率以及废水回用率等相关工艺指标有关。目前我国的废水治理重点主要在工业和城市生活污水，在“十二五”期间畜禽养殖废水的综合整治取得了一定的进展。由此，确立方案一：根据“十二五”期间畜禽养殖业的治理现状，假设期间各年的废水处理率、湿法工艺比例、干法污染物去除率以及废水回用率等均保持匀速提高，制定畜禽养殖业污染物治理的可达目标。到2030年湿法工艺比例分别下降到猪20%、牛21%、鸡10%、羊5%；废水处理率分别提高到猪85%、牛70%、鸡85%、羊90%；干法污染物清除率分别提高到猪80%和肉牛80%、奶牛75%、鸡85%、羊80%；表4-31为方案一设定的畜禽养殖业的废水处理目标。

表4－31　畜禽养殖业废水的处理现状和方案一的处理目标　　单位：%

指标	年份	猪	肉牛	奶牛	肉鸡	蛋鸡	羊
湿法工艺比例	2011	48.5	46.8	46.8	27.0	27.0	12.6
	2016	42.2	40.9	40.9	22.2	22.2	10.6
	2020	36.8	34.8	35.0	19.0	19.0	10.0
	2025	31.7	28.8	31.0	14.2	14.2	10.0
	2030	19.8	21.2	21.2	10.0	10.0	5.0
干法污染物清除率	2011	65.0	73.0	60.0	84.0	84.0	70.0
	2016	70.0	75.0	65.0	85.0	85.0	73.0
	2020	73.0	77.0	67.0	86.0	86.0	75.0
	2025	75.0	78.0	70.0	87.0	87.0	78.0
	2030	80.0	80.0	75.0	85.0	85.0	80.0
废水处理率	2011	30.0	20.0	25.0	40.0	30.0	35.0
	2016	45.8	30.0	30.0	50.0	60.0	60.0
	2020	70.0	40.0	45.0	65.0	65.0	70.0
	2025	80.0	50.0	55.0	75.0	75.0	85.0
	2030	85.0	70.0	70.0	85.0	85.0	90.0

方案二

由于规模化畜禽养殖业治理难道较大，未来需要加大对规模化畜禽养殖的治理，采用高效的污染治理措施和技术，应用到规模化畜禽养殖污染治理中。考虑到规模化畜禽养殖业治理的难度，在短期内还难以实现减排，方案二以相对于方案一排放量的增加减少一半为目标，制定了2016年、2020年、2025年以及2030年的治理规划目标，提出到2030年湿法工艺比例分别下降到猪25%、牛26%、鸡15%、羊10%；废水处理率分别提高到猪牛85%、鸡90%、羊80%；干法污染物清除率分别提高到猪和肉牛85%、奶牛90%、鸡85%、羊80%；具体治理目标见表4－32。

表4－32　畜禽养殖业废水的处理现状和方案二的处理目标　　单位：%

指标	年份	猪	肉牛	奶牛	肉鸡	蛋鸡	羊
湿法工艺比例	2011	53.7	52.0	52.0	32.2	32.2	15.1
	2016	47.4	46.1	46.1	27.4	27.4	13.1
	2020	42.0	40.0	40.2	24.2	24.2	11.7
	2025	36.9	34.0	36.2	19.4	19.4	11.0
	2030	25.0	26.4	26.4	15.0	15.0	10.0

续表

指标	年份	猪	肉牛	奶牛	肉鸡	蛋鸡	羊
干法污染物清除率	2011	60.0	55.0	50.0	50.0	60.0	55.0
	2016	65.0	55.0	46.5	56.0	65.0	60.0
	2020	75.0	70.0	76.0	64.0	75.0	75.0
	2025	85.0	82.0	78.0	68.0	81.0	79.0
	2030	85.0	85.0	80.0	80.0	85.0	85.0
废水处理率	2011	43.5	31.9	35.9	40.0	40.0	45.4
	2016	60.3	44.9	46.9	55.3	53.0	60.0
	2020	70.0	55.0	50.0	65.0	60.0	70.0
	2025	80.0	65.0	70.0	75.0	75.0	85.0
	2030	90.0	75.0	85.0	85.0	90.0	90.0

2）规模化畜禽养殖业 COD 排放量预测结果

方案一下的 COD 排放量

按照方案一提出的治理目标得到的预测结果如表 4－33 所示。2011 年规模化畜禽养殖业 COD 排放量为 1 094.11 亿 t，到 2016 年、2020 年、2025 年以及 2030 年分别达到 1 208.27万 t、1 348.86 万 t、1 379.06 万 t 以及 1 552.16 万 t，分别比 2011 年的排放量增加 9.45%、18.89%、20.66%以及 29.51%。

表 4－33　规模化畜禽养殖业 COD 的去除量和排放量　　单位：万 t

年份	猪	肉牛	奶牛	肉鸡	蛋鸡	羊	总计
畜禽养殖 COD 去除量							
2011	1 607.33	532.38	297.62	1 920.32	167.18	53.03	4 577.86
2016	2 088.70	749.99	453.20	2 484.88	193.66	61.13	6 031.57
2020	2 386.72	894.70	556.82	2 976.20	305.41	71.56	7 191.40
2025	2 913.34	1 094.41	680.06	3 621.61	382.50	90.55	8 782.47
2030	3 424.73	1 258.57	889.58	4 188.68	445.62	103.04	10 310.21
其中：畜禽养殖干法 COD 去除量							
2011	1 103.04	408.97	231.18	1 620.94	135.86	31.03	3 531.02
2016	1 431.34	535.90	339.50	2 148.34	158.25	37.13	4 650.47
2020	1 678.45	627.49	417.78	2 611.47	260.03	43.56	5 638.78
2025	2 169.51	797.28	485.30	3 214.20	332.19	54.71	7 053.19
2030	2 494.94	916.88	558.10	3 696.33	382.02	62.91	8 111.17
其中：畜禽养殖湿法 COD 去除量							
2011	504.30	123.41	66.44	299.38	31.32	22.00	1 046.84
2016	657.36	214.09	113.70	336.54	35.41	24.00	1 381.10
2020	708.27	267.20	139.04	364.73	45.37	28.00	1 552.62
2025	743.83	297.13	194.76	407.41	50.31	35.84	1 729.27
2030	929.79	341.69	331.49	492.34	63.60	40.13	2 199.04

续表

年份	猪	肉牛	奶牛	肉鸡	蛋鸡	羊	总计
畜禽养殖 COD 排放量							
2011	429.04	181.90	68.38	371.90	31.42	11.48	1 094.11
2016	471.13	202.90	85.93	400.81	35.43	12.07	1 208.27
2020	554.16	206.43	110.60	425.08	39.66	12.92	1 348.86
2025	576.06	211.70	152.98	373.46	43.86	21.00	1 379.06
2030	609.47	253.19	166.07	449.00	48.42	26.00	1 552.16

方案二下的 COD 排放量

按照方案二的治理目标得到预测结果如表 4－34 所示。到 2016 年、2020 年、2025 年以及 2030 年规模化畜禽养殖业的 COD 排放量分别达到 1 007.03 万 t、940.99 万 t、878.94 万 t 以及 841.76 万 t，分别比 2011 年下降 7.96%、13.99%、19.67% 以及 23.06%。

表 4－34　规模化畜禽养殖业 COD 的去除量和排放量　　单位：万 t

年份	猪	肉牛	奶牛	肉鸡	蛋鸡	羊	总计
畜禽养殖 COD 去除量							
2011	1 607.33	532.38	297.62	1 920.32	167.18	53.03	4 577.86
2016	2 127.24	771.46	529.36	2 537.64	198.28	68.84	6 232.81
2020	2 454.03	1 000.80	601.04	3 087.74	361.93	93.71	7 599.26
2025	3 055.82	1 173.63	749.50	3 776.15	424.48	103.00	9 282.59
2030	3 553.66	1 361.08	991.72	4 516.38	479.70	118.08	11 020.61
其中：畜禽养殖干法 COD 去除量							
2011	1 103.04	408.97	231.18	1 620.94	135.86	31.03	3 531.02
2016	1 456.29	550.24	409.56	2 200.62	160.03	42.92	4 819.66
2020	1 694.94	706.88	458.10	2 696.33	312.02	62.91	5 931.17
2025	2 200.42	831.94	525.52	3 305.23	366.62	61.78	7 291.52
2030	2 544.94	956.88	618.10	3 896.33	397.02	65.91	8 479.17
其中：畜禽养殖湿法 COD 去除量							
2011	504.30	123.41	66.44	299.38	31.32	22.00	1 046.84
2016	670.95	221.21	119.80	337.02	38.25	25.92	1 413.15
2020	759.10	293.92	142.94	391.41	49.91	30.80	1 668.09
2025	855.41	341.69	223.98	470.92	57.86	41.22	1 991.07
2030	1 008.73	404.20	373.62	620.04	82.68	52.17	2 541.44
畜禽养殖 COD 排放量							
2011	429.04	181.90	68.38	371.90	31.42	11.48	1 094.11
2016	400.46	162.47	63.04	340.69	30.12	10.26	1 007.03

续表

年份	猪	肉牛	奶牛	肉鸡	蛋鸡	羊	总计
畜禽养殖 COD 排放量							
2020	387.91	144.82	56.89	314.56	27.76	9.05	940.99
2025	374.44	138.19	53.84	280.10	24.12	8.25	878.94
2030	365.68	129.26	48.12	269.40	21.79	7.50	841.76

（2）工业 COD 排放量预测

1）工业治理目标方案

工业污染物排放量取决于污染物削减率，本报告对污染物的削减率设置了高低两种方案。

方案一：根据历史的污染物削减变化趋势预测

保持当前工业污染物削减程度，不考虑技术进步等因素，根据历史污染物削减的变化趋势预测目标年污染物相应的削减率（表 4－35）。

表 4－35　工业 COD 削减率（方案一）　单位：%

行业＼年份	2011	2016	2020	2025	2030
煤炭开采和洗选业	83.06	83.93	84.05	84.23	84.53
石油和天然气开采业	84.35	85.77	85.89	86.07	86.37
黑色金属矿采选业	57.02	58.61	58.73	58.91	59.21
有色金属矿采选业	48.47	57.02	57.14	57.32	57.62
非金属矿采选业	49.31	50.94	51.06	51.24	51.54
其他采矿业	73.33	73.74	73.86	74.04	74.34
农副食品加工业	67.89	68.00	68.12	68.30	68.60
食品制造业	84.63	84.91	85.03	85.21	85.51
饮料制造业	85.67	84.27	84.39	84.57	84.87
烟草制品业	72.17	72.83	72.95	73.13	73.43
纺织业	80.27	78.62	78.74	78.92	79.22
纺织服装、鞋、帽制造业	75.56	75.50	75.62	75.80	76.10
皮革毛皮羽毛（绒）及其制品业	75.68	79.71	79.83	80.01	80.31
木材加工及木竹藤棕草制品业	53.57	53.00	53.12	53.30	53.60
家具制造业	54.50	62.72	62.84	63.02	63.32
造纸及纸制品业	75.35	74.63	74.75	74.93	75.23
印刷业和记录媒介的复制	78.81	79.27	79.39	79.57	79.87
文教体育用品制造业	40.96	46.10	46.22	46.40	46.70
石油加工、炼焦及核燃料加工业	84.13	85.65	85.77	85.95	86.25
化学原料及化学制品制造业	71.93	72.57	72.69	72.87	73.17
医药制造业	84.13	84.82	84.94	85.12	85.42

续表

年份 行业	2011	2016	2020	2025	2030
化学纤维制造业	77.60	77.90	78.02	78.20	78.50
橡胶制品业	60.20	60.38	60.50	60.68	60.98
塑料制品业	41.82	48.96	49.08	49.26	49.56
非金属矿物制品业	50.06	50.90	51.02	51.20	51.50
黑色金属冶炼及压延加工业	70.31	76.71	76.83	77.01	77.31
有色金属冶炼及压延加工业	47.37	47.97	48.09	48.27	48.57
金属制品业	58.50	60.19	60.31	60.49	60.79
通用设备制造业	66.78	66.89	67.01	67.19	67.49
专用设备制造业	55.50	57.85	57.97	58.15	58.45
交通运输设备制造业	59.01	59.31	59.43	59.61	59.91
电气机械及器材制造业	62.10	70.73	70.85	71.03	71.33
通信计算机及其他电子设备制造业	72.76	73.24	73.36	73.54	73.84
仪器仪表及文化办公用机械制造业	63.82	63.97	64.09	64.27	64.57
工艺品及其他制造业	51.38	51.90	52.02	52.20	52.50
废弃资源和废旧材料回收加工业	58.88	60.00	60.12	60.30	60.60
电力、热力的生产和供应业	52.35	54.33	54.45	54.63	54.93
燃气生产和供应业	71.42	73.59	73.71	73.89	74.19
水的生产和供应业	78.67	78.81	78.93	79.11	79.41

方案二：进一步加大减排力度的预测

以国家污染物总量排放控制目标为参照，假设在“十二五”期间主要污染物的削减率仍然维持在90%的水平，考虑到优化产业结构、技术升级改造等措施的实施，污染物的削减目标在“十三五”期间有所放缓，削减率水平设定为95%左右，以此预测出目标年份污染物的排放量（表4－36）。

表4－36　工业COD削减率（方案二）　　单位：%

年份 行业	2011	2016	2020	2025	2030
煤炭开采和洗选业	83.06	86.33	86.57	86.93	87.53
石油和天然气开采业	84.55	86.62	86.86	87.22	87.82
黑色金属矿采选业	57.02	61.29	61.53	61.89	62.49
有色金属矿采选业	48.47	60.74	60.98	61.34	61.94
非金属矿采选业	49.31	53.58	53.82	54.18	54.78
其他采矿业	73.33	76.60	76.84	77.20	77.80
农副食品加工业	67.89	79.00	81.00	87.00	92.00

续表

行业 \ 年份	2011	2016	2020	2025	2030
食品制造业	84.63	88.63	90.63	92.13	94.63
饮料制造业	85.67	89.67	90.67	92.17	94.67
烟草制品业	72.17	75.44	75.68	76.04	76.64
纺织业	80.27	84.27	86.27	88.27	90.27
纺织服装、鞋、帽制造业	75.56	77.83	78.07	78.43	79.03
皮革毛皮羽毛（绒）及其制品业	75.68	81.95	82.19	82.55	83.15
木材加工及木竹藤棕草制品业	53.57	55.84	56.08	56.44	57.04
家具制造业	54.50	65.77	66.01	66.37	66.97
造纸及纸制品业	75.35	83.00	85.00	91.00	96.00
印刷业和记录媒介的复制	78.81	82.09	82.33	82.69	83.29
文教体育用品制造业	40.96	49.23	49.47	49.83	50.43
石油加工、炼焦及核燃料加工业	84.13	88.40	88.64	89.00	89.60
化学原料及化学制品制造业	71.93	79.93	81.93	87.93	92.93
医药制造业	84.13	88.13	89.13	90.63	93.13
化学纤维制造业	77.60	79.87	80.11	80.47	81.07
橡胶制品业	40.20	63.47	63.71	64.07	64.67
塑料制品业	41.82	53.00	53.24	53.60	54.20
非金属矿物制品业	50.06	53.33	53.57	53.93	54.53
黑色金属冶炼及压延加工业	70.31	80.00	80.24	80.60	81.20
有色金属冶炼及压延加工业	47.37	50.64	50.88	51.24	51.84
金属制品业	58.50	63.00	63.24	63.60	64.20
通用设备制造业	66.78	69.05	69.29	69.65	70.25
专用设备制造业	55.50	60.77	61.01	61.37	61.97
交通运输设备制造业	59.01	62.58	62.82	63.18	63.78
电气机械及器材制造业	62.10	74.37	74.61	74.97	75.57
通信计算机及其他电子设备制造业	72.76	76.00	76.24	76.60	77.20
仪器仪表及文化办公用机械制造业	63.82	66.09	66.33	66.69	67.29
工艺品及其他制造业	51.38	54.00	54.24	54.60	55.20
废弃资源和废旧材料回收加工业	58.88	70.00	70.24	70.60	71.20
电力、热力的生产和供应业	52.35	57.62	57.86	58.22	58.82
燃气生产和供应业	71.42	76.69	76.93	77.29	77.89
水的生产和供应业	78.67	80.94	81.18	81.54	82.14

2）工业 COD 排放量预测结果

方案一下的 COD 排放量

表4－37为按照方案一的减排目标得到的工业各行业COD排放量预测结果。如果按照方案一设定的污染物削减水平，工业行业COD的排放总量会持续增加。到2016年、2020年、2025年以及2030年COD排放量将分别增加到390.28万t、437.11万t、493.94万t以及563.09万t，分别比2011年的排放量增加9.09%、18.83%、28.17%以及36.99%。可以看出，虽然工业各行业单位产污系数在不断下降，但由于我国仍处于工业化发展阶段，受经济发展强劲势头的拉动，排污量仍然在不断提高。因此，在近期，若要减少工业排污带来的环境压力，仍需进一步加大末端治理力度。

表4－37　COD排放量预测（方案一）　　单位：万t

行业＼年份	2011	2016	2020	2025	2030
总计	354.80	390.28	437.11	493.94	563.09
煤炭开采和洗选业	8.69	9.56	10.71	12.10	13.79
石油和天然气开采业	2.92	3.21	3.60	4.07	4.63
黑色金属矿采选业	1.29	1.42	1.59	1.80	2.05
有色金属矿采选业	2.04	2.24	2.51	2.84	3.24
非金属矿采选业	1.94	2.13	2.39	2.70	3.08
其他采矿业	0.12	0.13	0.15	0.17	0.19
农副食品加工业	16.93	18.62	20.86	23.57	26.87
食品制造业	17.57	19.33	21.65	24.46	27.88
饮料制造业	44.41	48.85	54.71	61.83	70.48
烟草制品业	0.64	0.70	0.79	0.89	1.02
纺织业	26.67	29.34	32.86	37.13	42.33
纺织服装、鞋、帽制造业	3.56	3.92	4.39	4.96	5.65
皮革毛皮羽毛（绒）及其制品业	9.99	10.99	12.31	13.91	15.85
木材加工及木竹藤棕草制品业	1.65	1.82	2.03	2.30	2.62
家具制造业	0.32	0.35	0.39	0.45	0.51
造纸及纸制品业	53.41	58.75	65.80	74.36	84.77
印刷业和记录媒介的复制	0.87	0.96	1.07	1.21	1.38
文教体育用品制造业	0.15	0.17	0.18	0.21	0.24
石油加工、炼焦及核燃料加工业	13.16	14.48	16.21	18.32	20.89
化学原料及化学制品制造业	58.75	64.63	72.38	81.79	93.24
医药制造业	24.39	26.83	30.05	33.95	38.71
化学纤维制造业	17.71	19.48	21.82	24.66	28.11
橡胶制品业	2.16	2.38	2.66	3.01	3.43
塑料制品业	1.12	1.23	1.38	1.56	1.78
非金属矿物制品业	8.91	9.80	10.98	12.40	14.14
黑色金属冶炼及压延加工业	5.76	6.34	7.10	8.02	9.14
有色金属冶炼及压延加工业	2.52	2.77	3.10	3.51	4.00

续表

行业 \ 年份	2011	2016	2020	2025	2030
金属制品业	6.90	7.59	8.50	9.61	10.95
通用设备制造业	2.11	2.32	2.60	2.94	3.35
专用设备制造业	1.13	1.24	1.39	1.57	1.79
交通运输设备制造业	2.87	3.16	3.54	4.00	4.55
电气机械及器材制造业	1.43	1.57	1.76	1.99	2.27
通信计算机及其他电子设备制造业	1.88	2.07	2.32	2.62	2.98
仪器仪表及文化办公用机械制造业	0.67	0.74	0.83	0.93	1.06
工艺品及其他制造业	0.66	0.73	0.81	0.92	1.05
废弃资源和废旧材料回收加工业	0.25	0.28	0.31	0.35	0.40
电力、热力的生产和供应业	4.86	5.35	5.99	6.77	7.71
燃气生产和供应业	2.55	2.81	3.14	3.55	4.05
水的生产和供应业	1.84	2.02	2.27	2.56	2.92

方案二下的COD排放量

表4－38为按照方案二的减排目标得到的工业各行业COD排放量预测结果。方案二是在国家“十二五”污染减排目标任务的基础上，继续加大污染减排削减力度，提高污染物去除率，按照方案二设定的污染物削减水平，工业行业COD的排放总量将持续减少。到2016年、2020年、2025年以及2030年COD的排放量将分别达到347.70万t、339.01万t、328.84万t以及317.33万t，分别比2011年的COD排放量减少2.00%、4.45%、7.32%以及10.56%。

表4－38　COD排放量预测（方案二）　　单位：万t

行业 \ 年份	2011	2016	2020	2025	2030
总计	354.80	347.70	339.01	328.84	317.33
煤炭开采和洗选业	8.69	8.52	8.30	8.05	7.77
石油和天然气开采业	2.92	2.86	2.79	2.71	2.61
黑色金属矿采选业	1.29	1.26	1.23	1.20	1.15
有色金属矿采选业	2.04	2.00	1.95	1.89	1.82
非金属矿采选业	1.94	1.90	1.85	1.80	1.74
其他采矿业	0.12	0.12	0.11	0.11	0.11
农副食品加工业	16.93	16.59	16.18	15.69	15.14
食品制造业	17.57	17.22	16.79	16.28	15.71
饮料制造业	44.41	43.52	42.43	41.16	39.72
烟草制品业	0.64	0.63	0.61	0.59	0.57
纺织业	26.67	26.14	25.48	24.72	23.85

续表

行业 \ 年份	2011	2016	2020	2025	2030
纺织服装、鞋、帽制造业	3.56	3.49	3.40	3.30	3.18
皮革毛皮羽毛（绒）及其制品业	9.99	9.79	9.55	9.26	8.94
木材加工及木竹藤棕草制品业	1.65	1.62	1.58	1.53	1.48
家具制造业	0.32	0.31	0.31	0.30	0.29
造纸及纸制品业	53.41	52.34	51.03	49.50	47.77
印刷业和记录媒介的复制	0.87	0.85	0.83	0.81	0.78
文教体育用品制造业	0.15	0.15	0.14	0.14	0.13
石油加工、炼焦及核燃料加工业	13.16	12.90	12.57	12.20	11.77
化学原料及化学制品制造业	58.75	57.58	56.14	54.45	52.55
医药制造业	24.39	23.90	23.30	22.61	21.81
化学纤维制造业	17.71	17.36	16.92	16.41	15.84
橡胶制品业	2.16	2.12	2.06	2.00	1.93
塑料制品业	1.12	1.10	1.07	1.04	1.00
非金属矿物制品业	8.91	8.73	8.51	8.26	7.97
黑色金属冶炼及压延加工业	5.76	5.64	5.50	5.34	5.15
有色金属冶炼及压延加工业	2.52	2.47	2.41	2.34	2.25
金属制品业	6.90	6.76	6.59	6.40	6.17
通用设备制造业	2.11	2.07	2.02	1.96	1.89
专用设备制造业	1.13	1.11	1.08	1.05	1.01
交通运输设备制造业	2.87	2.81	2.74	2.66	2.57
电气机械及器材制造业	1.43	1.40	1.37	1.33	1.28
通信计算机及其他电子设备制造业	1.88	1.84	1.80	1.74	1.68
仪器仪表及文化办公用机械制造业	0.67	0.66	0.64	0.62	0.60
工艺品及其他制造业	0.66	0.65	0.63	0.61	0.59
废弃资源和废旧材料回收加工业	0.25	0.25	0.24	0.23	0.22
电力、热力的生产和供应业	4.86	4.76	4.64	4.50	4.35
燃气生产和供应业	2.55	2.50	2.44	2.36	2.28
水的生产和供应业	1.84	1.80	1.76	1.71	1.65

（3）生活 COD 排放量预测

1）生活污水治理目标方案

通过对城镇生活的 COD 排放量以及农村生活的 COD 排放量进行计算可知，城镇生活 COD 的排放量受到废水产生量、污水处理率、污水再利用率、废水处理能力比例以及废水处理能力即污染物去除率的影响。按照当前城镇生活污染物处理的实际情况，设定了两种治理目标：方案一和方案二。

方案一

按照当前的污水处理率、废水处理能力进行趋势预测。假设到2030年的沼气化率达到40%（表4－39）。

表4－39　生活污水治理目标（方案一）　单位:%

年份	沼气化率	废水处理能力	城镇污水处理率
2011	10.0	60	63
2016	20.0	69	72
2020	30.0	74	80
2025	35.0	80	90
2030	40.0	95	99

方案二

考虑加大污染治理力度，并提高立了废水处理能力，由此设定了污水处理率、废水处理能力等相关治理措施。同时农村生活的COD排放量受到产生量和沼气化率的影响，沼气发展速度加快，假设到2030年沼气化率达到50%（表4－40）。

表4－40　生活污水治理目标（方案二）　单位:%

年份	沼气化率	废水处理能力	城镇污水处理率
2011	10.0	60	63
2016	25.0	75	78
2020	35.0	80	85
2025	45.0	85	95
2030	50.0	98	99

2）生活COD排放量预测结果

方案一下的COD排放量

方案一治理措施条件下，农村生活和城镇生活COD的排放量和去除量的预测结果见表4－41。2011年，城镇生活COD的排放量为938.80万t，去除量为817.37万t，2011—2030年，城镇生活COD排放量逐年增加到2016年、2020年、2025年以及2030年COD排放量将分别下降到999.60万t、1 002.38万t、1 084.40万t以及1 156.67万t，分别比2011年增长6.08%、6.34%、13.43%以及18.84%。

2011年，农村生活COD排放量为868.76万t，去除量为96.53万t，农村生活COD排放量也呈现逐年下降的趋势，到2016年、2020年、2025年以及2030年COD排放量将分别达到800.51万t、685.61万t、597.17万t以及498.00万t，分别比2011年下降7.86%、21.08%、31.26%以及42.67%。

表4－41　生活COD排放量和去除量预测　　单位：万t

	生活		城镇		农村	
年份	去除量	排放量	去除量	排放量	去除量	排放量
2011	913.90	1 807.56	817.37	938.80	96.53	868.76
2016	1 279.24	1 700.11	1 036.24	999.60	143.00	800.51
2020	1 681.65	1 401.29	1 252.90	1 002.38	228.55	685.61
2025	2 126.63	1 165.07	1 378.89	1084.40	251.24	597.17
2030	2 428.62	963.17	1 467.12	1 156.67	270.00	498.00

方案二下的COD排放量

方案二治理措施条件下，农村生活和城镇生活COD排放量和去除量预测结果如表4－42所示。预测结果表明，在加大污染治理力度条件下，2011—2030年，城镇生活COD排放量下降趋势更加明显，到2016年、2020年、2025年以及2030年COD排放量分别达到858.80万t、761.38万t、523.60万t以及415.87万t，分别比2011年下降8.52%、18.90%、44.23%以及55.70%。农村生活COD排放量到2016年、2020年、2025年以及2030年分别下降到754.81万t、639.91万t、551.47万t以及460.80万t，分别比2011年下降13.12%、26.34%、36.52%以及46.96%。

表4－42　生活COD排放量和去除量预测　　单位：万t

	生活		城镇生活		农村生活	
年份	去除量	排放量	去除量	排放量	去除量	排放量
2011	913.90	1 807.56	817.37	938.80	96.53	868.76
2016	1 365.74	1 613.61	1 177.04	858.80	188.70	754.81
2020	1 768.15	1 487.79	1 493.90	761.38	274.25	639.91
2025	2 216.63	975.07	1 919.69	523.60	296.94	551.47
2030	2 515.12	876.67	2 207.92	415.87	307.20	460.80

（4）COD排放量汇总分析

2011年，城镇生活、工业和规模化畜禽养殖业COD总排放量为2 387.71万t，在方案一的治理目标下，到2016年、2020年、2025年以及2030年，其排放总量分别为2 598.15万t、2 788.35万t、2 957.40万t以及3 271.92万t，COD总排放量呈现逐渐下降趋势（图4－20），分别比2011年增长8.10%、14.37%、19.26%以及27.02%。在方案二的治理目标下，到2016年、2020年、2025年以及2030年，城镇生活、工业和规模化畜禽养殖业COD总排放量将分别下降为2 213.53万t、2 041.38万t、1 731.38万t以及1 574.96万t，城镇生活、工业和规模化畜禽养殖业COD总排放量呈现逐渐下降趋势（图4－21），相对于2011年将分别下降7.29%、14.50%、27.49%以及34.04%。

通过比较方案一和方案二可知，方案二城镇生活COD排放量2016年、2020年、2025年和2030年比方案一分别下降14.00%、24.04%、51.72%和64.05%；工业COD

排放量 2011 年、2016 年、2020 年、2025 年和 2030 年比方案一分别下降 10.91%、22.44%、33.42%和43.64%；规模化畜禽养殖业 COD 排放量 2016 年、2020 年、2025 年和 2030 年比方案一分别下降 16.66%、30.24%、36.27%和45.77%。比较图 4－20 和图 4－21 可知，畜禽养殖业 COD 排放量最大，其次是城镇生活和工业，同时由于畜禽养殖污染治理难度较大，未来依然是 COD 减排的重点治理对象。

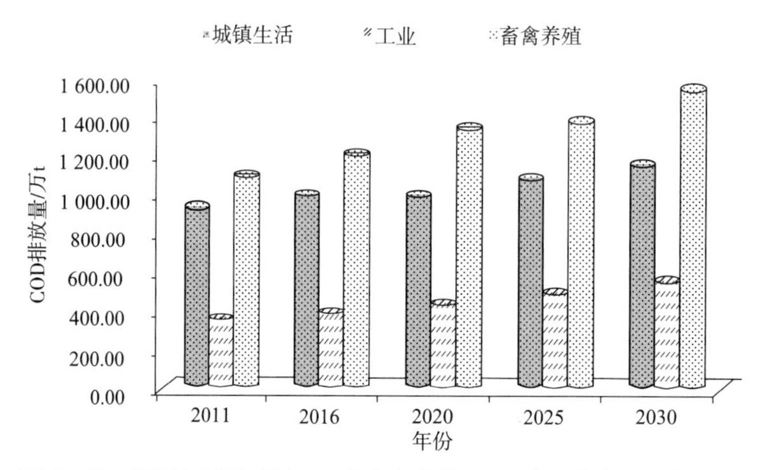

图 4－20　预测年城镇生活、工业和畜禽养殖业 COD 排放量（方案一）

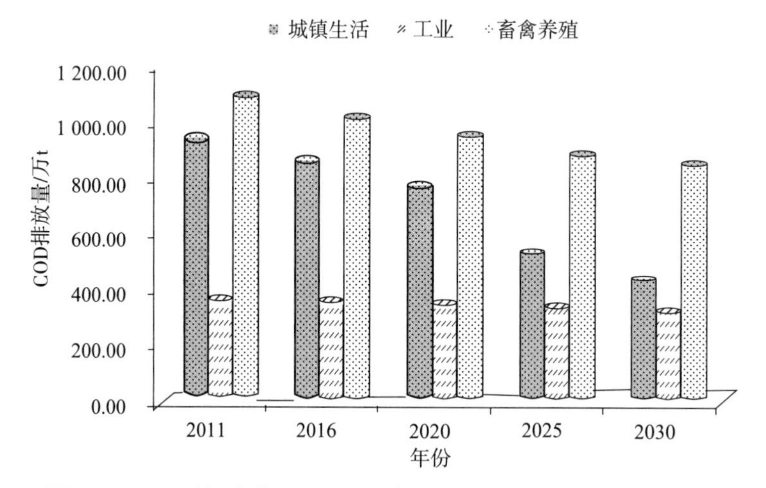

图 4－21　预测年城镇、工业和畜禽养殖业 COD 排放量（方案二）

4.3.2.3　NH_3-N 排放量预测

（1）规模化畜禽养殖业 NH_3-N 排放量预测

1）确立规模化畜禽养殖业 NH_3-N 治理目标

NH_3-N 排放量的影响因素与 COD 一样，与湿法工艺比例、废水处理率、干法污染物清除率以及废水回用率有关，因此氨氮的治理目标与 COD 一致。

2）规模化畜禽养殖业 NH_3-N 排放量预测结果

方案一下的 NH_3-N 排放量

按照方案一提出的 NH_3-N 治理目标预测得到的结果如表 4－43 所示。2011 年规模化畜禽业 NH_3-N 排放量为26.24万t，到2016年、2020年、2025年以及2030年分别达到30.29万t、35.43万t、40.06万t以及43.63万t，分别比2011年的排放量增加13.37%、25.94%、34.50%以及39.85%。

表4－43　规模化畜禽养殖业 NH_3-N 排放量预测（方案一）　　单位：万t

名称	猪	肉牛	奶牛	肉鸡	蛋鸡	羊	总计
不同畜禽 NH_3-N 去除量							
2011年	42.54	166.93	19.52	19.16	16.90	4.06	269.11
2016年	55.45	224.20	25.55	25.51	24.43	5.37	360.51
2020年	69.33	261.69	32.47	31.09	32.48	6.58	433.64
2025年	91.02	306.02	41.56	37.66	42.03	8.46	526.75
2030年	100.72	352.23	55.17	47.12	53.75	15.73	624.72
其中：不同畜禽干法 NH_3-N 去除量							
2011年	30.52	106.43	12.44	12.44	12.32	3.50	177.65
2016年	40.03	156.06	16.45	17.45	19.46	4.61	254.06
2020年	48.52	185.78	19.79	19.79	26.38	5.66	305.92
2025年	65.13	206.31	25.34	22.34	33.53	7.13	359.78
2030年	70.05	240.06	33.22	33.22	41.19	10.03	427.77
其中：不同畜禽湿法 NH_3-N 去除量							
2011年	12.02	60.50	7.08	6.72	4.58	0.56	91.46
2016年	15.42	68.14	9.10	8.06	4.97	0.76	106.45
2020年	20.81	75.91	12.68	11.30	6.10	0.92	127.72
2025年	25.89	99.71	16.22	15.32	8.50	1.33	166.97
2030年	30.67	112.17	21.95	13.90	12.56	5.70	196.95
不同畜禽 NH_3-N 排放量							
2011年	4.80	9.24	4.65	2.96	2.17	2.42	26.24
2016年	5.44	10.86	5.36	3.29	2.85	2.50	30.29
2020年	5.72	14.52	5.96	3.30	3.06	2.87	35.43
2025年	6.15	16.82	6.00	3.61	3.93	3.56	40.06
2030年	7.03	17.26	6.44	4.02	4.22	4.66	43.63

方案二下的 NH_3 – N 排放量

按照方案二的治理目标得到的预测结果如表 4 –44 所示，到 2016 年、2020 年、2025 年以及 2030 年畜禽养殖业的 NH_3 – N 排放量分别达到 25.72 万 t、25.07 万 t、24.32 万 t 和 23.35 万 t，分别比 2011 年排放量下降 2.04%、4.66%、7.89%以及 12.39%。

表 4 –44　规模化畜禽养殖业 NH_3 – N 排放量预测（方案二）　单位：万 t

名称	猪	肉牛	奶牛	肉鸡	蛋鸡	羊	总计
不同畜禽 NH_3 – N 去除量							
2011 年	42.54	166.93	19.52	19.16	16.90	4.06	269.11
2016 年	57.91	222.99	27.14	25.40	25.88	5.76	365.08
2020 年	71.60	265.68	33.22	31.94	34.51	7.05	444.00
2025 年	95.40	312.68	42.47	38.36	44.53	9.04	542.49
2030 年	104.66	365.02	53.30	52.95	56.61	12.46	645.00
其中：不同畜禽干法 NH_3 – N 去除量							
2011 年	30.52	106.43	12.44	12.44	12.32	3.50	177.65
2016 年	44.03	161.67	18.95	18.15	21.41	5.07	279.47
2020 年	53.37	188.36	21.77	21.77	29.02	6.23	336.51
2025 年	71.64	226.94	27.87	24.57	36.88	7.84	395.76
2030 年	77.06	264.07	36.54	36.54	45.31	11.03	470.55
其中：不同畜禽湿法 NH_3 – N 去除量							
2011 年	12.02	60.50	7.08	6.72	4.58	0.56	91.46
2016 年	13.88	61.33	8.19	7.25	4.47	0.68	95.81
2020 年	18.23	77.32	11.45	10.17	5.49	0.83	114.95
2025 年	23.76	85.74	14.60	13.79	7.65	1.20	150.27
2030 年	27.60	100.95	16.76	16.41	11.30	1.43	177.26
不同畜禽 NH_3 – N 排放量							
2011 年	4.80	9.24	4.65	2.96	2.17	2.42	26.24
2016 年	4.70	9.06	4.56	2.90	2.13	2.37	25.72
2020 年	4.59	8.83	4.44	2.83	2.07	2.31	25.07
2025 年	4.45	8.56	4.31	2.74	2.01	2.24	24.32
2030 年	4.27	8.22	4.14	2.63	1.93	2.15	23.35

（2）工业 NH_3 – N 排放量预测

1）确立工业行业氨氮治理目标

方案一

按照当前工业行业的发展速度，保持现有的污染物削减水平，确定污染物氨氮的削减率（表 4 –45）。

表4－45 工业氨氮的削减率（方案一） 单位:%

行业＼年份	2011	2016	2020	2025	2030
煤炭开采和洗选业	25.30	25.43	25.65	25.83	26.33
石油和天然气开采业	67.51	67.64	67.86	68.04	68.54
黑色金属矿采选业	7.26	7.39	7.61	7.79	8.29
有色金属矿采选业	16.10	16.23	16.45	16.63	17.13
非金属矿采选业	19.80	19.93	20.15	20.33	20.83
其他采矿业	55.30	55.43	55.65	55.83	56.33
农副食品加工业	40.49	40.62	40.84	41.02	41.52
食品制造业	76.21	76.34	76.56	76.74	77.24
饮料制造业	60.79	60.92	61.14	61.32	61.82
烟草制品业	82.91	83.04	83.26	83.44	83.94
纺织业	60.85	60.98	61.20	61.38	61.88
纺织服装、鞋、帽制造业	61.66	61.79	62.01	62.19	62.69
皮革毛皮羽毛（绒）及其制品业	55.15	55.28	55.50	55.68	56.18
木材加工及木竹藤棕草制品业	55.33	55.46	55.68	55.86	56.36
家具制造业	6.93	7.06	7.28	7.46	7.96
造纸及纸制品业	42.36	42.49	42.71	42.89	43.39
印刷业和记录媒介的复制	82.32	82.45	82.67	82.85	83.35
文教体育用品制造业	36.08	36.21	36.43	36.61	37.11
石油加工、炼焦及核燃料加工业	93.26	93.39	93.61	93.79	94.29
化学原料及化学制品制造业	66.11	66.24	66.46	66.64	67.14
医药制造业	65.13	65.26	65.48	65.66	66.16
化学纤维制造业	55.13	55.26	55.48	55.66	56.16
橡胶制品业	26.51	26.64	26.86	27.04	27.54
塑料制品业	37.11	37.24	37.46	37.64	38.14
非金属矿物制品业	42.92	43.05	43.27	43.45	43.95
黑色金属冶炼及压延加工业	67.52	67.65	67.87	68.05	68.55
有色金属冶炼及压延加工业	67.92	68.05	68.27	68.45	68.95
金属制品业	73.12	73.25	73.47	73.65	74.15
通用设备制造业	25.26	25.39	25.61	25.79	26.29
专用设备制造业	25.70	25.83	26.05	26.23	26.73
交通运输设备制造业	29.73	29.86	30.08	30.26	30.76
电气机械及器材制造业	31.46	31.59	31.81	31.99	32.49
通信计算机及其他电子设备制造业	39.36	39.49	39.71	39.89	40.39
仪器仪表及文化办公用机械制造业	50.62	50.75	50.97	51.15	51.65
工艺品及其他制造业	37.24	37.37	37.59	37.77	38.27

续表

行业 \ 年份	2011	2016	2020	2025	2030
废弃资源和废旧材料回收加工业	80.71	80.84	81.06	81.24	81.74
电力、热力的生产和供应业	82.37	82.50	82.72	82.90	83.40
燃气生产和供应业	26.05	26.18	26.40	26.58	27.08
水的生产和供应业	78.44	78.57	78.79	78.97	79.47

方案二

考虑到未来不同产业结构的发展规模和速度，NH_3-N 的产生量会不断增加，为实现污染物治理的控制目标，需要通过进一步加大污染减排力度，方案二对 NH_3-N 的削减率预测如表 4－46 所示。

表 4－46　工业氨氮的削减率（方案二）　　单位：%

行业 \ 年份	2011	2016	2020	2025	2030
煤炭开采和洗选业	25.30	28.00	34.00	45.00	60.00
石油和天然气开采业	67.51	69.58	71.29	72.26	77.78
黑色金属矿采选业	7.06	8.51	9.66	10.25	12.00
有色金属矿采选业	16.10	18.25	19.76	22.35	25.78
非金属矿采选业	19.80	30.83	37.19	45.94	59.00
其他采矿业	55.30	58.00	59.71	60.68	66.20
农副食品加工业	40.49	51.00	57.71	67.06	80.72
食品制造业	76.21	78.00	79.71	80.68	86.20
饮料制造业	60.79	62.00	63.71	64.68	70.20
烟草制品业	82.91	85.00	86.71	87.68	93.20
纺织业	60.85	68.00	69.71	70.68	76.20
纺织服装、鞋、帽制造业	61.66	62.69	64.40	65.37	70.89
皮革毛皮羽毛（绒）及其制品业	55.15	56.18	57.89	58.86	64.38
木材加工及木竹藤棕草制品业	55.33	56.36	58.07	59.04	64.56
家具制造业	6.73	7.35	7.89	8.15	9.50
造纸及纸制品业	42.36	51.00	55.38	60.83	70.59
印刷业和记录媒介的复制	82.32	83.35	85.06	86.03	91.55
文教体育用品制造业	36.08	37.11	38.82	39.79	45.31
石油加工、炼焦及核燃料加工业	93.26	94.29	96.00	96.97	102.49
化学原料及化学制品制造业	66.11	68.00	73.02	79.56	90.40
医药制造业	65.13	66.16	67.87	68.84	74.36
化学纤维制造业	55.13	56.16	57.87	58.84	64.36

续表

行业＼年份	2011	2016	2020	2025	2030
橡胶制品业	26.51	29.00	30.71	31.68	37.20
塑料制品业	37.11	38.14	39.85	40.82	46.34
非金属矿物制品业	42.92	44.00	45.71	46.68	52.20
黑色金属冶炼及压延加工业	67.52	88.55	91.05	93.37	95.00
有色金属冶炼及压延加工业	67.92	71.00	72.71	73.68	79.20
金属制品业	73.12	74.15	75.86	76.83	82.35
通用设备制造业	25.26	27.00	28.71	29.68	35.20
专用设备制造业	25.70	28.00	29.71	30.68	36.20
交通运输设备制造业	29.73	32.00	33.71	34.68	40.20
电气机械及器材制造业	31.46	32.49	34.20	35.17	40.69
通信计算机及其他电子设备制造业	39.36	52.39	58.62	67.15	80.00
仪器仪表及文化办公用机械制造业	50.62	51.65	53.36	54.33	59.85
工艺品及其他制造业	37.24	38.90	28.99	39.99	66.47
废弃资源和废旧材料回收加工业	80.71	82.00	83.71	84.68	90.20
电力、热力的生产和供应业	82.37	83.40	85.11	86.08	91.60
燃气生产和供应业	26.05	27.08	35.69	48.19	65.00
水的生产和供应业	78.44	81.00	82.71	83.68	89.20

2）工业 NH_3 – N 排放量预测结果

方案一下的 NH_3 排放量

按照方案一所提供的减排目标预测的 NH_3 – N 排放量结果如表 4 – 47 所示。预测结果表明，在方案一的减排目标下，NH_3 – N 的排放量将逐年增加，到 2016 年、2020 年、2025 年以及 2030 年，将分别达到 27.54 万 t、28.92 万 t、30.37 万 t 以及 31.89 万 t，相对于 2011 年分别增加了 4.76%、9.30%、13.62% 以及 17.73%。

表 4 – 47　工业 NH_3 – N 的排放量（方案一）　　单位：t

行业＼年份	2011	2016	2020	2025	2030
总计/万 t	26.23	27.54	28.92	30.37	31.89
煤炭开采和洗选业	2 536.64	2 663.47	2 796.65	2 936.48	3 083.30
石油和天然气开采业	806.98	847.33	889.70	934.18	980.89
黑色金属矿采选业	555.16	582.92	612.06	642.67	674.80
有色金属矿采选业	482.95	507.10	532.45	559.07	587.03
非金属矿采选业	363.39	381.56	400.64	420.67	441.70
其他采矿业	32.69	34.32	36.04	37.84	39.73

续表

行业 \ 年份	2011	2016	2020	2025	2030
农副食品加工业	22 703.86	23 839.05	25 031.01	26 282.56	27 596.68
食品制造业	7 192.86	7 552.50	7 930.13	8 326.63	8 742.97
饮料制造业	7 178.31	7 537.23	7 914.09	8 309.79	8 725.28
烟草制品业	443.96	466.16	489.47	513.94	539.64
纺织业	20 877.76	21 921.65	23 017.73	24 168.62	25 377.05
纺织服装、鞋、帽制造业	1 281.57	1 345.65	1 412.93	1 483.58	1 557.76
皮革毛皮羽毛（绒）及其制品业	5 150.47	5 407.99	5 678.39	5 962.31	6 260.43
木材加工及木竹藤棕草制品业	240.15	252.16	264.77	278.00	291.90
家具制造业	68.74	72.18	75.79	79.58	83.55
造纸及纸制品业	17 570.62	18 449.15	19 371.61	20 340.19	21 357.20
印刷业和记录媒介的复制	111.25	116.81	122.65	128.79	135.23
文教体育用品制造业	103.58	108.76	114.20	119.91	125.90
石油加工、炼焦及核燃料加工业	8 688.15	9 122.56	9 578.69	10 057.62	10 560.50
化学原料及化学制品制造业	127 825.72	134 217.01	140 927.86	147 974.25	155 372.96
医药制造业	5 554.80	5 832.54	6 124.17	6 430.38	6 751.89
化学纤维制造业	3 717.27	3 903.13	4 098.29	4 303.20	4 518.36
橡胶制品业	790.59	830.12	871.63	915.21	960.97
塑料制品业	401.10	421.16	442.21	464.32	487.54
非金属矿物制品业	720.58	756.61	794.44	834.16	875.87
黑色金属冶炼及压延加工业	13 078.24	13 732.15	14 418.76	15 139.70	15 896.68
有色金属冶炼及压延加工业	5 188.06	5 447.46	5 719.84	6 005.83	6 306.12
金属制品业	1 717.08	1 802.93	1 893.08	1 987.73	2 087.12
通用设备制造业	474.15	497.86	522.75	548.89	576.33
专用设备制造业	421.98	443.08	465.23	488.49	512.92
交通运输设备制造业	1 097.15	1 152.01	1 209.61	1 270.09	1 333.59
电气机械及器材制造业	429.65	451.13	473.69	497.37	522.24
通信计算机及其他电子设备制造业	1 981.78	2 080.87	2 184.91	2 294.16	2 408.87
仪器仪表及文化办公用机械制造业	132.83	139.47	146.45	153.77	161.46
工艺品及其他制造业	131.35	137.92	144.81	152.05	159.66
废弃资源和废旧材料回收加工业	138.42	145.34	152.61	160.24	168.25
电力、热力的生产和供应业	1 090.91	1 145.46	1 202.73	1 262.86	1 326.01
燃气生产和供应业	710.33	745.85	783.14	822.30	863.41
水的生产和供应业	329.09	345.54	362.82	380.96	400.01

方案二下的 NH_3-N 排放量

按照方案二所提供的减排目标预测的氨氮排放量结果如表 4－48 所示。预测结果表明，在方案二的治理目标下，氨氮排放量将逐年下降到 2016 年、2020 年、2025 年以及 2030 年，氨氮的排放量将达到 25.45 万 t、22.28 万 t、24.68 万 t 以及 23.22 万 t，分别比 2011 年下降 3.00%、5.91%、8.73%以及 11.47%。

表 4－48　工业 NH_3-N 的排放量（方案二）　　单位：t

行业＼年份	2011	2016	2020	2025	2030
总计/万 t	26.23	25.45	24.68	23.94	23.22
煤炭开采和洗选业	2 536.64	2 460.54	2 386.72	2 315.12	2 245.67
石油和天然气开采业	806.98	782.77	759.29	736.51	714.41
黑色金属矿采选业	555.16	538.51	522.35	506.68	491.48
有色金属矿采选业	482.95	468.46	454.41	440.78	427.55
非金属矿采选业	363.39	352.49	341.91	331.66	321.71
其他采矿业	32.69	31.71	30.76	29.84	28.94
农副食品加工业	22 703.86	22 022.74	21 362.06	20 721.20	20 099.56
食品制造业	7 192.86	6 977.07	6 767.76	6 564.73	6 367.79
饮料制造业	7 178.31	6 962.96	6 754.07	6 551.45	6 354.91
烟草制品业	443.96	430.64	417.72	405.19	393.03
纺织业	20 877.76	20 251.43	19 643.88	19 054.57	18 482.93
纺织服装、鞋、帽制造业	1 281.57	1 243.12	1 205.83	1 169.65	1 134.56
皮革毛皮羽毛（绒）及其制品业	5 150.47	4 995.96	4 846.08	4 700.69	4 559.67
木材加工及木竹藤棕草制品业	240.15	232.95	225.96	219.18	212.60
家具制造业	68.74	66.68	64.68	62.74	60.86
造纸及纸制品业	17 570.62	17 043.50	16 532.20	16 036.23	15 555.14
印刷业和记录媒介的复制	111.25	107.91	104.68	101.53	98.49
文教体育用品制造业	103.58	100.47	97.46	94.53	91.70
石油加工、炼焦及核燃料加工业	8 688.15	8 427.51	8 174.68	7 929.44	7 691.56
化学原料及化学制品制造业	127 825.72	123 990.95	120 271.22	116 663.08	113 163.19
医药制造业	5 554.80	5 388.16	5 226.51	5 069.72	4 917.62
化学纤维制造业	3 717.27	3 605.75	3 497.58	3 392.65	3 290.87
橡胶制品业	790.59	766.87	743.87	721.55	699.90
塑料制品业	401.10	389.07	377.39	366.07	355.09
金属矿物制品业	720.58	698.96	677.99	657.65	637.92
黑色金属冶炼及压延加工业	13 078.24	12 685.89	12 305.32	11 936.16	11 578.07
有色金属冶炼及压延加工业	5 188.06	5 032.42	4 881.45	4 735.00	4 592.95

续表

行业＼年份	2011	2016	2020	2025	2030
金属制品业	1 717. 08	1 665. 57	1 615. 60	1 567. 13	1 520. 12
通用设备制造业	474. 15	459. 93	446. 13	432. 74	419. 76
专用设备制造业	421. 98	409. 32	397. 04	385. 13	373. 58
交通运输设备制造业	1 097. 15	1 064. 24	1 032. 31	1 001. 34	971. 30
电气机械及器材制造业	429. 65	416. 76	404. 26	392. 13	380. 37
通信计算机及其他电子设备制造业	1 981. 78	1 922. 33	1 864. 66	1 808. 72	1 754. 46
仪器仪表及文化办公用机械制造业	132. 83	128. 85	124. 98	121. 23	117. 59
工艺品及其他制造业	131. 35	127. 41	123. 59	119. 88	116. 28
废弃资源和废旧材料回收加工业	138. 42	134. 27	130. 24	126. 33	122. 54
电力、热力的生产和供应业	1 090. 91	1 058. 18	1 026. 44	995. 64	965. 77
燃气生产和供应业	710. 33	689. 02	668. 35	648. 30	628. 85
水的生产和供应业	329. 09	319. 22	309. 64	300. 35	291. 34

（3）生活 NH_3-N 排放量预测

1）确立生活 NH_3-N 治理目标

生活 NH_3-N 的排放量与生活 COD 的排放量一样，受到产生量、污水处理率、污水再利用率、废水处理能力比例以及废水处理能力即污染物去除率的影响，具体的治理目标见生活 COD 治理目标。

2）生活 NH_3-N 排放量预测结果

方案一下的 NH_3-N 排放量

在方案一治理水平下，农村生活和城镇生活 NH_3-N 的排放量和去除量的预测结果如表 4－49 所示。2011 年城镇生活 NH_3-N 的排放量为 77. 18 万 t，去除量为 85. 87 万 t，2011—2030 年，城镇生活 NH_3-N 排放量逐年增加，到 2016 年、2020 年、2025 年以及 2030 年 NH_3-N 排放量分别达到 89. 39 万 t、96. 72 万 t、101. 88 万 t 以及 113. 04 万 t，分别比 2011 年增加 13. 66%、20. 20%、24. 24% 以及 31. 72%。

2011 年农村生活 NH_3-N 排放量为 78. 16 万 t，去除量为 8. 11 万 t，农村生活 NH_3-N 排放量也呈现逐年增加的趋势，到 2016 年、2020 年、2025 年以及 2030 年 NH_3-N 排放量分别达到 79. 23 万 t、81. 00 万 t、82. 40 万 t 以及 83. 09 万 t，分别比 2011 年增加 1. 35%、3. 51%、5. 15% 以及 5. 93%。

表 4－49　生活 NH_3-N 排放量和去除量预测（方案一）　　单位：万 t

年份	生活		城镇		农村	
	去除量	排放量	去除量	排放量	去除量	排放量
2011	93. 98	160. 78	85. 87	82. 62	8. 11	78. 16
2016	108. 48	168. 62	98. 68	89. 39	9. 80	79. 23

续表

年份	生活		城镇		农村	
	去除量	排放量	去除量	排放量	去除量	排放量
2020	120.86	177.72	110.84	96.72	10.02	81.00
2025	133.40	184.28	122.29	101.88	11.11	82.40
2030	139.03	196.13	127.00	113.04	12.03	83.09

方案二下的 NH_3 – N 排放量

在方案二治理水平下，农村生活和城镇生活 NH_3 – N 的排放量和处理量预测结果如表4 – 50所示。预测结果表明，若加大污染治理力度，2011—2030年，城镇生活 NH_3 – N 排放量呈现更为明显的下降趋势，到2016年、2020年、2025年以及2030年 NH_3 – N 排放量分别达到76.31万t、68.74万t、55.58万t以及50.01万t，分别比2011年下降1.13%、10.94%、27.99%以及35.20%。到2016年、2020年、2025年以及2030年农村生活 NH_3 – N 排放量分别达到72.61万t、64.89万t、60.70万t以及58.24万t，分别比2011年下降7.10%、18.98%、22.34%以及25.49%。

表4 – 50　生活 NH_3 – N 排放量和去除量预测（方案二）　单位：万t

年份	生活		城镇		农村	
	去除量	排放量	去除量	排放量	去除量	排放量
2011	93.98	155.34	85.87	77.18	8.11	78.16
2016	123.18	148.92	106.76	76.31	16.42	72.61
2020	164.95	133.63	138.82	68.74	26.13	64.89
2025	201.40	116.28	168.59	55.58	32.81	60.70
2030	226.91	108.25	190.03	50.01	36.88	58.24

（4）NH_3 – N 排放量汇总分析

在方案一治理目标下，2011年城镇生活、工业和规模化畜禽养殖业 NH_3 – N 总排放量为129.65万t，到2016年、2020年、2025年以及2030年，其排放总量将分别增加到147.22万t、161.07万t、172.31万t以及188.55万t，分别比2011年增加11.94%、19.51%、24.76%以及63.52%。按照方案一的污染治理水平"十二五"期间将增加 NH_3 – N 排放量6.99%，"十三五"期间将增加 NH_3 – N 排放量31.24%。在方案二的治理目标下，到2016年、2020年、2025年以及2030年城镇生活、工业和规模化畜禽养殖业 NH_3 – N 总排放量将分别下降为127.47万t、118.49万t、103.84万t以及96.58万t，相对于2011年将分别下降1.68%、8.61%、19.91%以及25.51%。

从图4 – 22、图4 – 23可以看出，按照方案一的治理水平，与COD的变化趋势一致，城镇生活、工业和规模化畜禽养殖业 NH_3 – N 排放总量呈现逐渐增长趋势。工业 NH_3 – N 的排放量在2016年、2020年、2025年以及2030年分别比2011年的排放量增加4.76%、9.30%、13.62%以及17.73%，畜禽养殖业 NH_3 – N 排放量分别比2011年增加6.65%、

13.16%、19.82%以及 36.93%；城镇生活的 NH_3-N 排放量将分别比 2011 年增加 13.37%、25.94%、34.50%以及 39.85%。

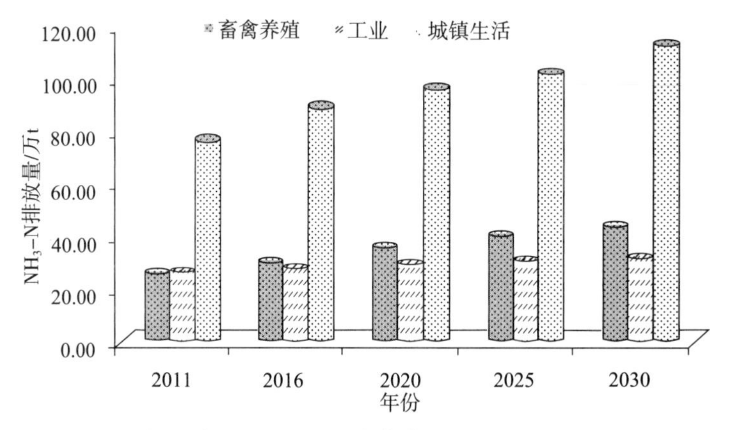

图 4-22 预测年城镇生活、工业和畜禽养殖业 NH_3-N 排放量（方案一）

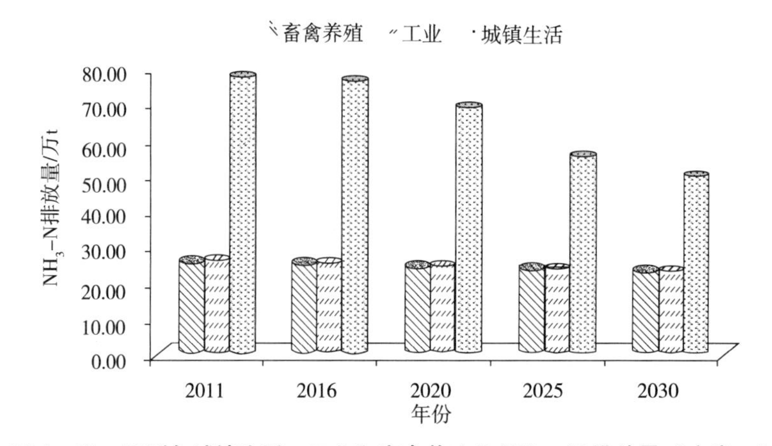

图 4-23 预测年城镇生活、工业和畜禽养殖业 NH_3-N 排放量（方案二）

按照方案二的治理水平，工业 NH_3-N 的排放量呈下降趋势，相对于方案一，在 2016 年、2020 年、2025 年以及 2030 年工业 NH_3-N 的排放量将分别比 2011 年下降 7.62%、14.66%、21.16%以及 27.16%；规模化畜禽养殖业 NH_3-N 排放量将分别下降 15.10%、29.23%、39.30%以及 46.48%；城镇生活 NH_3-N 排放量将分别下降 14.46%、28.93%、45.45%以及 55.76%。

4.3.2.4 TN 排放量预测

（1）规模化畜禽养殖业 TN 排放量预测

1）确定治理目标方案

规模化畜禽养殖业和生活污染物（TN 和 TP）的排放量的治理目标与上节中污染物（COD 和 NH_3-N）的治理目标相同，因此不再赘述。

2）规模化畜禽养殖业 TN 排放量预测结果

方案一下的 TN 排放量

按照方案一提出的治理目标，得到的预测结果如表 4-51 所示。2011 年规模化畜禽养殖业 TN 排放量为 79.87 万 t，到 2016 年、2020 年、2025 年以及 2030 年分别达到 90.63t、106.81 万 t、122.82 万 t 以及 138.64 万 t，分别比 2011 年的排放量增加 11.87%、25.22%、34.97%%以及 42.39%。

表 4-51 规模化畜禽养殖业 TN 排放量预测（方案一） 单位：万 t

名称	猪	肉牛	奶牛	肉鸡	蛋鸡	羊	总计
不同畜禽 TN 去除量							
2011 年	101.70	118.20	30.69	97.95	22.72	20.36	391.62
2016 年	116.96	135.93	35.29	112.64	26.13	23.41	450.36
2020 年	134.50	156.32	40.59	129.54	30.05	26.93	517.92
2025 年	154.67	179.77	46.68	148.97	34.55	30.97	595.61
2030 年	177.87	206.73	53.68	171.32	39.74	35.61	684.95
其中：不同畜禽干法 TN 去除量							
2011 年	77.10	89.55	21.35	82.35	16.85	17.60	304.80
2016 年	88.67	102.98	24.55	94.70	19.38	20.24	350.52
2020 年	101.96	118.43	28.24	108.91	22.28	23.28	403.10
2025 年	117.26	136.19	32.47	125.24	25.63	26.77	463.56
2030 年	134.85	156.62	37.34	144.03	29.47	30.78	533.10
其中：不同畜禽湿法 TN 去除量							
2011 年	24.60	28.65	9.34	15.60	5.87	2.76	86.82
2016 年	28.29	32.95	10.74	17.94	6.75	3.17	99.84
2020 年	32.53	37.89	12.35	20.63	7.76	3.65	114.82
2025 年	37.41	43.57	14.20	23.73	8.93	4.20	132.04
2030 年	43.03	50.11	16.34	27.28	10.27	4.83	151.85
不同畜禽 TN 排放量							
2011 年	21.67	17.94	5.62	18.95	13.81	1.88	79.87
2016 年	23.13	21.28	8.70	18.97	16.31	2.24	90.63
2020 年	25.10	25.63	10.04	22.63	19.54	3.87	106.81
2025 年	27.68	30.95	13.23	25.26	20.85	4.85	122.82
2030 年	30.60	35.74	15.48	28.02	23.28	5.52	138.64

方案二下的 TN 排放量

按照方案二提出的治理目标得到的预测结果如表 4-52 所示。到 2016 年、2020 年、2025 年以及 2030 年畜禽养殖业 TN 排放量分别达到 63.92 万 t、52.84 万 t、47.45 万 t 以及 34.15 万 t，分别比 2011 年排放量下降 17.54%、28.47%、35.77%以及 53.77%，相对于方案一，排放量大大减少。

表 4－52　规模化畜禽养殖业 TN 排放量预测（方案二）　　单位：万 t

名称	猪	肉牛	奶牛	肉鸡	蛋鸡	羊	总计
不同畜禽 TN 去除量							
2011 年	101.70	118.20	30.69	97.95	22.72	20.36	391.62
2016 年	124.01	144.48	37.95	118.58	27.81	24.25	477.07
2020 年	147.23	177.14	42.73	144.39	32.05	28.35	571.89
2025 年	177.10	206.21	50.96	164.93	37.33	34.45	670.98
2030 年	210.17	228.35	63.50	190.03	50.05	47.33	789.44
其中：不同畜禽干法 TN 去除量							
2011 年	77.10	89.55	21.35	82.35	16.85	17.60	304.80
2016 年	94.98	110.67	26.93	100.17	20.88	20.99	374.62
2020 年	112.98	137.25	29.73	122.66	23.87	24.51	451.00
2025 年	136.68	159.13	35.61	139.30	27.69	29.92	528.33
2030 年	162.48	172.80	45.39	159.79	38.67	41.98	621.11
其中：不同畜禽湿法 TN 去除量							
2011 年	24.60	28.65	9.34	15.60	5.87	2.76	86.82
2016 年	29.03	33.81	11.02	18.41	6.93	3.26	102.45
2020 年	34.25	39.89	13.01	21.72	8.17	3.84	120.89
2025 年	40.42	47.07	15.35	25.63	9.64	4.53	142.65
2030 年	47.69	55.55	18.11	30.24	11.38	5.35	168.32
不同畜禽 TN 排放量							
2011 年	21.67	17.94	5.62	18.95	13.81	1.88	79.87
2016 年	11.76	18.01	5.62	16.41	10.92	1.19	63.92
2020 年	9.48	19.17	3.96	10.31	9.11	0.81	52.84
2025 年	6.70	18.20	4.06	9.45	8.28	0.77	47.45
2030 年	5.66	15.15	2.13	5.22	5.56	0.44	34.15

（2）生活 TN 排放量预测

方案一下的 TN 排放量

表 4－53 是在方案一治理水平下，农村生活和城镇生活 TN 排放量和去除量的预测结果。2011 年城镇生活 TN 的排放量为 91.42 万 t，去除量为 52.16 万 t，2011—2030 年，城镇生活 TN 排放量呈现下降趋势，到 2016 年、2020 年、2025 年以及 2030 年城镇生活 TN 排放量分别下降到 80.76 万 t、72.89 万 t、67.62 万 t 以及 60.86 万 t，分别比 2011 年下降 11.66%、20.27%、26.03%以及 33.43%。

2011 年，农村生活 TN 排放量为 101.14 万 t，去除量为 26.28 万 t，农村生活 TN 排放量也呈现逐年下降趋势，到2016年、2020年、2025年以及2030年TN排放量分别下降到93.33万t、86.26万t、76.68万t以及70.34万t，分别比2011年下降7.72%、14.71%、24.18%以及30.45%。

表4－53 生活TN排放量和去除量预测（方案一） 单位：万t

年份	生活		城镇生活		农村生活	
	去除量	排放量	去除量	排放量	去除量	排放量
2011	78.44	192.56	52.16	91.42	26.28	101.14
2016	101.60	174.09	65.69	80.76	35.91	93.33
2020	121.14	159.15	76.22	72.89	44.92	86.26
2025	141.99	144.30	85.18	67.62	56.81	76.68
2030	180.96	131.20	112.04	60.86	68.92	70.34

方案二下的TN排放量

方案二治理水平下农村生活和城镇生活TN排放量和去除量预测结果如表4－54所示。预测结果表明，2011—2030年城镇生活TN排放量呈现出更为明显的下降趋势，到2016年、2020年、2025年以及2030年TN排放量分别达到75.76万t、66.21万t、59.62万t以及42.86万t，相对于2011年分别下降17.13%、27.58%、34.78%以及53.12%。随着沼气化水平的提高，到2016年、2020年、2025年以及2030年农村生活TN排放量将分别达到89.51万t、77.44万t、67.50万t以及55.34万t，分别比2011年下降11.50%、23.43%、33.26%以及45.28%。

表4－54 生活TN排放量和去除量预测（方案二） 单位：万t

年份	生活		城镇生活		农村生活	
	去除量	排放量	去除量	排放量	去除量	排放量
2011	78.44	192.56	52.16	91.42	26.28	101.14
2016	110.42	165.27	70.69	75.76	39.73	89.51
2020	136.64	143.65	82.90	66.21	53.74	77.44
2025	159.17	127.12	93.18	59.62	65.99	67.50
2030	207.96	98.20	130.04	42.86	77.92	55.34

（3）TN排放量汇总分析

2011年，城镇生活和规模化畜禽养殖业TN总排放量为171.29万t，在方案一的治理目标下，到2016年、2020年、2025年以及2030年其排放总量将分别为171.39万t、179.70万t、190.44万t以及199.50万t，分别比2011年增加0.06%、4.68%、10.06%以及14.14%。在方案二的治理目标下，到2016年、2020年、2025年以及2030年，城镇生活和规模化畜禽养殖业TN总排放量将分别为139.68万t、119.05万t、107.07万t以及77.01万t，相对于2011年将分别下降18.45%、30.50%、37.49%以及55.04%。

从图4－24和图4－25中可以看出，如果按照方案一的治理水平，城镇生活TN的排放量将逐步下降，但下降幅度不大，规模化畜禽养殖业 TN 排放量仍将逐步上升。按照方案二的治理水平，规模化畜禽养殖业的 TN 的排放量将逐渐下降，方案一相比分别下降 29.47%、50.53%、61.37% 以及 75.37%；城镇生活 TN 排放量将分别下降 6.19%、9.16%、11.83% 以及 29.58%。

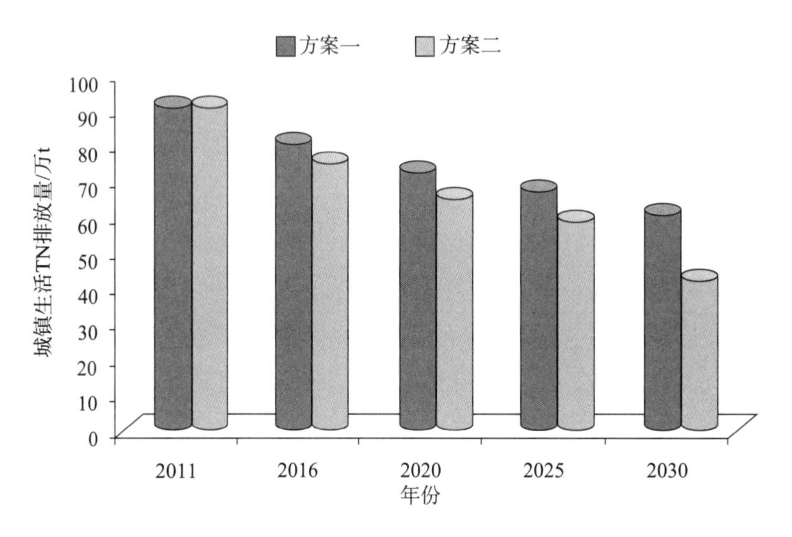

图 4-24　方案一和方案二的城镇生活 TN 排放量预测

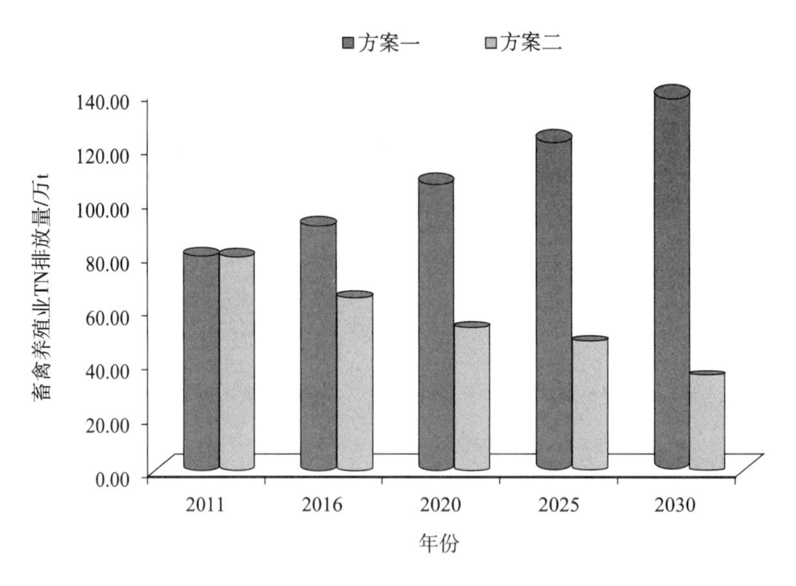

图 4-25　方案一和方案二的规模化畜禽养殖业 TN 排放量预测

4.3.2.5　TP 排放量预测

（1）畜禽养殖业 TP 排放量预测

方案一下的 TP 排放量

按照方案一确定的治理目标预测得到的结果如表 4-55 所示。2011 年规模化畜禽养殖业 TP 排放量为 31.12 万 t，到 2016 年、2020 年、2025 年以及 2030 年分别达到 34.85

万 t、38.04 万 t、41.71 万 t 以及 48.58 万 t，分别比 2011 年的排放量增加 10.07%、18.19%、25.39%以及 35.94%。

表 4－55　规模化畜禽养殖业 TP 排放量预测（方案一）　单位：万 t

名称	猪	肉牛	奶牛	肉鸡	蛋鸡	羊	总计
不同畜禽 TP 去除量							
2011 年	19.10	40.46	11.93	16.55	31.80	6.98	126.82
2016 年	66.13	137.07	25.62	36.28	53.76	13.47	332.33
2020 年	92.24	270.41	54.59	66.35	71.32	18.31	573.22
2025 年	124.25	485.93	79.41	89.39	92.07	21.80	892.85
2030 年	155.05	756.10	119.45	111.30	118.27	26.91	1 287.08
其中：不同畜禽干法 TP 去除量							
2011 年	13.64	36.20	10.26	10.26	26.76	5.25	102.37
2016 年	54.32	117.29	22.95	22.95	42.82	10.44	270.77
2020 年	73.04	231.76	48.08	48.08	57.89	14.64	473.49
2025 年	98.34	404.04	62.29	62.29	73.37	16.50	716.83
2030 年	110.01	583.20	80.71	80.71	90.63	20.10	965.36
其中：不同畜禽湿法 TP 去除量							
2011 年	5.46	4.26	1.67	6.29	5.04	1.73	24.45
2016 年	11.81	19.78	2.67	13.33	10.94	3.03	61.56
2020 年	19.20	38.65	6.51	18.27	13.43	3.67	99.73
2025 年	25.91	81.89	17.12	27.10	18.70	5.30	176.02
2030 年	45.04	172.90	38.74	30.59	27.64	6.81	321.72
不同畜禽 TP 排放量							
2011 年	15.56	6.75	1.02	5.98	1.03	0.78	31.12
2016 年	17.12	7.23	1.43	6.91	1.23	0.93	34.85
2020 年	18.39	8.04	1.78	7.47	1.38	0.98	38.04
2025 年	20.35	8.56	2.28	7.93	1.54	1.05	41.71
2030 年	23.70	9.55	3.50	8.77	1.88	1.18	48.58

方案二下的 TP 排放量

按照方案二的治理目标所得 TP 排放量预测结果如表 4－56 所示，到 2016 年、2020 年、2025 年以及 2030 年畜禽养殖业 TP 排放量分别达到 27.45 万 t、23.81 万 t、20.17 万 t 以及 16.53 万 t，分别比 2011 年排放量减少 11.79%、23.49%、35.19%以及 46.88%，相对于方案一的排放量大大减少。

表 4－56　规模化畜禽养殖业 TP 排放量预测（方案二）　单位：万 t

名称	猪	肉牛	奶牛	肉鸡	蛋鸡	羊	总计
不同畜禽 TP 去除量							
2011 年	19.10	40.46	11.93	16.55	31.80	6.98	126.82
2016 年	67.83	57.61	13.37	24.92	38.65	8.55	339.73
2020 年	94.11	158.50	30.07	42.87	57.56	14.17	587.45
2025 年	127.78	319.01	67.27	78.24	80.06	20.97	914.39
2030 年	161.54	580.36	103.28	96.24	106.05	24.57	1 319.13
不同畜禽干法 TP 去除量							
2011 年	13.64	36.20	10.26	10.26	26.76	5.25	102.37
2016 年	55.04	118.09	23.10	23.03	43.10	10.22	272.57
2020 年	74.02	234.00	49.13	49.20	60.01	15.37	481.73
2025 年	100.26	406.24	64.05	64.12	77.04	17.33	729.03
2030 年	115.51	600.36	84.75	83.96	85.16	21.64	991.38
不同畜禽湿法 TP 去除量							
2011 年	5.46	4.26	1.67	6.29	5.04	1.73	24.45
2016 年	12.79	21.41	3.11	14.66	11.89	3.30	67.16
2020 年	20.09	40.41	6.97	19.84	14.46	3.95	105.72
2025 年	27.52	85.01	18.14	29.04	20.05	5.60	185.36
2030 年	46.03	174.12	39.23	32.12	29.01	7.24	327.75
不同畜禽 TP 排放量							
2011 年	15.56	6.75	1.02	5.98	1.03	0.78	31.12
2016 年	13.81	5.90	0.95	5.09	0.98	0.72	27.45
2020 年	12.06	5.05	0.88	4.20	0.93	0.69	23.81
2025 年	10.31	4.20	0.81	3.31	0.88	0.66	20.17
2030 年	8.56	3.35	0.74	2.42	0.83	0.63	16.53

（2）生活 TP 排放量预测

方案一下的 TP 排放量

表 4－57 是在方案一治理水平下，农村生活和城镇生活 TP 排放量和去除量的预测结果。从表中可以看出，随着污染物处理率、处理水平的逐渐提高，城镇生活的 TP 去除量在逐年上升，排放量呈现下降趋势。2011 年，城镇生活 TP 排放量为 16.88 万 t，去除量

为9.90万t，到2016年、2020年、2025年以及2030年TP排放量分别为15.34万t、14.87万t、13.61万t以及12.44万t，分别比2011年下降10.39%、11.94%、19.37%以及26.30%。

由于沼气化率的不断提高，农村生活TP的去除量逐年提高，2011年农村生活TP排放量为15.71万t，去除量为3.10万t，到2016年、2020年、2025年以及2030年TP排放量分别下降到15.34万t、15.14万t、14.76万t以及13.99万t，分别比2011年下降2.36%、3.63%、6.05%以及10.95%。

表4-57　生活TP排放量和去除量预测（方案一）　　单位：万t

年份	生活		城镇生活		农村生活	
	去除量	排放量	去除量	排放量	去除量	排放量
2011	13.00	32.59	9.90	16.88	3.10	15.71
2016	15.50	30.68	11.66	15.34	3.84	15.34
2020	16.42	30.01	12.27	14.87	4.15	15.14
2025	18.76	28.37	14.17	13.61	4.59	14.76
2030	22.08	26.43	16.78	12.44	5.86	13.99

方案二下的TP排放量

表4-58表示方案二下的农村生活和城镇生活TP排放量和去除量的预测结果。预测结果表明，若加大污染治理力度，2011—2030年，城镇生活TP排放量呈现更为明显的下降趋势，农村生活TP排放量也呈下降趋势。到2016年、2020年、2025年以及2030年TP排放量分别达到13.33万t、12.55万t、11.40万t以及10.23万t，分别比2011年下降22.27%、25.65%、32.46%以及39.40%。

表4-58　生活TP排放量和去除量预测（方案二）　　单位：万t

年份	生活		城镇生活		农村生活	
	去除量	排放量	去除量	排放量	去除量	排放量
2011	13.00	32.59	9.90	16.88	3.10	15.71
2016	19.36	26.82	13.67	13.33	5.69	13.49
2020	21.63	24.80	14.59	12.55	7.04	12.25
2025	23.94	23.19	16.38	11.40	7.56	11.79
2030	27.41	21.10	18.99	10.23	8.98	10.87

（3）TP排放量汇总分析

在方案一的治理目标下，2011年城镇生活和规模化畜禽养殖业TP总排放量为48.00万t，到2016年、2020年、2025年以及2030年，其排放总量逐渐增加，分别增加到49.99万t、52.91万t、55.32万t以及61.02万t，将分别比2011年增加3.98%、9.28%、13.23%以及21.34%。按照方案一的污染治理水平，“十二五”期间排放量将下降0.14%，“十三五”期间将下降11.58%。在方案二的治理目标下，到2016年、2020

年、2025年以及2030年，城镇生活和规模化畜禽养殖业TP总排放量呈现下降趋势，将分别下降为40.57万t、36.36万t、31.57万t以及26.76万t，相对于2011年将分别下降9.42%、18.82%、29.52%以及40.25%（图4－26、图4－27）。

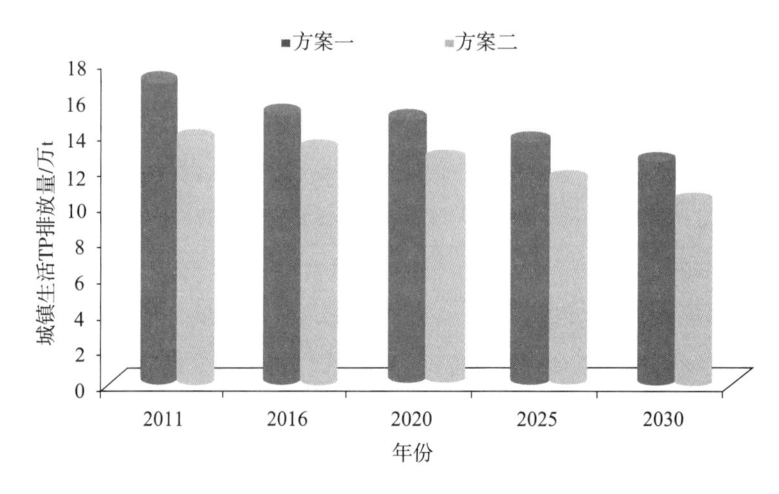

图4－26　方案一和方案二的城镇生活TP排放量预测

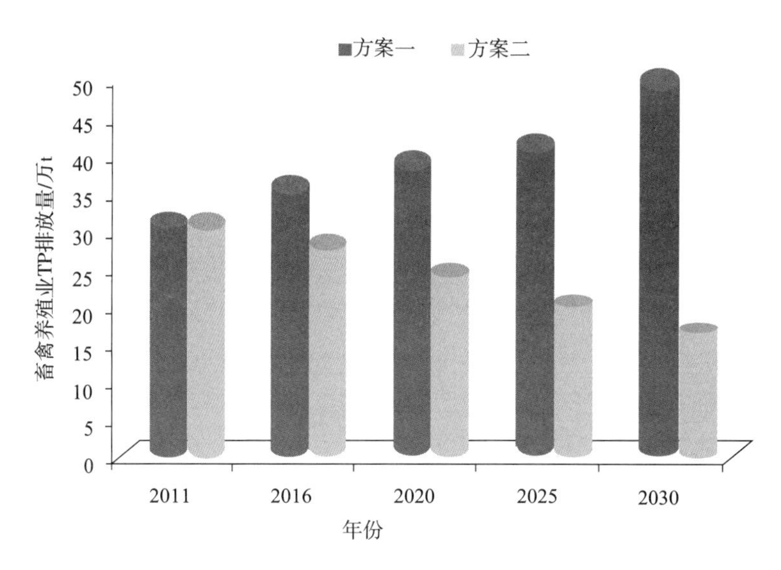

图4－27　方案一和方案二的规模化畜禽养殖业TP排放量预测

4.3.3　污染治理投入费用预测

4.3.3.1　畜禽养殖业污染治理投入费用预测

方案一

表4－59以及表4－60分别显示了方案一下2011—2030年各重点年份畜禽养殖业废水新增处理能力以及废水处理量。在方案一治理目标下，2011年、2016年、2020年、2025年和2030年新增设计废水处理能力为26.81亿t、35.83亿t、47.47亿t、64.35亿t以及77.38亿t；废水运行费用（干法运行和湿法运行）分别为382.13亿元、413.71亿

元、451.17 亿元、495.91 亿元以及 547.51 亿元；废水治理投资费用分别为 258.59 亿元、274.38 亿元、293.11 亿元、315.48 亿元以及 341.28 亿元（表 4－61）。

表 4－59　2011—2030 年各重点年份畜禽养殖业废水新增处理能力（方案一）　单位：亿 t

年份	畜禽废水新增处理能力						
	总处理能力	猪	肉牛	奶牛	肉鸡	蛋鸡	羊
2011	26.81	6.2	3.96	2.1	6.77	2.38	5.4
2016	35.83	7.69	4.52	3.62	9.4	4.2	6.4
2020	47.47	9.93	5.85	5.46	12.15	6.02	8.06
2025	64.35	13.79	7.47	9.52	13.39	8.34	11.84
2030	77.38	16.98	9.87	12.65	14.75	9.99	13.14

表 4－60　2011—2030 年各重点年份畜禽养殖业废水处理量（方案一）　单位：亿 t

年份	畜禽废水处理量					
	猪	肉牛	奶牛	肉鸡	蛋鸡	羊
2011	7.02	2.43	1.74	2.91	2.41	3.57
2016	8.52	5.76	2.95	3.72	3.40	4.71
2020	11.35	8.06	4.32	4.53	4.49	5.96
2025	16.82	11.19	6.56	5.70	6.20	7.84
2030	25.73	13.75	8.26	6.89	8.02	9.74

表 4－61　2011—2030 年各重点年份畜禽废水治理投入（方案一）　单位：亿元

年份	种类	干法运行费用	湿法运行费用	废水治理投资
2011	猪	50.18	26.6	90.17
	肉牛	46.73	14.62	53.74
	奶牛	18.4	14.22	36.64
	肉鸡	77.89	19.26	20.58
	蛋鸡	21.88	12.03	12.32
	羊	62.81	17.51	45.14
	总计	277.89	104.24	258.59
2016	猪	65.97	42.39	105.96
	肉牛	62.52	30.41	69.53
	奶牛	34.19	30.01	52.43
	肉鸡	93.68	35.05	36.37
	蛋鸡	37.67	27.82	28.11
	羊	78.6	33.3	60.93
	总计	293.68	120.03	274.38

续表

年份	种类	干法运行费用	湿法运行费用	废水治理投资
2020	猪	84.7	61.12	124.69
	肉牛	81.25	49.14	88.26
	奶牛	52.92	48.74	71.16
	肉鸡	112.41	53.78	55.1
	蛋鸡	56.4	46.55	46.84
	羊	97.33	52.03	79.66
	总计	312.41	138.76	293.11
2025	猪	107.07	83.49	147.06
	肉牛	103.62	71.51	110.63
	奶牛	75.29	71.11	93.53
	肉鸡	134.78	76.15	77.47
	蛋鸡	78.77	68.92	69.21
	羊	119.7	74.4	102.03
	总计	334.78	161.13	315.48
2030	猪	132.87	109.29	172.86
	肉牛	129.42	97.31	136.43
	奶牛	101.09	96.91	119.33
	肉鸡	160.58	101.95	103.27
	蛋鸡	104.57	94.72	95.01
	羊	145.5	100.2	127.83
	总计	360.58	186.93	341.28

方案二

表4－62至表4－64分别显示了方案二下2011—2030年各重点年份畜禽养殖业废水新增处理能力、废水处理量以及治理费用投入，在方案二的治理目标下，2011年、2016年、2020年、2025年和2030年新增的设计废水处理能力为26.81亿t、60.65亿t、78.97亿t、122.31亿t以及149.89亿t；废水的运行费用（干法运行和湿法运行）分别为413.09亿元、450.21亿元、495.87亿元、552.65亿元以及617.87亿元；废水治理投资费用分别为274.07亿元、292.63亿元、315.46亿元、343.85亿元以及376.46亿元。

表4－62　2011—2030年各重点年份畜禽废水新增处理能力（方案二）　单位：亿t

年份	畜禽废水新增处理能力						
	总处理能力	猪	肉牛	奶牛	肉鸡	蛋鸡	羊
2011	26.81	6.2	3.96	2.1	6.77	2.38	5.4
2016	60.65	15.50	6.55	5.25	13.63	6.09	13.63
2020	78.97	18.75	8.48	7.92	17.61	8.73	17.48
2025	122.31	40.30	12.28	13.80	19.41	15.00	21.52
2030	149.89	52.17	17.20	18.35	21.39	17.38	23.40

表4-63 2011—2030年各重点年份畜禽养殖业废水处理量（方案二） 单位：亿t

名称	畜禽废水处理量					
	猪	肉牛	奶牛	肉鸡	蛋鸡	羊
2011	7.02	2.43	1.74	2.91	2.41	3.57
2016	11.60	8.84	6.03	6.80	6.48	7.79
2020	14.43	13.14	7.40	7.61	7.57	9.04
2025	18.90	21.27	9.64	8.78	9.28	10.92
2030	23.81	31.83	12.34	9.97	11.10	12.82

表4-64 2011—2030年各重点年份畜禽废水治理投入（方案二） 单位：亿元

年份	种类	干法运行费用	湿法运行费用	废水治理投资
2011	猪	50.18	26.6	90.17
	肉牛	46.73	14.62	53.74
	奶牛	18.4	14.22	36.64
	肉鸡	77.89	19.26	20.58
	蛋鸡	21.88	12.03	12.32
	羊	62.81	17.51	45.14
	总计	277.89	104.24	258.59
2016	猪	84.22	60.64	124.21
	肉牛	80.77	48.66	87.78
	奶牛	52.44	48.26	70.68
	肉鸡	111.93	53.3	54.62
	蛋鸡	55.92	46.07	46.36
	羊	96.85	51.55	79.18
	总计	311.93	138.28	292.63
2020	猪	107.05	83.47	147.04
	肉牛	103.6	71.49	110.61
	奶牛	75.27	71.09	93.51
	肉鸡	134.76	76.13	77.45
	蛋鸡	78.75	68.9	69.19
	羊	119.68	74.38	102.01
	总计	334.76	161.11	315.46
2025	猪	135.44	111.86	175.43
	肉牛	131.99	99.88	139
	奶牛	103.66	99.48	121.9
	肉鸡	163.15	104.52	105.84
	蛋鸡	107.14	97.29	97.58
	羊	148.07	102.77	130.4
	总计	363.15	189.5	343.85

续表

年份	种类	干法运行费用	湿法运行费用	废水治理投资
2030	猪	168.05	144.47	208.04
	肉牛	164.6	132.49	171.61
	奶牛	136.27	132.09	154.51
	肉鸡	195.76	137.13	138.45
	蛋鸡	139.75	129.9	130.19
	羊	180.68	135.38	163.01
	总计	395.76	222.11	376.46

方案一和方案二各项费用的对比见图 4－28。

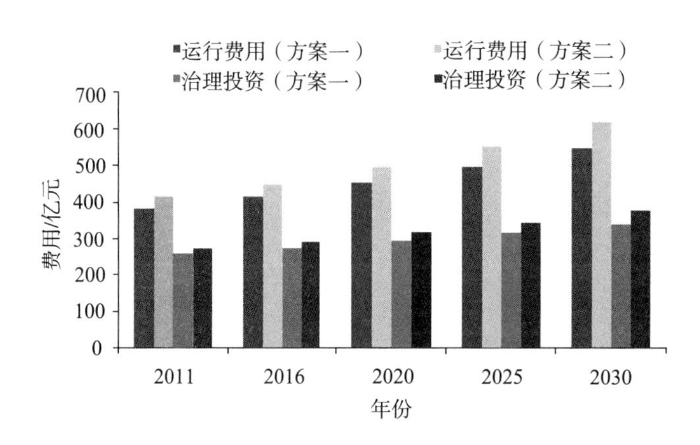

图 4－28　2011—2030 年各重点年份畜禽养殖业运行费用和治理投资费用

4.3.3.2　工业污染治理投入费用预测

方案一

表 4－65 为方案一下工业各行业在 2016 年、2020 年、2025 年和 2030 年的治理投资费用和治理运行费用。预测结果表明，在方案一的治理目标下，2016 年、2020 年、2025 年和 2030 年废水的运行费用分别为 469.99 亿元、643.82 亿元、866.29 亿元以及 1 130.61 亿元；废水治理投资费用分别为 1 973.85 亿元、2 823.91 亿元、3 283.16 亿元以及 3 575.67亿元。

方案二

表 4－66 为工业各行业在 2016 年、2020 年、2025 年和 2030 年的废水治理投资费用和废水治理运行费用。预测结果表明，在方案二下，2016 年、2020 年、2025 年和 2030 年废水治理的运行费用分别为 587.50 亿元、933.60 亿元、1 342.78 亿元以及 1 865.56 亿元；废水治理投资费用分别为 2 467.29 亿元、3 671.08 亿元、4 300.94 亿元以及4 898.67 亿元。

表 4-65 工业各行业的治理投资和治理运行费用预测(方案一)

单位:亿元

行业	治理投资总费用				废水治理运行费用				废水治理投资费用			
	2011—2015 年	2016—2020 年	2021—2025 年	2026—2030 年	2016 年	2020 年	2025 年	2030 年	2016 年	2020 年	2025 年	2030 年
总计	3 839.82	4 509.57	6 340.04	7 709.91	469.99	643.82	866.29	1 130.61	1 973.85	2 823.91	3 283.16	3 575.67
煤炭开采和洗选业	66.99	70.35	87.12	93.29	7.00	8.48	9.87	11.12	34.94	44.75	45.91	44.12
石油和天然气开采业	19.30	18.40	20.53	20.24	3.20	3.53	3.70	3.83	9.57	11.12	10.28	9.10
黑色金属矿采选业	15.73	18.42	23.80	24.22	5.48	7.40	8.98	9.63	6.59	9.41	10.08	9.20
有色金属矿采选业	62.44	72.34	98.30	112.53	5.50	7.36	9.38	11.30	33.00	46.62	52.49	53.93
非金属矿采选业	2.99	3.48	4.45	4.35	0.33	0.45	0.54	0.57	1.55	2.20	2.33	2.04
其他采矿业	0.54	0.68	1.02	1.35	0.12	0.18	0.23	0.33	0.25	0.39	0.49	0.58
农副食品加工业	221.10	257.98	358.96	432.65	10.43	14.04	18.33	23.26	120.65	171.68	197.93	214.09
食品制造业	121.58	150.84	232.45	309.25	19.46	27.86	40.32	56.42	60.57	91.65	117.02	139.72
饮料制造业	86.96	88.46	86.92	29.17	35.88	42.12	38.86	13.72	34.09	42.29	34.43	10.37
烟草制品业	1.65	1.89	2.66	3.24	0.35	0.45	0.61	0.78	0.79	1.10	1.28	1.40
纺织业	434.99	500.74	681.64	776.33	58.03	77.09	98.56	118.11	221.59	311.08	350.86	358.62
纺织服装、鞋、帽制造业	12.01	13.46	17.61	19.09	2.85	3.67	4.51	5.14	5.59	7.65	8.29	8.07
皮革、毛皮、羽毛(绒)及其制品业	40.44	45.97	61.36	68.29	8.31	10.89	13.67	16.00	19.38	26.86	29.70	29.67
木材加工及木、竹、藤、棕、草制品业	1.17	1.35	1.65	1.44	0.51	0.68	0.77	0.72	0.45	0.63	0.64	0.50
家具制造业	0.71	0.90	1.45	2.09	0.55	0.79	1.20	1.82	0.17	0.27	0.36	0.46
造纸及纸制品业	925.04	1 121.50	1 692.34	2 296.24	78.68	110.07	155.98	222.70	490.04	724.53	905.88	1 103.08
印刷业和记录媒介的复制业	2.91	3.84	6.32	9.24	0.90	1.37	2.12	3.26	1.27	2.04	2.78	3.65
文教体育用品制造业	0.74	0.97	1.61	2.36	0.39	0.59	0.92	1.44	0.25	0.41	0.56	0.73
石油加工、炼焦及核燃料加工业	164.46	182.47	246.17	294.43	52.67	67.43	85.43	107.52	70.86	95.87	107.17	115.03
化学原料及化学制品制造业	805.55	955.06	1 318.00	1 523.50	32.37	44.28	57.38	69.79	441.94	638.98	730.64	757.94
医药制造业	138.13	186.73	312.04	442.08	24.61	38.39	60.23	89.82	67.76	111.72	154.69	196.67
化学纤维制造业	59.71	72.75	107.80	137.98	19.09	26.84	37.36	50.32	25.74	38.24	46.95	53.93

续表

行业	治理投资总费用				废水治理运行费用				废水治理投资费用			
	2011—2015 年	2016—2020 年	2021—2025 年	2026—2030 年	2016 年	2020 年	2025 年	2030 年	2016 年	2020 年	2025 年	2030 年
橡胶制品业	5. 28	6. 48	9. 75	12. 73	0. 68	0. 97	1. 38	1. 88	2. 70	4. 04	5. 03	5. 90
塑料制品业	6. 16	7. 98	13. 13	19. 23	1. 29	1. 91	2. 96	4. 54	2. 94	4. 65	6. 34	8. 34
非金属矿物制品业	41. 41	48. 60	66. 24	73. 24	4. 82	6. 53	8. 34	9. 72	21. 39	30. 62	34. 58	34. 31
黑色金属冶炼及压延加工业	261. 55	279. 14	324. 03	294. 98	8. 52	10. 49	11. 42	10. 94	144. 33	187. 85	180. 68	147. 61
有色金属冶炼及压延加工业	49. 52	52. 87	58. 29	48. 59	5. 40	6. 66	6. 89	6. 04	25. 73	33. 50	30. 61	22. 90
金属制品业	104. 01	137. 94	226. 78	329. 75	25. 23	38. 61	59. 59	91. 20	48. 21	77. 97	106. 22	138. 60
通用设备制造业	5. 22	5. 93	7. 89	8. 74	2. 16	2. 84	3. 54	4. 13	2. 04	2. 83	3. 12	3. 10
专用设备制造业	4. 51	5. 10	6. 90	7. 92	0. 92	1. 19	1. 50	1. 82	2. 16	2. 99	3. 35	3. 45
交通运输设备制造业	16. 23	18. 60	24. 29	24. 92	8. 42	11. 14	13. 67	14. 74	5. 63	7. 88	8. 52	7. 85
电气机械及器材制造业	7. 70	9. 69	15. 03	20. 34	3. 08	4. 48	6. 53	9. 30	3. 06	4. 69	6. 03	7. 32
通信设备、计算机及其他电子设备制造业	42. 67	58. 48	102. 04	159. 35	33. 07	52. 29	85. 68	140. 80	10. 23	17. 09	24. 71	34. 63
仪器仪表及文化办公用机械制造业	2. 78	3. 16	4. 10	4. 35	2. 05	2. 68	3. 26	3. 65	0. 71	0. 99	1. 06	1. 01
工艺品及其他制造业	1. 48	1. 73	2. 47	3. 14	0. 51	0. 68	0. 92	1. 23	0. 62	0. 89	1. 05	1. 20
废弃资源和废旧材料回收加工业	2. 02	2. 77	4. 81	7. 47	0. 92	1. 46	2. 37	3. 89	0. 75	1. 26	1. 82	2. 53
电力、热力的生产和供应业	97. 61	94. 74	99. 54	80. 46	3. 57	3. 98	3. 93	3. 35	53. 70	63. 57	55. 34	40. 14
燃气生产和供应业	2. 54	3. 54	5. 32	5. 21	1. 87	3. 02	4. 26	4. 40	0. 65	1. 10	1. 37	1. 20
水的生产和供应业	4. 00	4. 25	5. 27	6. 14	0. 78	0. 97	1. 12	1. 41	1. 94	2. 50	2. 57	2. 68

表4-66 工业各行业的治理投资和治理运行费用预测(方案二)

单位:亿元

行业	治理投资总费用				废水治理运行费用				废水治理投资费用			
	2011—2015年	2016—2020年	2021—2025年	2026—2030年	2016年	2020年	2025年	2030年	2016年	2020年	2025年	2030年
总计	4 799.79	6 538.89	9 827.12	12 721.37	587.50	933.60	1 342.78	1 865.56	2 467.29	3 671.08	4 300.94	4 898.67
煤炭开采和洗选业	83.74	102.01	135.04	153.93	8.75	12.30	15.30	18.35	43.68	58.18	60.14	60.44
石油和天然气开采业	24.13	26.68	31.82	33.40	4.00	5.12	5.74	6.32	11.96	14.46	13.47	12.47
黑色金属矿采选业	19.66	26.71	36.89	39.96	6.85	10.73	13.92	15.89	8.24	12.23	13.20	12.60
有色金属矿采选业	78.05	104.89	152.37	185.67	6.88	10.67	14.54	18.65	41.25	60.61	68.76	73.88
非金属矿采选业	3.74	5.05	6.90	7.18	0.41	0.65	0.84	0.94	1.94	2.86	3.05	2.79
其他采矿业	0.68	0.99	1.58	2.23	0.15	0.26	0.36	0.54	0.31	0.51	0.64	0.79
农副食品加工业	276.38	374.07	556.39	713.87	13.04	20.36	28.41	38.38	150.81	223.18	259.29	293.30
食品制造业	151.98	218.72	360.30	510.26	24.33	40.40	62.50	93.09	75.71	119.15	153.30	191.42
饮料制造业	108.70	128.27	134.73	48.13	44.85	61.07	60.23	22.64	42.61	54.98	45.10	14.21
烟草制品业	2.06	2.74	4.12	5.35	0.44	0.65	0.95	1.29	0.99	1.43	1.68	1.92
纺织业	543.74	726.07	1 056.54	1 280.94	72.54	111.78	152.77	194.88	276.99	404.40	459.63	491.31
纺织服装、鞋、帽制造业	15.01	19.52	27.30	31.50	3.56	5.32	6.99	8.48	6.99	9.95	10.86	11.06
皮革、毛皮、羽毛(绒)及其制品业	50.55	66.66	95.11	112.68	10.39	15.79	21.19	26.40	24.23	34.92	38.91	40.65
木材加工及木、竹、藤、棕、草制品业	1.46	1.96	2.56	2.38	0.64	0.99	1.19	1.19	0.56	0.82	0.84	0.69
家具制造业	0.89	1.31	2.25	3.45	0.69	1.15	1.86	3.00	0.21	0.35	0.47	0.63
造纸及纸制品业	1 156.30	1 626.18	2 623.13	3 788.80	98.35	159.60	241.77	367.46	612.55	941.89	1 186.70	1 511.22
印刷业和记录媒介的复制业	3.64	5.57	9.80	15.25	1.13	1.99	3.29	5.38	1.59	2.65	3.64	5.00
文教体育用品制造业	0.93	1.41	2.50	3.89	0.49	0.86	1.43	2.38	0.31	0.53	0.73	1.00
石油加工、炼焦及核燃料加工业	205.58	264.58	381.56	485.81	65.84	97.77	132.42	177.41	88.58	124.63	140.39	157.59

续表

行业	治理投资总费用				废水治理运行费用				废水治理投资费用			
	2011—2015 年	2016—2020 年	2021—2025 年	2026—2030 年	2016 年	2020 年	2025 年	2030 年	2016 年	2020 年	2025 年	2030 年
化学原料及化学制品制造业	1 006. 94	1 384. 84	2 042. 90	2 513. 78	40. 46	64. 21	88. 94	115. 15	552. 43	830. 67	957. 14	1 038. 38
医药制造业	172. 66	270. 76	483. 66	729. 43	30. 76	55. 67	93. 36	148. 20	84. 70	145. 24	202. 64	269. 44
化学纤维制造业	74. 64	105. 49	167. 09	227. 67	23. 86	38. 92	57. 91	83. 03	32. 18	49. 71	61. 50	73. 88
橡胶制品业	6. 60	9. 40	15. 11	21. 00	0. 85	1. 41	2. 14	3. 10	3. 38	5. 25	6. 59	8. 08
塑料制品业	7. 70	11. 57	20. 35	31. 73	1. 61	2. 77	4. 59	7. 49	3. 68	6. 05	8. 31	11. 43
非金属矿物制品业	51. 76	70. 47	102. 67	120. 85	6. 03	9. 47	12. 93	16. 04	26. 74	39. 81	45. 30	47. 00
黑色金属冶炼及压延加工业	326. 94	404. 75	502. 25	486. 72	10. 65	15. 21	17. 70	18. 05	180. 41	244. 21	236. 69	202. 23
有色金属冶炼及压延加工业	61. 90	76. 66	90. 35	80. 17	6. 75	9. 66	10. 68	9. 97	32. 16	43. 55	40. 10	31. 37
金属制品业	130. 01	200. 01	351. 51	544. 09	31. 54	55. 98	92. 36	150. 48	60. 26	101. 36	139. 15	189. 88
通用设备制造业	6. 53	8. 60	12. 23	14. 42	2. 70	4. 12	5. 49	6. 81	2. 55	3. 68	4. 09	4. 25
专用设备制造业	5. 64	7. 40	10. 70	13. 07	1. 15	1. 73	2. 33	3. 00	2. 70	3. 89	4. 39	4. 73
交通运输设备制造业	20. 29	26. 97	37. 65	41. 12	10. 53	16. 15	21. 19	24. 32	7. 04	10. 24	11. 16	10. 75
电气机械及器材制造业	9. 63	14. 05	23. 30	33. 56	3. 85	6. 50	10. 12	15. 35	3. 83	6. 10	7. 90	10. 03
通信设备、计算机及其他电子设备制造业	53. 34	84. 80	158. 16	262. 93	41. 34	75. 82	132. 80	232. 32	12. 79	22. 22	32. 37	47. 44
仪器仪表及文化办公用机械制造业	3. 48	4. 58	6. 36	7. 18	2. 56	3. 89	5. 05	6. 02	0. 89	1. 29	1. 39	1. 38
工艺品及其他制造业	1. 85	2. 51	3. 83	5. 18	0. 64	0. 99	1. 43	2. 03	0. 78	1. 16	1. 38	1. 64
废弃资源和废旧材料回收加工业	2. 53	4. 02	7. 46	12. 33	1. 15	2. 12	3. 67	6. 42	0. 94	1. 64	2. 38	3. 47
电力、热力的生产和供应业	122. 01	137. 37	154. 29	132. 76	4. 46	5. 77	6. 09	5. 53	67. 13	82. 64	72. 50	54. 99
燃气生产和供应业	3. 18	5. 13	8. 25	8. 60	2. 34	4. 38	6. 60	7. 26	0. 81	1. 43	1. 79	1. 64
水的生产和供应业	5. 00	6. 16	8. 17	10. 13	0. 98	1. 41	1. 74	2. 33	2. 43	3. 25	3. 37	3. 67

1）污染物治理投入具有规模效应

方案一累计 COD 削减量为3.89亿t，累计 NH_3-N 减排量为839.14万t；方案二累计 COD 削减量为4.88亿t，累计 NH_3-N 减排量为963.45万t。方案一的 COD 边际削减费用为1.56万元/t，方案二的 COD 边际削减费用为1.48万元/t；方案一的 NH_3-N 边际削减费用为28.13万元/t，方案二的 NH_3-N 边际削减费用为25.44万元/t。方案二的边际削减费用低于方案一的边际削减费用。

2）工业废水治理投入结构合理

图4-29为方案一的工业废水治理投入结构，可以看出在方案一下，工业行业2011—2030年的治理总投入为22 399.34亿元。各行业中治理投入费用最高的六大行业是：造纸及纸制品业、化学原料及化学制品制造业、纺织业、农副食品加工业、石油加工炼焦及核燃料加工业和黑色金属冶炼及压延加工业，2011—2030年治理投入累计总费用分别为3 435.90亿元、6 139.19亿元、15 228.87亿元、1 941.84亿元、12 567.23亿元和3 497.51亿元；运行累计总费用分别为124.84亿元、676.20亿元、1 028.27亿元、607.01亿元、386.98亿元和86.77亿元，这六大行业的治理投入占到了工业废水治理投入的76.00%，各行业运行费用占总运行费用的比例见图4-29。

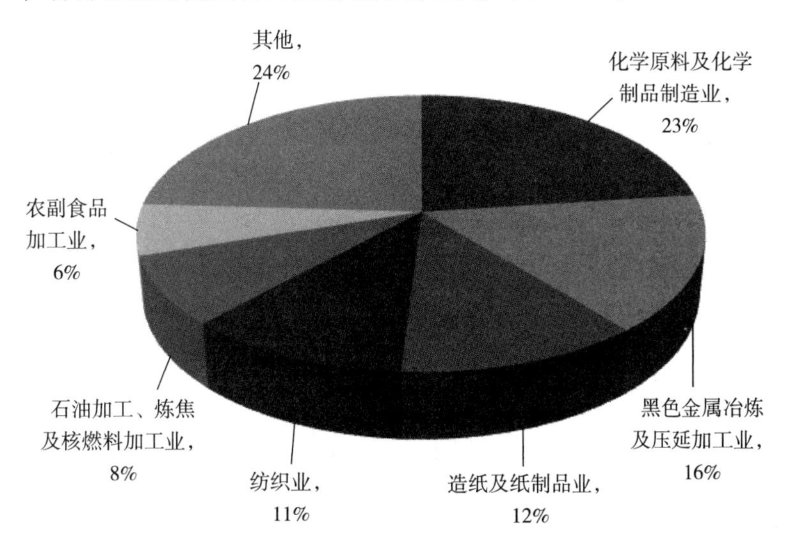

图4-29　方案一下重点行业治理投入比例

在方案二下，工业行业2011—2030年的治理总投入为60 137.13亿元。各行业中治理投入费用最高的六大行业是：造纸及纸制品业、化学原料及化学制品制造业、纺织业、农副食品加工业、石油加工炼焦及核燃料加工业和黑色金属冶炼及压延加工业，2011—2030年治理投入累计总费用分别为3 680.52亿元、6 402.40亿元、18 331.52亿元、2 210.04亿元、15 592.32亿元和3 701.27亿元；运行累计总费用分别为153.78亿元、699.23亿元、1 376.12亿元、638.51亿元、401.14亿元和100.23亿元，这六大行业的治理投入占到了工业废水治理投入的82%，各行业运行费用占总运行费用的比例见图4-30。

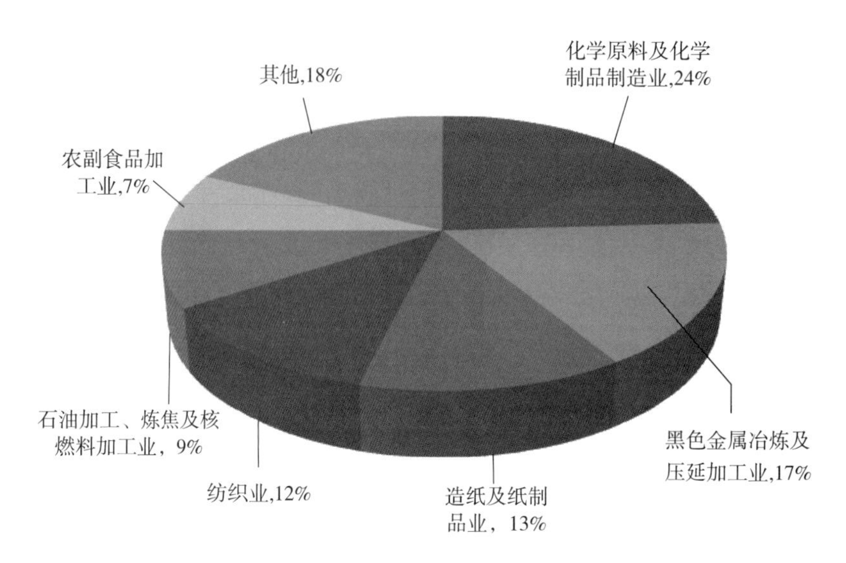

图 4－30　方案二下重点行业治理投入比例

4.3.3.3　生活污染治理投入费用预测

方案一

方案一下生活污染治理投入费用预测结果见表 4－67、表 4－68。

表 4－67　农村生活污染治理投资费用、运行费用预测（方案一）　单位：亿元

年份	投资费用	运行费用	治理总投入
2011—2015	379.86	11.20	391.06
2016—2020	436.19	14.56	450.75
2021—2025	500.37	18.55	518.92
2026—2030	585.11	22.46	607.57

表 4－68　城镇生活污染治理投资费用、运行费用预测（方案一）　单位：亿元

年份	投资费用	运行费用	治理总投入
2011—2015	666.48	573.09	1 239.57
2016—2020	845.19	790.33	1 635.52
2021—2025	1 093.20	855.90	1 949.10
2026—2030	1 229.57	1 603.76	2 833.33

方案二

方案二下生活污染治理投入费用预测结果见表 4－69、表 4－70。

表 4－69　农村生活污染治理投资费用、运行费用预测（方案二）　单位：亿元

年份	投资费用	运行费用	治理总投入
2011—2015	600.56	18.45	619.01
2016—2020	812.18	22.13	834.31
2021—2025	978.30	30.53	1 008.83
2026—2030	1 126.00	38.61	1 164.61

表 4－70　城镇生活污染治理投资费用、运行费用预测（方案二）　单位：亿元

年份	投资费用	运行费用	治理总投入
2011—2015	898. 50	573. 09	1 771. 59
2016—2020	1 568. 12	790. 33	2 358. 45
2021—2025	1 890. 33	855. 90	2 746. 23
2026—2030	2 109. 87	1 203. 76	3 313. 63

4. 3. 3. 4　污染治理投入费用汇总分析

方案一

根据预测，在方案一下，2011—2015 年、2016—2020 年、2021—2025 年、2026—2030 年废水治理运行总费用分别为 4 064. 31 亿元、4 229. 85 亿元、6 280. 05 亿元以及 14 383. 57 亿元，占预测年份 GDP 比重分别为 0. 40%、0. 41%、0. 42% 以及 0. 47%。如图 4－31 所示，工业的运行费用占总运行费用的比例分别为 67. 60%、65. 68%、54. 12% 以及 48. 38%，下降趋势较为明显；城镇生活的运行费用占总运行费用的比重分别为 22. 49%、20. 23%、19. 65% 以及 18. 09%，呈现缓慢下降的趋势；畜禽养殖业的运行费用占总运行费用的比例逐年上升，分别为 9. 91%、14. 09%、26. 23% 以及 33. 53%。

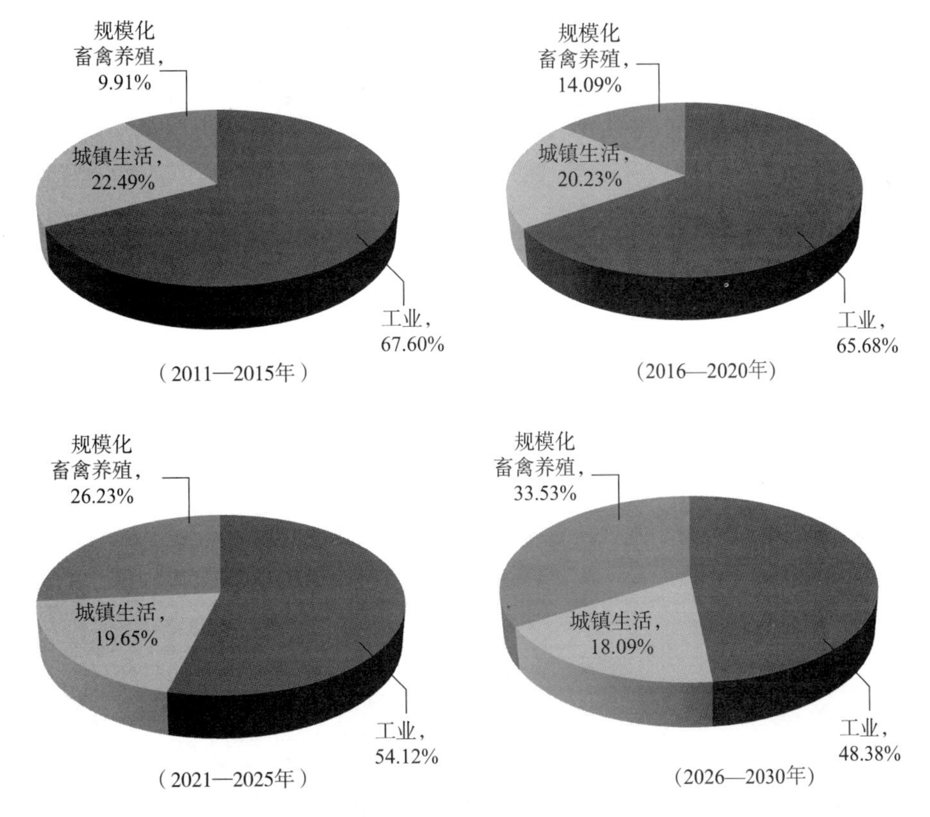

图 4－31　方案一下 2011—2030 年各部门废水治理运行费用占总运行费用的比例

在方案二下，2011—2015 年、2016—2020 年、2021—2025 年、2026—2030 年废水治

理投资费用分别为 4 455. 47 亿元、4 734. 69 亿元、5 148. 29 亿元以及 8 652. 31 亿元，占预测年份 GDP 比重分别为 0. 52%、0. 54%、0. 63%以及 0. 89%。图 4 - 32 为 2011—2030 年各部门废水治理投资费用占总治理投资费用的比例变化图，其中工业的投资费用占总投资费用的比例呈下降趋势，分别为 70. 90%、68. 00%、66. 94%以及 65. 51%，城镇生活的运行费用占总运行费用的比重开始呈现上升趋势，到 2025 年后又呈现缓慢下降趋势，分别为 21. 07%、23. 44%、24. 63%%以及 24. 15%；畜禽养殖业的运行费用占总运行费用的比例逐年上升，分别为 8. 03%、8. 56%、8. 43%以及 10. 34%。

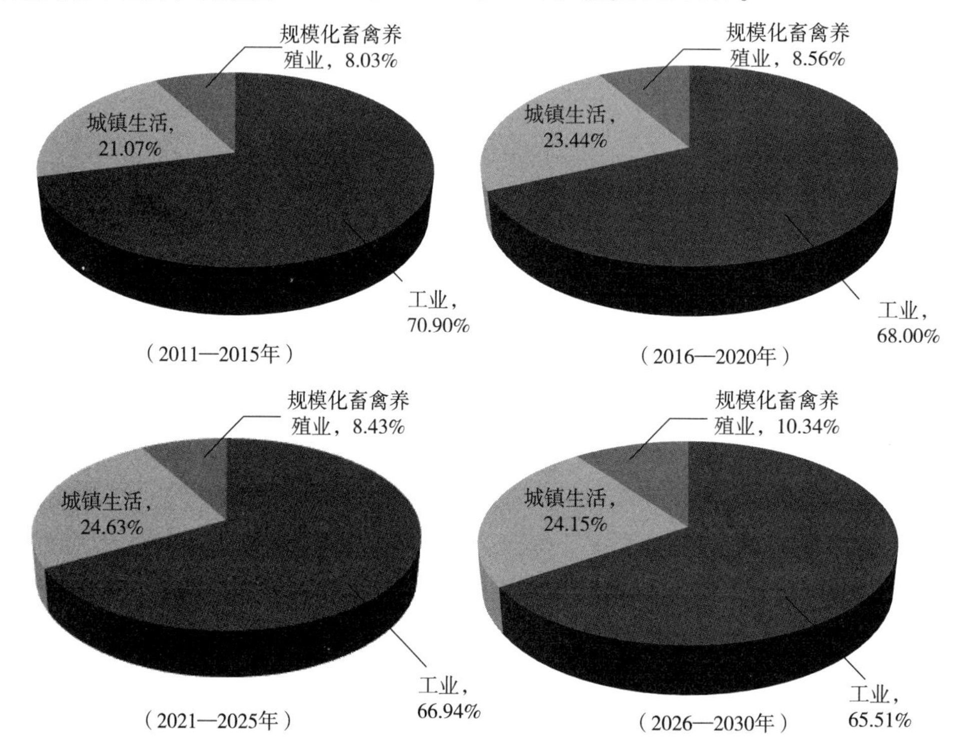

图 4 - 32　方案二下 2011—2030 年各部门废水治理运行费用占总运行费用的比例

方案一下废水治理总投入见表 4 - 71。

表 4 - 71　废水治理总投入（方案一）

名称	单位	2011—2015 年	2016—2020 年	2021—2025 年	2026—2030 年
废水治理运行费用	亿元	4 064. 31	4 229. 85	6 280. 05	14 383. 57
运行费用占 GDP 比例	%	0. 40	0. 41	0. 42	0. 47
工业废水治理运行费用	亿元	2 787. 95	3 056. 83	3 524. 44	7 088. 83
——占 GDP 比例	%	0. 29	0. 27	0. 23	0. 23
城镇生活污水治理运行费用	亿元	873. 60	685. 59	1 233. 78	2 601. 87
——占 GDP 比例	%	0. 06	0. 07	0. 10	0. 14
规模化畜禽养殖废水运行费用	亿元	402. 76	487. 43	1 521. 83	4 692. 87
——占 GDP 比例	%	0. 08	0. 09	0. 14	0. 19
废水治理投资	亿元	4 455. 47	4 734. 69	5 148. 29	8 652. 31

续表

名称	单位	2011—2015年	2016—2020年	2021—2025年	2026—2030年
——占GDP比例	%	0.52	0.54	0.63	0.89
工业废水治理投资	亿元	3 158.96	3 219.57	3 446.23	5 668.20
——占GDP比例	%	0.35	0.36	0.40	0.45
城镇生活污水治理投资	亿元	938.88	1 110.00	1 267.99	2 089.76
——占GDP比例	%	0.10	0.11	0.13	0.17
规模化畜禽养殖废水治理投资	亿元	357.63	405.12	434.07	894.35
——占GDP比例	%	0.04	0.06	0.06	0.09

方案二

图4－33为在方案一和方案二下各部门治理运行费用的变化柱状图，根据预测，在方案二下，2011—2015年、2016—2020年、2021—2025年、2026—2030年废水治理运行费用分别为5 654.27亿元、6 300.46亿元、7 861.01亿元以及15 964.53亿元，占GDP比重分别为0.45%、0.52%、0.58%以及0.64%，相对于方案一，分别上升0.05%、0.11%、0.16%和0.17%；其中工业的运行费用占总运行费用的比例分别为59.63%、59.12%、52.19%以及48.03%，下降趋势较为明显，相对于方案一，分别上升17.18%、17.93%、14.09%以及7.54%；城镇生活的运行费用占总运行费用的比重分别为23.08%、24.05%、21.16%以及18.99%，呈现缓慢下降的趋势，相对于方案一，分别上升32.96%、54.75%、25.83%以及14.17%；畜禽养殖业的运行费用占总运行费用的比例逐年上升，分别为17.29%、16.83%、26.65%以及32.99%，相对于方案一，分别上升58.73%、54.04%、27.36%以及10.88%。

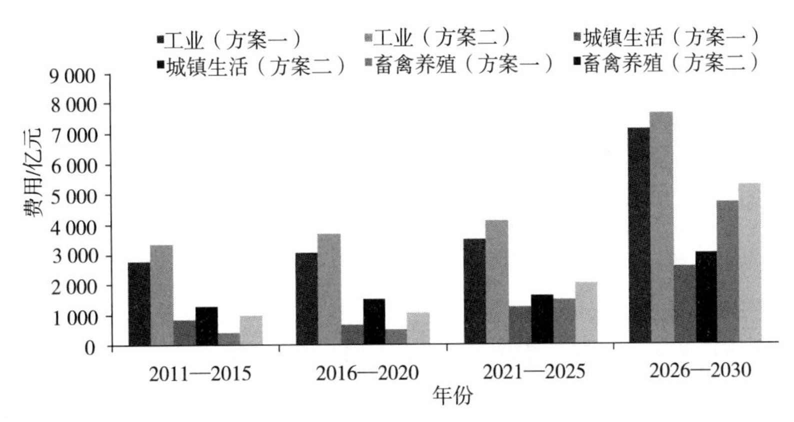

图4－33　方案一和方案二下各部门治理运行费用

图4－34为在方案一和方案二下各部门治理投资费用的变化柱状图，根据预测，2011—2015年、2016—2020年、2021—2025年、2026—2030年废水治理投资费用分别为5 891.00亿元、6 170.22亿元、6 583.82亿元以及10 087.84亿元，占预测年份GDP比重分别为0.67%、0.70%、0.74%以及0.99%，其中工业的投资费用占总投资费用的比例分别为64.02%、62.10%、61.64%以及62.26%，相对于2011年，投资费用分别增加了

52.10%、45.73%、40.22%以及38.10%，城镇生活的投资费用占总投资费用的比重分别为25.04%、26.68%、27.40%以及26.03%，呈现缓慢上升的趋势，相对于2011年，投资费用分别增加了45.18%、12.67%、15.86%以及37.27%；畜禽养殖业的投资费用占总投资费用的比例逐年上升，分别为10.94%、11.00%、11.55%以及11.71%，相对于2011年，投资费用分别增加了25.22%、53.87%、14.67%以及35.35%。

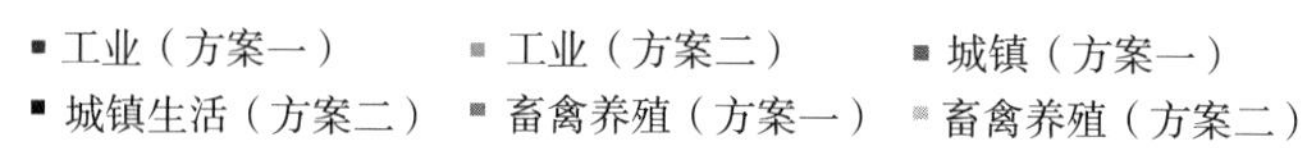

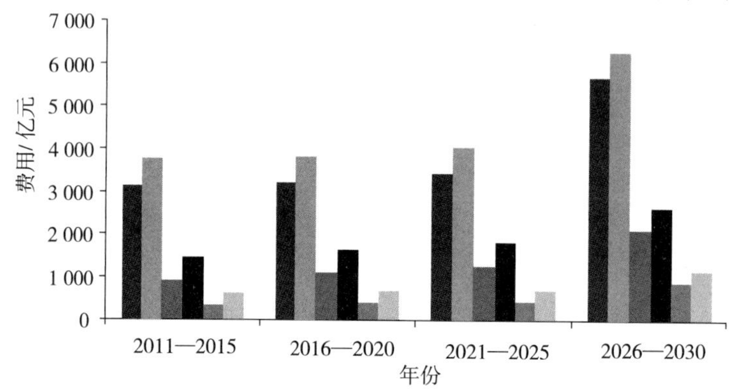

图4-34　方案一和方案二下各部门治理投资费用

方案二下废水治理总投入见表4-72。

表4-72　废水治理总投入（方案二）

名称	单位	2011—2015年	2016—2020年	2021—2025年	2026—2030年
废水治理运行费用	亿元	5 645.27	6 300.46	7 861.01	15 964.53
运行费用占GDP比例	%	0.45	0.52	0.58	0.64
工业废水治理运行费用	亿元	3 366.16	3 724.69	4 102.65	7 667.04
——占GDP比例	%	0.53	0.55	0.57	0.68
城镇生活污水治理运行费用	亿元	1 303.16	1 515.15	1 663.34	3 031.43
——占GDP比例	%	0.11	0.16	0.20	0.30
规模化畜禽养殖废水治理运行费用	亿元	975.95	1 060.62	2 095.02	5 266.06
——占GDP比例	%	0.15	0.17	0.26	0.35
废水治理投资	亿元	5 891.00	6 170.22	6 583.82	10 087.84
——占GDP比例	%	0.67	0.70	0.74	0.99
工业废水治理投资	亿元	3 771.28	3 831.89	4 058.55	6 280.52
——占GDP比例	%	0.40	0.39	0.45	0.60
城镇生活污水治理投资	亿元	1 475.00	1 646.12	1 804.11	2 625.88
——占GDP比例	%	0.19	0.20	0.24	0.32
规模化畜禽养殖污水治理投资	亿元	644.72	692.21	721.16	1 181.44
——占GDP比例	%	0.07	0.11	0.11	0.17

从治理投入结构来看，目前我国的污染治理重点在工业和城镇生活，为达到“十二五”规划提出的减排目标，国家加大了对工业重点行业和企业的治理和整改力度，2011—2030年，工业的污染治理投入比重将占83.5%，其中运行费用占总运行费用的75.5%~84%，治理投资费用占总投资的85%~90%；在城镇生活污水治理方面，由于我国城镇生活污水处理的历史欠账较多，且城市化的发展带来的未来城镇生活污水大幅增长，需要加强城镇污水处理厂的建设，这一时期将是城镇生活污水处理能力的加速增长期，城镇的污染治理投入占污染治理投入的45%；目前畜牧业的废水治理还基本停留在低水平治理或无序排放的状态，目前对畜禽污染的治理还没有引起足够的重视，今后规模化养殖比例的不断提高，畜禽养殖带来的污染问题不可小觑，因此，未来畜禽养殖的废水治理投入将不断加大，根据预测，畜牧业的废水治理投入占总废水治理投入的比例将从前期的8.92%上升至“十三五”期间的24.25%。与此同时，运行费用也不断提高，预计“十二五”和“十三五”期间畜禽养殖废水处理的运行费用将从原来的15%左右上升为45%左右。

从治理费用占GDP的比重来看，我国的废水投资占CDP的比例呈逐年缓慢增长趋势，而运行费用与GDP同步增长，这与我国的污染治理路径是相吻合的，在“十二五”期间，由于污染治理的历史欠账较多和污染物产生量快速增长，废水投资规模也保持较快的增长，“十二五”和“十三五”期间，随着单位GDP产排污系数的减少，单位GDP废水的投资规模也在减少，“十三五”期间的治理投资占GDP的增长速度逐渐减缓。

4.4　结论与建议

4.4.1　结论

（1）农业集约化程度日益提高，农业废水及水污染物排放明显下降

农业面源污染主要来自农业生产中广泛使用的化肥、农药、农膜等工业产品及农作物秸秆、畜禽尿粪、农村生活污水、生活垃圾等农业或农村废弃物。农业（种植业、畜牧业和水产养殖业）的集约化程度不断提高，客观上带来了化肥、农药、农膜等农用外部投入品使用量的增长以及畜禽粪便、秸秆等农业废弃物的增加。农业面源污染具有污染源多样性、非特定性、不确定性等特点，已经对我国农业现代化和农村发展产生了严重的影响。“十二五”期间，通过大力发展农业现代化建设、大力实施农业集节水技术、大力加强农业水利基础设施建设等一系列战略措施，农业废水及污染物排放量基本得到有效控制，2011年农业废水排放量为1 228.70亿t，TN排放量为819.07万t，TP排放量175.39万t。预计未来在确保农业产品产量增收的前提下，将继续全面推广现代化农业技术、全面提高规模化畜禽养殖技术、综合利用水资源集节水技术、系统建设农业监管监测体系，预计未来农业废水排放量及污染物排放量总体呈现下降趋势，根据预测结果，农业废水排放量到2016年、2020年、2025年以及2030年将分别达到1 063.90亿t、

940.67 亿 t、847.28 亿 t 以及 728.04 亿 t；TN 排放量将分别达到 666.62 万 t、558.52 万 t、433.41 万 t 以及 317.63 万 t；TP 排放量将分别达到 162.49 万 t、157.96 万 t、142.83 万 t 以及 132.59 万 t。

（2）工业产业结构升级调整，工业污染物总量排放得到有效控制

目前中国工业污染防治战略正在发生重大变化，逐步从末端治理向源头和全过程控制转变，从浓度控制向总量和浓度控制相结合转变，从点源治理向流域和区域综合治理转变，从简单的企业治理向调整产业结构、清洁生产和发展循环经济转变。工业废水的污染治理从工业废水排放的水质和水量上看显现出了一定的成效。随着工业节水技术的更新改造、工业废水治理技术的加强以及工业废水排放量减少，废水治理能力有所增强。尽管工业用水重复利用率及万元 GDP 用水量逐年有所好转，但目前我国工业用水重复利用率仍远低于发达国家水平，与世界先进水平相比差距悬殊。2011 年工业废水排放量为 232.87 亿 t，“十二五”期间通过实施调整产业结构、优化产业升级、提高水资源的利用率及废水处理的工艺水平，工业废水排放总量呈现下降态势。同时根据国家工业污染物总量减排目标的要求，预测工业废水排放量到 2016 年、2020 年、2025 年以及 2030 年将分别达到 197.20 亿 t、184.68 亿 t、166.43 亿 t 以及 147.61 亿 t。

（3）城镇生活污染治理初见成效，农村生活污染治理形势严峻

进入现代社会以后，生活污染成为工业污染之外的重要污染源。随着工业化、城镇化进程的加快、经济的快速发展和人民生活水平的不断提高，居民生活用水量大幅上升，生活污水在废水总量中的比重越来越大。我国城市生活污水处理存在的主要问题是部分污水处理厂超标准建设，规模不切实际，占地过大，造成投资效益低下，“重厂轻网”已成为污水处理全行业的痼疾；管网收集系统建设滞后，污水处理设施难以充分发挥效益；一些企业排入下水道的污水严重超标，致使城市污水处理厂不能正常运行，出水水质不能达标排放，个别的甚至全系统瘫痪；污水处理设施不运行或减量运行，根本谈不上有效监管；污水处理收费不到位，难以形成良性循环。目前农村基本没有完善的污水排放系统，部分靠近城市、经济发达的农村建有合流制排水管网；一些村庄利用自然沟或撇洪渠铺设简易的排水管渠，污水就近排入各沟渠；大部分农村的污水任意流淌，无排水系统；自然村落布局零乱，排污口分布乱。长此以往，不仅严重污染地表水，而且通过渗入影响地下水水质。

4.4.2 建议

为了切实控制水污染，并同时解决水资源短缺的矛盾，迫切需要水资源水环境管理的新策略。即控制水的需求，强调节水优先；加强源头控制，切实防治污染；多渠道开发水资源，特别重视开发非传统水资源。为了切实防治水污染，必须从提高全民，特别是各级领导对科学发展观的认识着手，使经济发展与环境保护完全协调起来；必须加强法治，特别注意严格执法，同时确保水污染防治必要的投资；必须在防治地表水污染的同时，着手地下水污染的防治。

（1）农村非点源污染防治对策

应结合生态农业和社会主义新农村建设尽快采取有效措施防治农业和农村非点源污染。具体措施有：合理使用化肥和农药，减少农田径流中氮、磷的含量；收集并处理、利用农村废弃物即畜禽养殖业废弃物，既利用其中的能源和肥源，又大大降低污染负荷；加强农村的基础设施建设，收集并处理、利用农村生活污水和生活垃圾；利用在水体附近的空地建设生态塘或湿地系统，以大量截留非点源污染进入水体，也可以同种植作物或养殖水生物结合起来。

（2）工业污染源防治对策

必须加强对工业企业的执法力度，改变有法不依、执法不严、违法不究的现象，加强对工业企业的监管，发现违法排污一定要严加处罚。要改变“执法成本高，违法成本低”的现实，根据污染产生的影响及损失决定处罚及赔偿的金额。要发动公众参与环境监督工作，形成严格的执法环境。应切实进行工业结构的调整，严格控制和加快淘汰或改造高消耗、高污染的企业，在行业中提倡向先进水平看齐，做到不折不扣地完成削减污染物排放总量的目标，使工业污染物的排放量在工业生产值增长的同时，不仅不增长反而不断降低。应大力推行清洁生产，从源头削减污染，清洁生产包括合理选择原料和进行产品的生态设计、改革生产工艺和更新生产设备、提高水的循环使用和重复使用率，以及加强生产管理，减少和杜绝跑冒滴漏。应提高工业废水处理及利用水平，提高处理及利用设施的运行率。

（3）生活污水治理对策

对于城市污水治理，有效的措施是加强污水处理厂的建设，并采取有效措施确保城市污水处理厂的正常运行。因地制宜地选用高效、低耗、适合于我国国情的城市污水处理技术，合理地规划城市排水系统，特别注意采用可以回收利用能源、资源的处理技术和天然生态系统。再生的城市污水可以回用作工业冷却水、农业灌溉水、市政杂用水等。应制定必要的法规政策和经济激励措施来促进城市污水的再利用，也需要开发研究因地制宜的经济适用技术。

第 5 章　能源消耗预测

能源是国民经济的重要基础，我国能源资源总量丰富，分布广泛，但人均能源资源拥有量较低，能源资源分布不均衡。我国是能源生产和消费大国，随着工业化和城镇化进程的加速推进，能源需求持续增长，能源供需矛盾也越来越突出，长期以煤为主的能源结构也为环境保护带来了巨大压力。

5.1　我国能源当前形势分析

（1）能源消费总量持续快速增长，能源消费强度不断降低

改革开放以来，随着工业化和城镇化进程的不断加快，我国的能源消费总量也快速增长，1980 年我国能源消费总量仅为 6.03 亿 t 标准煤，2000 年增长到 14.55 亿 t 标准煤，20 年间增长了 141.29%，年均增长 7.07%。2001 年，随着我国加入世界贸易组织，国民经济进入了一个新的发展阶段，能源消费总量激增，到 2012 年我国能源消费总量已达到 36.17 亿 t 标准煤，比 2000 年增长了 148.60%，年均增长 7.88%（图 5－1）。

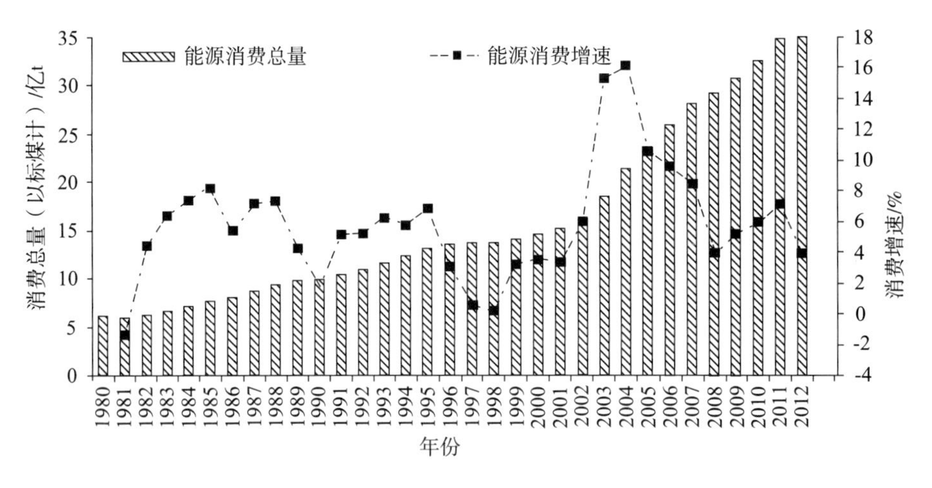

图 5－1　1980—2012 年我国能源消费总量

从能源消费强度来看，改革开放以来，随着人民生活水平的日益提高，人均能源消费量不断提升，从 1980 年的 0.611 t/人提高到 2000 年的 1.148 t/人，年均增长 3.2%。2001 年以后，人均能源消费量加速增长，到 2012 年人均能源消费量已达到 2.672 t/人，比 2000 年提高 132.7%，年均增长 7.3%。另外，由于工业化、城镇化进程的不断加快，以及行业技术水平、能源利用效率的不断提升，我国单位 GDP 能源消费强度（以标准煤计）呈下降趋势，1980 年我国单位 GDP 能源消费量为 13.3 t/万元，2005 年达到 5.0 t/万元，

到 2012 年下降至 3. 8 t/万元，比 2005 年下降 23. 9%（图 5－2）。

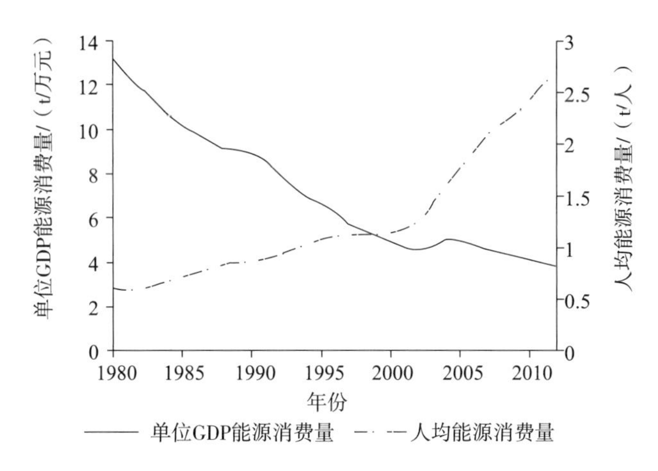

图 5－2　1980—2012 年单位 GDP 能源消费量及人均能源消费量（以标煤计）

我国的能源消费情况区域间差异较大，能源消费量较多的省份集中在东、中部地区，而西部地区各省能源消费相对较少（图 5－3）。2011 年能源消费量排名前四位的省份分别为山东、河北、广东和江苏，这 4 个省份 2011 年共计消费能源 12. 27 亿 t 标准煤，占全国能源消费总量的 29. 1%，而排名末四位的甘肃、宁夏、青海和海南 4 个省份共计消费能源 1. 56 亿 t，仅占全国能源消费总量的 3. 7%。虽然能源消费量呈现东多西少的态势，但从各省能源消费强度来看，由于东部地区工业化程度高，生产工艺先进，各省单位 GDP 能源消费量普遍较低，而西部地区则相对较高（图 5－4）。例如广东省 2011 年单位 GDP 能源消费量为 0. 563t/万元，仅为同期宁夏单位 GDP 能源消费量的 24. 7%，由此可见我国未来在能源利用效率方面还有较大的提升空间。

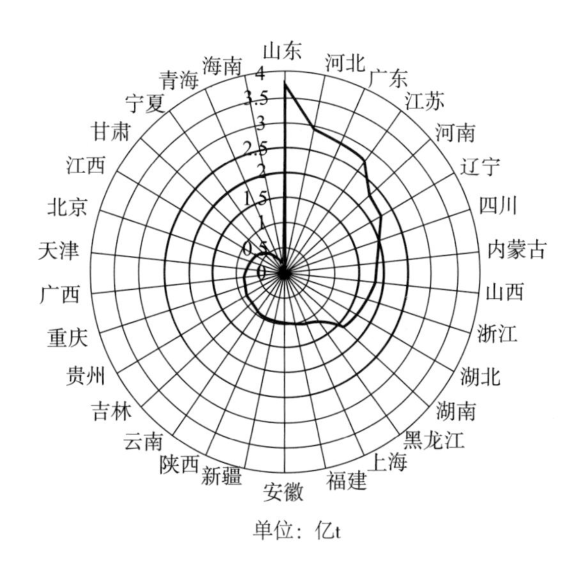

图 5－3　2011 年中国各地区能源消费量（以标煤计）

注：西藏暂无数据。

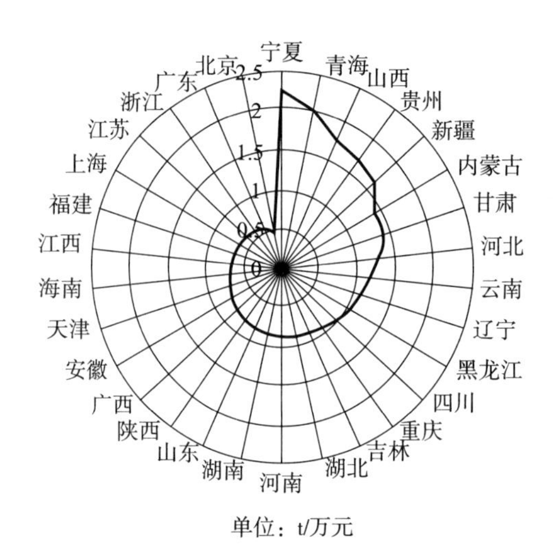

图 5－4　2011 年中国各地区单位 GDP 能源消费量

注：西藏暂无数据。

（2）清洁能源比例仍然较小，能源消费结构失衡

在我国的一次能源消费结构中，煤炭一直占据着较高的比例，约占 70%。随着相对清洁的天然气和其他能源（水电、核电、风电等）的逐步推广使用，煤炭在能源消费总量中的比例有所下降，2012 年降低至 66.6%，而相对清洁的天然气和其他能源（水电、核电、风电等）比重有所提升，2012 年清洁能源比例达到 14.6%，比 2000 年提高了 6 个百分点，但总体占比仍然较小（表 5－1）。与发达国家相比，我国能源消费结构中石油、天然气占比过低，以煤为主的能源消费结构加大了环境、生态保护的压力。

表 5－1　我国能源消费总量及结构

年份	能源消费总量（以标煤计）/万 t	占比/%			
		煤炭	石油	天然气	水电、核电、风电
2000	145 531	69.2	22.2	2.2	6.4
2001	150 406	68.3	21.8	2.4	7.5
2002	159 431	68.0	22.3	2.4	7.3
2003	183 792	69.8	21.2	2.5	6.5
2004	213 456	69.5	21.3	2.5	6.7
2005	235 997	70.8	19.8	2.6	6.8
2006	258 676	71.1	19.3	2.9	6.7
2007	280 508	71.1	18.8	3.3	6.8
2008	291 448	70.3	18.3	3.7	7.7
2009	306 647	70.4	17.9	3.9	7.8
2010	324 939	68.0	19.0	4.4	8.6
2011	348 002	68.4	18.6	5.0	8.0
2012	361 732	66.6	18.8	5.2	9.4

（3）煤炭消费量快速增长，大气污染防治压力巨大

作为煤炭消费大国，我国煤炭消费量一直保持着增长的趋势。1980—2000 年，我国煤炭消费量由 43.6 亿 t 标准煤增长到 97 亿 t 标准煤，年均增长 4.08%。2001 年以后，我国煤炭消费量迅速增长，2005 年超越美国成为世界第一大煤炭消费国，煤炭消费量达到 161.2 亿 t 标准煤。到 2012 年，我国的煤炭消费量已经达到 267.6 亿 t 标准煤，占全球煤炭消费总量的 50.2%，比 2000 年增长了 275.8%，年均增长 8.82%。煤炭消费是造成煤烟型大气污染的主要原因，也是温室气体排放的主要来源。我国二氧化硫排放量的 90%、烟尘排放量的 70%、二氧化碳排放量的 70% 都来自燃煤。从图 5－5 中可以看出，2001 年以来我国的煤炭消费量大幅提升，这对我国大气污染防治提出了巨大挑战。

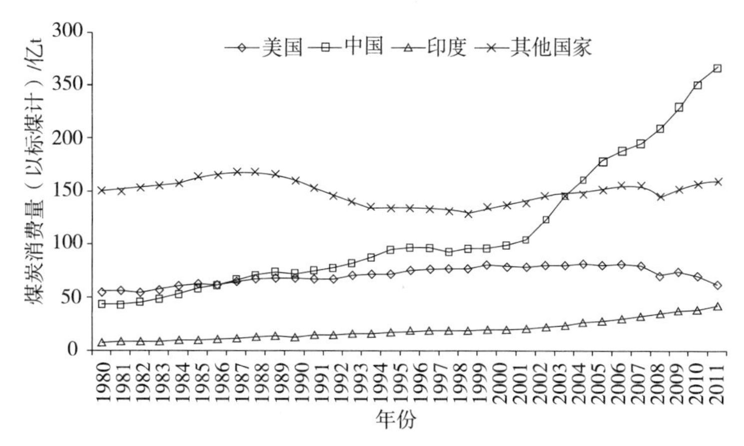

图 5－5　我国与主要能源消费国家煤炭消费量对比

（4）主要高能耗产品产量激增

水泥是主要的高能耗产品之一，2000 年我国水泥产量为 5.97 亿 t，随着水泥工业的稳定增长，到 2013 年水泥产量达到 24.2 亿 t，比 2000 年增长 304.7%，年均增长 11.4%（图 5－6）。全球水泥产量主要集中于中国，根据欧洲水泥协会统计，2011 年我国水泥产量约占全球水泥总产量的 57.3%。

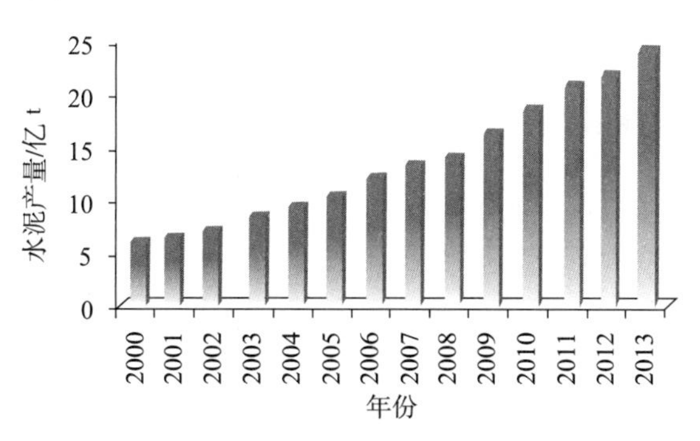

图 5－6　2000—2013 年中国水泥产量

钢铁工业同样是耗能大户，其消耗的能源约占工业能源消费总量的 24%。2000 年以来我国粗钢产量增长迅速，从 2000 年的 1.29 亿 t 增长到 2013 年的 7.79 亿 t，增长了 506.3%，年均增长 14.9%（图 5－7）。

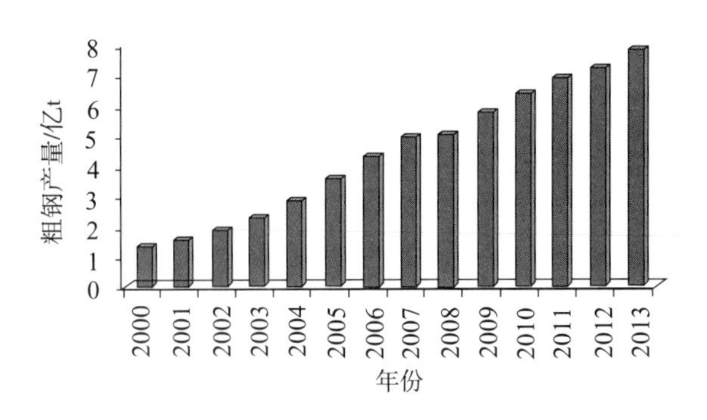

图 5－7　2000—2013 年中国粗钢产量

2000 年以来，我国发电量持续快速增长，由 2000 年的 13 556 亿 kW·h 增长至 2013 年的 53 976 亿 kW·h，年均增长 11.2%。其中火电发电量维持在 80% 左右，虽然在 2011 年后略有下降，但总体仍然维持较高比例（图 5－8）。

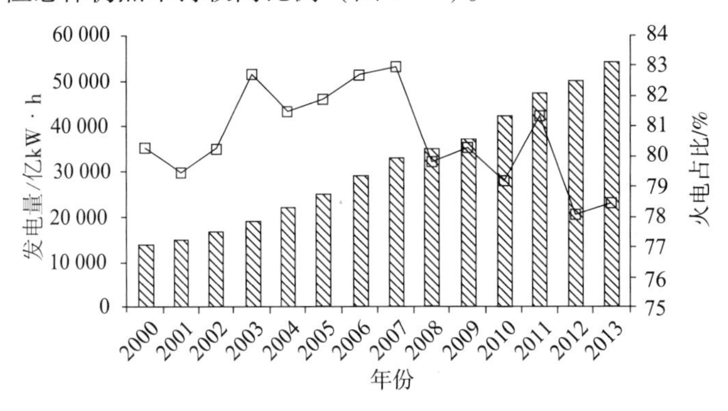

图 5－8　2000—2013 年中国发电量及火电占比

多年来，水泥、钢铁、火电等高耗能行业的快速发展消耗了大量以煤炭为主的能源，同时为大气污染防治造成了巨大的压力。

5.2　预测模型与方法

5.2.1　预测思路与技术路线

能源预测总体思路如图 5－9 所示。

（1）预测指标

煤炭、石油、天然气以及其他清洁能源（水电、核电等）的消费量。

（2）总体思路与方法

本研究根据历年《能源统计年鉴》中相关数据预测农业、工业、第三产业（包括建筑业）的能源消费系数以及能源消费结构系数，考虑经济预测中各行业增加值的预测结果，预测得到各行业的主要能源消费量。

生活能源消费包括商品能源消费以及非商品能源消费，均根据城镇、农村单位人口各类能源的消费系数与人口预测结果计算得出。

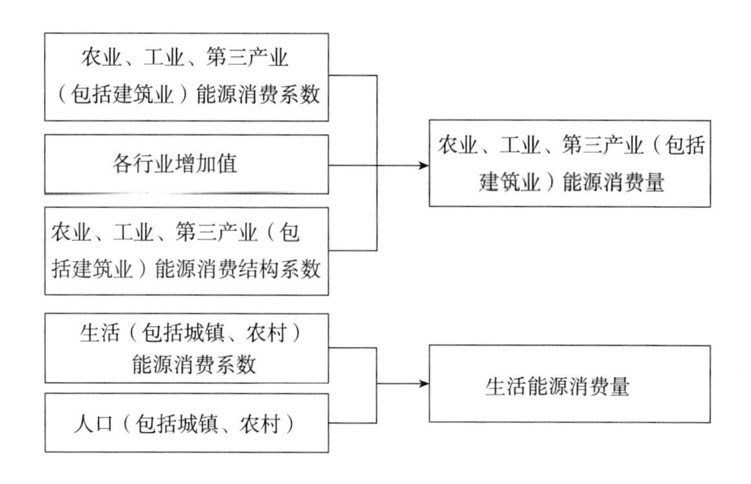

图5－9 能源预测总体思路

（3）预测范围

预测基准年：2011年；

预测期间：2016—2030年；

预测重点时段：2016年、2020年、2025年、2030年；

预测行业范围：农业、工业、第三产业（包括建筑业）、生活。

5.2.2 预测模型

各项能源消费预测方法为：①农业、工业和第三产业（包括建筑业）的能源消费量，先预测农业、各工业行业和第三产业（包括建筑业）各行业的能源消费系数和各行业的能源消费结构系数（即未来不同能源的消费比例），并根据各行业的增加值预测各种能源消费量；②生活能源消费量，预测主体包括城镇和农村，农村能源分为商品能源和非商品能源，可直接利用人口乘以人均能源消费系数求得；③燃料煤、燃料油消耗量：根据煤炭、石油消耗量和各个行业燃料煤、燃料油所占比例，计算出不同行业燃料煤、燃料油的消耗量。具体见表5－2。

表5－2 能源消费预测方法

部门	预测方法	系数来源
农业	农业能源消费量 = Σ农业增加值×农业能源消费系数×不同能源消费结构系数	用历年能源统计年鉴中分行业的能源消费系数和结构系数进行回归，对某些重点耗能行业给予特别的关注，同时考虑国家与能源发展有关的一些中长期规划，对不同行业的这两个参数进行预测
工业	工业能源消费量 = Σ工业各行业增加值×部门能源消费系数×不同能源消费结构系数	
第三产业（包括建筑业）	第三产业能源消费量 = Σ第三产业各行业增加值×部门能源消费系数×不同能源消费结构系数	

续表

部门	预测方法	系数来源
生活	城镇生活能源消费量 = ∑城镇人口数 × 不同能源人均消费系数	在历年现状的基础上，根据未来城市化率、人均生活能源消费量与消费结构进行回归预测
	农村生活商品能源消费量 = ∑农村人口数 × 不同能源人均消费系数	
	农村生活非商品能源消费量 = ∑农村人口数 × 不同能源人均消费系数	

5.2.2.1 农业用能预测模型

农业能源消费量是由农业经济发展水平和农业能源消费系数及能源消费结构决定的。农业包括农林牧渔业，其预测方程如下：

$$\mathrm{VEQ}^t = V\alpha^t \times \mathrm{VX} \tag{5-1}$$

$$\mathrm{VECQ}_j^t = \frac{V\gamma_j{}^t \times \mathrm{VEQ}^t}{\varepsilon_j} \tag{5-2}$$

式中，VEQ——农林牧渔业能源消费总量（标煤），万 t；

$V\alpha$——农林牧渔业能源（标煤）消费系数，t/万元；

VX——农林牧渔业行业增加值，亿元；

VECQ_j——农林牧渔业第 j 种能源消费量，万 t 或亿 m^3 或亿 kW · h；

$V\gamma_j$——农林牧渔业第 j 种能源消费结构系数，%；

j——能源种类：包括煤炭、石油、天然气以及其他清洁能源（水电、核电、太阳能、风能）；

ε_j——第 j 种能源转换系数

t——水平年。

5.2.2.2 工业用能预测模型

工业用能的预测范围包括 39 个工业行业，工业能源消费量的预测是分行业进行的，行业能源消费量是由其经济发展水平和行业能源消费系数及能源消费结构决定的。其预测方程如下：

$$\mathrm{EQ}_i^t = \alpha_i^t \times X_i^t \tag{5-3}$$

$$\mathrm{ECQ}_{ij}{}^t = \gamma_{ij}{}^t \times \mathrm{EQ}_i{}^t \div \varepsilon_j \tag{5-4}$$

式中，EQ_i——i 行业能源消费总量（标煤），万 t；

α_i——i 行业能源（标煤）消费系数，t/万元；

X_i——i 行业增加值，万元；

ECQ_{ij}——i 行业第 j 种能源消费量，万 t 或亿 m^3 或亿 kW · h；

γ_{ij}——i 行业第 j 种能源消费结构系数，%；

j——能源种类，包括煤炭、石油、天然气以及其他清洁能源（水电、核电、太阳能、风能）；

ε_j——第 j 种能源转换系数；

t——水平年。

分行业能源消费量涉及两个关键的系数，即能源消费系数和能源消费结构系数。这两个系数的预测主要采用历史数据回归法，用2001—2011年能源统计年鉴中分行业的能源消费系数进行回归，并对某些重点耗能行业给予特别的关注，同时考虑国家与能源发展有关的一些中长期规划，如中长期节能规划、能源发展“十二五”规划等，对不同行业的上述两个参数做了预测。历年能源消费系数和能源消费结构系数按下列公式求得：

$$\alpha_i^{t_0} = \frac{\mathrm{EQ}_i^{t_0}}{X_i^{t_0}} \tag{5-5}$$

$$\gamma_{ij}^{t_0} = \frac{\varepsilon_j \times \mathrm{ECQ}_{ij}^{t_0}}{\mathrm{EQ}_i^{t_0}} \tag{5-6}$$

式中，EQ_i——i 部门能源消费总量（标煤），万t；

α_i——i 部门能源（标煤）消费系数，t/万元；

X_i——i 部门行业增加值，万元；

ECQ_{ij}——i 部门第 j 种能源消费量，万t或亿 m^3 或亿kW·h；

γ_{ij}——i 部门第 j 种能源消费结构系数,%；

j——能源种类，包括煤炭、石油、天然气以及其他清洁能源（水电、核电等）；

ε_j——第 j 种能源转换系数；

t_0——历史数据年份。

5.2.2.3 第三产业用能预测模型

第三产业用能的预测范围包括建筑业、交通运输仓储和邮政业、批发零售和住宿餐饮业、其他行业。第三产业能源消费量的预测与工业用能预测类似，也是分行业进行的，第三产业各行业能源消费量是由其经济发展水平和行业能源消费系数及能源消费结构决定的。其预测方程如下：

$$\mathrm{TEQ}_i^t = \alpha_i^t \cdot X_i^t \tag{5-7}$$

$$\mathrm{TECQ}_{ij}^t = \frac{\gamma_{ij}^t \times \mathrm{TEQ}_i^t}{\varepsilon_j} \tag{5-8}$$

式中，TEQ_i——i 行业能源消费总量（标煤），万t；

α_i——i 行业能源（标煤）消费系数，t/万元；

X_i——i 行业增加值，万元；

TECQ_{ij}——i 行业第 j 种能源消费量，万t或亿 m^3 或亿kW·h；

γ_{ij}——i 行业第 j 种能源消费结构系数,%；

j——能源种类，包括煤炭、石油、天然气以及其他清洁能源（水电、核电、等）；

ε_j——第 j 种能源转换系数；

t——水平年。

分行业能源消费量涉及两个关键的系数，即能源消费系数和能源消费结构系数，计算方法与工业用能预测中所用方法相同。

5.2.2.4 生活用能预测模型

生活能源消费量在历年数据的基础上，根据未来城市化率、人均生活能源消费量与消费结构进行回归预测。生活能源消费量，预测主体包括城镇和农村，农村能源分为商品能源和非商品能源，可直接利用人口乘以人均能源消费系数求得。

（1）城镇生活用能预测模型

$$EUL_m^t = \frac{eEP_m^t \times PP^t}{1\ 000} \tag{5-9}$$

$$EUCL_m^t = \frac{EUL_m^t}{e_m} \tag{5-10}$$

式中，PP——城市人口，万人；

EUL——城市生活能源消费量（标煤），万 t；

eEP——城市人均能源（标煤）消费系数（煤炭、石油、天然气以及其他能源），kg/人；

EUCL——城市生活能源消费实物量，万 t 或亿 m^3 或亿 kW · h；

m——能源种类，包括煤炭、石油、天然气、其他能源；

e——煤炭、石油、天然气、其他能源折算标煤系数；

t——水平年。

（2）农村生活用能（商品能源）预测模型

$$VEUL_m^t = \frac{VeEP_m^t \times VPP^t}{1\ 000} \tag{5-11}$$

$$VEUCL_m^t = \frac{VEUL_m^t}{e_m} \tag{5-12}$$

式中，VPP——农村人口，万人；

VEUL——农村生活商品能源消费量（标煤），万 t；

VeEP——农村人均商品能源（标煤）消费系数（煤炭、石油、天然气以及其他能源），kg/人；

VEUCL——农村生活能源消费实物量，万 t 或亿 m^3 或亿 kW · h；

m——能源种类，包括煤炭、石油、天然气、其他能源；

e——煤炭、石油、天然气、其他能源折算标煤系数；

t——水平年。

（3）农村生活用能（非商品能源）预测模型

$$VNEUL_m^t = \frac{VNeEP_m^t \times VPP^t}{1\ 000} \tag{5-13}$$

$$VNEUCL_m^t = \frac{VNEUL_m^t}{e_m} \tag{5-14}$$

式中，VPP——农村人口，万人；

VNEUL——农村生活非商品能源消费量（标煤），万 t；

VNeEP——农村人均非商品能源（标煤）消费系数（秸秆、沼气、薪柴），kg/人；

VNEUCL——农村生活非商品能源消费实物量，万t或亿m^3；

m——能源种类，包括秸秆、沼气、薪柴；

e——秸秆、沼气、薪柴折算标煤系数；

t——水平年。

5.3　模型参数确定

能源消耗预测各模型参数的确定方法见表5-3至表5-9。

表5-3　相关系数、参数及数据需求与数据来源

<table>
<tr><th>计算项目</th><th colspan="2">相关系数、参数</th><th>数据需求</th><th>系数来源</th></tr>
<tr><td>农业能源消费量</td><td colspan="2">农业增加值
农业能源消费系数
不同能源消费结构系数</td><td rowspan="4">全国煤、石油、天然气以及其他清洁能源（水电、核电、太阳能、风能）的2001—2011年农林牧渔业、39个工业行业、第三产业（包括建筑业）、人民生活（包括城市和农村）消费量的数据</td><td rowspan="4">2001—2011年中国能源统计年鉴，2001—2011年中国统计年鉴与能源发展有关的一些中长期规划</td></tr>
<tr><td>工业各部门能源消费量</td><td colspan="2">行业增加值
部门能源消费系数
不同能源消费结构系数</td></tr>
<tr><td rowspan="2">生活能源消费量</td><td>城镇</td><td>城镇人口数
不同能源人均消费系数</td></tr>
<tr><td>农村</td><td>农村人口数
不同（商品、非商品）能源人均消费系数</td></tr>
</table>

（1）各行业能源消费系数

表5-4　各行业能源（以标煤计）消费系数　　单位：t/万元

序号	行业	2011年	2016年	2020年	2025年	2030年
1	农业	0.076	0.065	0.058	0.052	0.048
2	煤炭开采和洗选业	1.607	1.382	1.230	1.107	1.018
3	石油和天然气开采业	0.406	0.349	0.311	0.280	0.257
4	黑色金属矿采选业	0.161	0.139	0.123	0.111	0.102
5	有色金属矿采选业	0.131	0.113	0.101	0.091	0.083
6	非金属矿采选业	0.541	0.466	0.414	0.373	0.343
7	其他采矿业	5.422	4.663	4.150	3.735	3.436
8	农副食品加工业	0.165	0.142	0.126	0.114	0.105
9	食品制造业	0.308	0.265	0.236	0.212	0.195
10	饮料制造业	0.203	0.174	0.155	0.140	0.128

续表

序号	行业	2011 年	2016 年	2020 年	2025 年	2030 年
11	烟草制品业	0.027	0.023	0.021	0.019	0.017
12	纺织业	0.314	0.270	0.240	0.216	0.199
13	纺织服装、鞋、帽制造业	0.085	0.073	0.065	0.059	0.054
14	皮革、毛皮、羽毛（绒）及其制品业	0.051	0.043	0.039	0.035	0.032
15	木材加工及木、竹、藤、棕、草制品业	0.200	0.172	0.153	0.138	0.127
16	家具制造业	0.063	0.054	0.048	0.043	0.040
17	造纸及纸制品业	1.338	1.151	1.024	0.922	0.848
18	印刷业和记录媒介的复制	0.083	0.072	0.064	0.057	0.053
19	文教体育用品制造业	0.071	0.061	0.054	0.049	0.045
20	石油加工、炼焦及核燃料加工业	7.325	6.299	5.606	5.046	4.642
21	化学原料及化学制品制造业	1.721	1.480	1.317	1.185	1.091
22	医药制造业	0.171	0.147	0.131	0.118	0.108
23	化学纤维制造业	0.580	0.499	0.444	0.400	0.368
24	橡胶制品业	0.300	0.258	0.230	0.207	0.190
25	塑料制品业	0.155	0.134	0.119	0.107	0.098
26	非金属矿物制品业	2.319	1.995	1.775	1.598	1.470
27	黑色金属冶炼及压延加工业	1.769	1.521	1.354	1.219	1.121
28	有色金属冶炼及压延加工业	0.877	0.754	0.671	0.604	0.556
29	金属制品业	0.131	0.113	0.101	0.091	0.083
30	通用设备制造业	0.086	0.074	0.065	0.059	0.054
31	专用设备制造业	0.118	0.101	0.090	0.081	0.075
32	交通运输设备制造业	0.104	0.090	0.080	0.072	0.066
33	电气机械及器材制造业	0.072	0.062	0.055	0.049	0.045
34	通信设备、计算机及其他电子设备制造业	0.045	0.039	0.035	0.031	0.029
35	仪器仪表及文化、办公用机械制造业	0.039	0.034	0.030	0.027	0.025
36	工艺品及其他制造业	0.313	0.269	0.239	0.216	0.198
37	废弃资源和废旧材料回收加工业	0.050	0.043	0.039	0.035	0.032
38	电力、热力的生产和供应业	10.533	9.058	8.062	7.256	6.675
39	燃气生产和供应业	1.177	1.012	0.901	0.811	0.746
40	水的生产和供应业	0.275	0.237	0.210	0.189	0.174
41	建筑业	0.135	0.116	0.103	0.093	0.085
42	交通运输、仓储和邮政业	1.126	0.968	0.862	0.775	0.713
43	批发、零售业和住宿、餐饮业	0.059	0.050	0.045	0.040	0.037
44	其他行业	0.051	0.044	0.039	0.035	0.032

（2）各种能源消费结构系数

表 5－5 各行业能源消费结构系数 单位:%

序号	2011 年				2016 年				2020 年	
	煤炭	石油	天然气	其他能源（水电、核电等）	煤炭	石油	天然气	其他能源（水电、核电等）	煤炭	石油
1	34. 96	58. 36	0. 21	6. 47	31. 60	59. 09	0. 26	9. 05	28. 97	59. 43
2	96. 70	1. 89	0. 37	1. 03	95. 81	2. 10	0. 52	1. 58	94. 93	2. 28
3	12. 81	30. 73	53. 70	2. 75	10. 13	27. 23	59. 26	3. 37	8. 39	24. 74
4	35. 44	40. 89	0. 16	23. 51	30. 08	38. 87	0. 18	30. 86	26. 16	37. 10
5	35. 71	30. 54	0. 62	33. 14	29. 27	28. 03	0. 70	42. 00	24. 78	26. 05
6	74. 66	15. 80	1. 43	8. 12	69. 85	16. 55	1. 86	11. 74	65. 66	17. 07
7	0. 00	1. 65	0. 00	98. 35	0. 00	1. 20	0. 00	98. 80	0. 00	0. 97
8	82. 72	8. 99	1. 01	7. 28	78. 45	9. 54	1. 34	10. 67	74. 60	9. 96
9	83. 29	6. 74	5. 50	4. 46	79. 01	7. 16	7. 28	6. 55	75. 16	7. 47
10	83. 98	6. 42	4. 70	4. 90	79. 75	6. 83	6. 23	7. 19	75. 93	7. 14
11	71. 32	7. 95	9. 86	10. 88	64. 37	8. 03	12. 41	15. 18	58. 63	8. 03
12	78. 25	5. 17	1. 26	15. 31	71. 47	5. 29	1. 61	21. 63	65. 71	5. 34
13	57. 28	26. 15	2. 37	14. 20	51. 22	26. 19	2. 95	19. 64	46. 36	26. 01
14	49. 56	28. 86	1. 20	20. 38	43. 07	28. 09	1. 46	27. 39	38. 10	27. 26
15	76. 73	8. 40	1. 45	13. 42	70. 46	8. 64	1. 86	19. 05	65. 09	8. 76
16	36. 94	35. 86	11. 16	16. 04	31. 45	34. 19	13. 25	21. 11	27. 41	32. 70
17	93. 35	1. 88	0. 88	3. 89	90. 89	2. 05	1. 20	5. 86	88. 54	2. 19
18	28. 34	28. 66	13. 85	29. 14	22. 71	25. 72	15. 48	36. 10	18. 93	23. 52
19	23. 39	38. 59	7. 23	30. 79	18. 82	34. 77	8. 11	38. 30	15. 75	31. 92
20	67. 70	29. 39	2. 53	0. 39	64. 64	31. 43	3. 36	0. 57	62. 02	33. 08
21	52. 54	29. 67	14. 12	3. 68	47. 27	29. 90	17. 72	5. 12	43. 05	29. 87
22	78. 83	6. 32	7. 00	7. 85	73. 12	6. 57	9. 05	11. 26	68. 16	6. 72
23	79. 74	6. 43	1. 16	12. 67	73. 73	6. 66	1. 50	18. 12	68. 51	6. 79
24	71. 57	6. 98	3. 84	17. 61	63. 92	6. 98	4. 78	24. 31	57. 68	6. 92
25	51. 63	18. 16	5. 23	24. 99	43. 80	17. 25	6. 18	32. 77	38. 00	16. 42
26	80. 24	12. 95	3. 81	3. 00	76. 64	13. 86	5. 07	4. 43	73. 41	14. 56
27	92. 12	1. 07	1. 63	5. 18	88. 92	1. 15	2. 20	7. 73	85. 89	1. 22
28	74. 13	9. 39	3. 09	13. 38	67. 61	9. 59	3. 93	18. 87	62. 10	9. 67
29	32. 46	21. 57	10. 46	35. 52	25. 73	19. 15	11. 57	43. 55	21. 29	17. 38
30	38. 23	24. 97	14. 85	21. 95	31. 63	23. 14	17. 14	28. 09	26. 97	21. 65
31	58. 38	15. 43	14. 07	12. 12	51. 20	15. 16	17. 21	16. 43	45. 59	14. 81
32	43. 89	21. 93	18. 98	15. 20	37. 06	20. 74	22. 36	19. 84	32. 07	19. 70

续表

序号	2011年				2016年				2020年	
	煤炭	石油	天然气	其他能源（水电、核电等）	煤炭	石油	天然气	其他能源（水电、核电等）	煤炭	石油
33	52.13	18.90	10.13	18.84	44.72	18.16	12.13	24.99	39.15	17.44
34	26.16	16.96	19.12	37.77	20.09	14.58	20.48	44.85	16.27	12.96
35	25.36	32.63	10.97	31.04	20.26	29.19	12.22	38.34	16.86	26.65
36	69.69	7.71	1.79	20.81	61.67	7.64	2.21	28.47	55.24	7.51
37	39.83	37.91	5.51	16.75	34.37	36.64	6.64	22.35	30.28	35.41
38	95.53	1.05	2.25	1.17	93.98	1.16	3.09	1.78	92.46	1.25
39	81.48	2.77	13.41	2.35	76.21	2.90	17.49	3.40	71.56	2.99
40	27.20	6.98	2.10	63.72	19.93	5.73	2.14	72.19	15.67	4.94
41	12.96	83.60	0.40	3.04	11.59	83.71	0.49	4.21	10.55	83.66
42	1.83	90.11	7.29	0.77	1.60	88.44	8.92	1.04	1.44	87.01
43	51.19	23.14	14.50	11.17	44.67	22.62	17.64	15.07	39.65	22.03
44	22.80	62.20	5.46	9.54	19.86	60.66	6.63	12.85	17.67	59.21

注：行业序号同上表。

续表 5－5　各行业能源消费结构系数

单位：%

序号	2020年		2025年				2030年			
	天然气	其他能源（水电、核电等）	煤炭	石油	天然气	其他能源（水电、核电等）	煤炭	石油	天然气	其他能源（水电、核电等）
1	0.31	11.28	26.91	58.59	0.32	14.18	24.86	57.75	0.33	17.06
2	0.66	2.13	94.02	2.40	0.72	2.86	92.99	2.53	0.80	3.68
3	63.07	3.80	7.64	23.91	63.78	4.67	6.92	23.11	64.45	5.52
4	0.21	36.53	22.72	34.18	0.20	42.90	19.70	31.63	0.19	48.47
5	0.77	48.40	20.87	23.28	0.72	55.14	17.64	20.99	0.68	60.70
6	2.25	15.02	61.60	17.00	2.35	19.06	57.47	16.92	2.44	23.17
7	0.00	99.03	0.00	0.76	0.00	99.24	0.00	0.63	0.00	99.37
8	1.64	13.81	70.60	10.00	1.72	17.68	66.47	10.05	1.81	21.68
9	8.90	8.48	71.97	7.59	9.46	10.98	68.59	7.72	10.06	13.63
10	7.62	9.32	72.61	7.24	8.09	12.05	69.11	7.36	8.60	14.94
11	14.53	18.82	53.92	7.84	14.84	23.41	49.32	7.65	15.14	27.89
12	1.90	27.06	59.69	5.14	1.92	33.25	53.95	4.96	1.93	39.15
13	3.43	24.19	41.95	24.98	3.45	29.61	37.78	24.01	3.47	34.75
14	1.66	32.98	33.57	25.50	1.62	39.31	29.50	23.90	1.59	45.00

续表

序号	2020年		2025年				2030年			
	天然气	其他能源（水电、核电等）	煤炭	石油	天然气	其他能源（水电、核电等）	煤炭	石油	天然气	其他能源（水电、核电等）
15	2.20	23.95	59.59	8.51	2.24	29.66	54.27	8.27	2.28	35.19
16	14.85	25.04	24.37	30.85	14.66	30.11	21.59	29.16	14.49	34.76
17	1.50	7.77	85.93	2.25	1.62	10.20	83.08	2.32	1.75	12.85
18	16.59	40.96	16.08	21.21	15.65	47.06	13.69	19.26	14.86	52.19
19	8.72	43.61	13.31	28.64	8.19	49.87	11.28	25.90	7.74	55.07
20	4.15	0.75	60.36	34.17	4.49	0.98	58.54	35.36	4.85	1.24
21	20.74	6.34	40.47	29.81	21.65	8.07	37.84	29.74	22.59	9.83
22	10.84	14.29	63.91	6.68	11.29	18.12	59.59	6.65	11.75	22.01
23	1.79	22.91	63.03	6.63	1.83	28.51	57.67	6.47	1.87	33.99
24	5.55	29.86	51.70	6.58	5.52	36.20	46.14	6.26	5.50	42.09
25	6.89	38.69	32.92	15.10	6.63	45.35	28.50	13.95	6.41	51.15
26	6.24	5.78	70.85	14.92	6.69	7.55	68.08	15.30	7.17	9.45
27	2.73	10.16	82.62	1.25	2.92	13.22	79.12	1.27	3.12	16.49
28	4.64	23.59	56.75	9.38	4.71	29.16	51.59	9.10	4.78	34.54
29	12.30	49.03	17.78	15.41	11.41	55.40	14.93	13.80	10.68	60.59
30	18.78	32.59	23.47	20.00	18.16	38.37	20.40	18.54	17.61	43.45
31	19.69	19.91	41.40	14.27	19.86	24.47	37.42	13.76	20.02	28.80
32	24.86	23.37	28.58	18.63	24.61	28.17	25.38	17.65	24.38	32.59
33	13.64	29.77	34.62	16.37	13.40	35.61	30.52	15.40	13.18	40.91
34	21.32	49.44	13.49	11.41	19.64	55.46	11.26	10.16	18.28	60.30
35	13.07	43.42	14.24	23.89	12.26	49.61	12.06	21.59	11.59	54.75
36	2.55	34.71	48.89	7.05	2.50	41.55	43.13	6.64	2.46	47.76
37	7.51	26.79	26.93	33.42	7.42	32.23	23.86	31.60	7.34	37.21
38	3.90	2.38	91.23	1.31	4.28	3.18	89.84	1.38	4.70	4.08
39	21.11	4.34	68.78	3.05	22.53	5.65	65.80	3.11	24.05	7.04
40	2.17	77.22	12.26	4.11	1.88	81.75	9.79	3.50	1.68	85.04
41	0.58	5.21	9.86	82.95	0.60	6.59	9.16	82.24	0.62	7.98
42	10.27	1.28	1.34	86.37	10.67	1.61	1.25	85.72	11.08	1.96
43	20.13	18.20	36.04	21.25	20.32	22.38	32.60	20.51	20.51	26.38
44	7.58	15.55	16.07	57.15	7.65	19.13	14.54	55.18	7.73	22.56

注：行业序号同上表。

(3) 生活商品能源消耗系数

表 5-6 生活商品能源消耗系数(以标煤计) 单位:kg/人

	指标	2011 年	2016 年	2020 年	2020 年	2030 年
城镇	总能耗	321.97	343.83	357.00	369.92	380.39
	煤炭	18.15	14.36	10.73	7.45	5.17
	石油	65.25	74.76	80.14	85.52	90.90
	天然气	50.76	64.21	75.22	87.35	98.24
	其他	56.97	67.32	71.95	76.62	80.50
农村	总能耗	231.03	243.40	249.60	255.80	262.00
	煤炭	87.41	92.46	89.68	86.91	84.14
	石油	26.38	34.14	38.57	43.04	47.68
	天然气	0.15	0.24	0.32	0.43	0.55
	其他	45.26	54.83	58.77	62.71	66.65

(4) 农村非商品能源消耗系数

表 5-7 农村非商品能源消耗系数

指标	2011 年	2016 年	2020 年	2025 年	2030 年
沼气/(m^3/人)	13.51	17.96	21.28	25.22	28.96
秸秆/(kg/人)	249.10	257.90	263.15	268.40	272.68
薪柴/(kg/人)	158.44	164.78	168.55	172.32	175.40

(5) 各行业燃料煤占煤炭消费总量的比例

表 5-8 各行业燃料煤占煤炭消费总量的比例 单位:%

行业	占比
农业	100
煤炭开采和洗选业	22.4
石油和天然气开采业	100
黑色金属矿采选业	43.6
有色金属矿采选业	78.3
非金属矿采选业	100
其他采矿业	75
农副食品加工业	95.7
食品制造业	95.7
饮料制造业	95.7
烟草制品业	95.7
纺织业	99.7

续表

行业	占比
纺织服装、鞋、帽制造业	99.4
皮革毛皮羽毛（绒）及其制品业	99.4
木材加工及木竹藤棕草制品业	79
家具制造业	79
造纸及纸制品业	99.1
印刷业和记录媒介的复制	100
文教体育用品制造业	100
石油加工炼焦及核燃料加工业	9.5
化学原料及化学制品制造业	57.1
医药制造业	98.7
化学纤维制造业	100
橡胶制品业	100
塑料制品业	98.8
非金属矿物制品业	50
黑色金属冶炼及压延加工业	30.9
有色金属冶炼及压延加工业	80.7
金属制品业	94.5
通用设备制造业	82
专用设备制造业	82
交通运输设备制造业	82
电气机械及器材制造业	82
通信计算机及其他电子设备制造业	82
仪器仪表及文化办公用机械制造业	82
工艺品及其他制造业	73
废弃资源和废旧材料回收加工业	73
电力、热力的生产和供应业	99.1
燃气生产和供应业	11.6
水的生产和供应业	100
建筑业	100
交通运输、仓储和邮政业	100
批发、零售业和住宿、餐饮业	22.4
其他行业	100
生活	43.6

（6）各行业燃料油占石油消费总量的比例

表5-9　各行业燃料油占石油消费总量的比例　　单位:%

行业	占比
农业	100
煤炭开采和洗选业	100
石油和天然气开采业	100
黑色金属矿采选业	15.69
有色金属矿采选业	100
非金属矿采选业	100
其他采矿业	100
农副食品加工业	99.62
食品制造业	99.62
饮料制造业	99.62
烟草制品业	99.62
纺织业	99.82
纺织服装、鞋、帽制造业	99.65
皮革毛皮羽毛（绒）及其制品业	99.65
木材加工及木竹藤棕草制品业	99.42
家具制造业	99.42
造纸及纸制品业	99.22
印刷业和记录媒介的复制	100
文教体育用品制造业	100
石油加工炼焦及核燃料加工业	1.78
化学原料及化学制品制造业	17.06
医药制造业	100
化学纤维制造业	80.22
橡胶制品业	97.89
塑料制品业	99.89
非金属矿物制品业	98.31
黑色金属冶炼及压延加工业	99.96
有色金属冶炼及压延加工业	99.80
金属制品业	99.94
通用设备制造业	99.77
专用设备制造业	99.77
交通运输设备制造业	99.77
电气机械及器材制造业	99.77
通信计算机及其他电子设备制造业	99.77

续表

行业	占比
仪器仪表及文化办公用机械制造业	99.65
工艺品及其他制造业	99.96
废弃资源和废旧材料回收加工业	100
电力、热力的生产和供应业	99.44
燃气生产和供应业	99.07
水的生产和供应业	100
建筑业	100
交通运输、仓储和邮政业	100
批发、零售业和住宿、餐饮业	100
其他行业	100
生活	15.69

5.4　预测结果与分析

5.4.1　工业能源消费量预测结果

（1）工业能源消费总量持续增长

根据经济预测结果和能源消费系数，工业39个行业的能源消费总量预测结果如表5－10所示。

表5－10　能源消费总量预测结果（以标煤计）　　单位：万t

行业	2011年	2016年	2020年	2025年	2030年
煤炭开采和洗选业	17 992.88	18 426.92	18 914.86	19 920.98	20 166.63
石油和天然气开采业	3 252.41	2 883.08	2 697.86	2 584.59	2 439.83
黑色金属矿采选业	580.41	840.54	1 037.99	1 321.65	1 625.65
有色金属矿采选业	327.09	395.63	458.22	550.84	631.12
非金属矿采选业	670.61	896.36	1 107.01	1 417.30	1 717.58
其他采矿业	53.08	70.84	84.39	102.88	119.21
农副食品加工业	1 620.95	1 913.00	2 120.27	2 393.53	2 564.03
食品制造业	1 066.20	1 329.53	1 592.77	2 044.92	2 501.27
饮料制造业	718.47	895.92	1 073.30	1 377.99	1 685.50
烟草制品业	125.94	139.94	155.40	180.62	202.89
纺织业	2 519.66	2 865.52	3 064.66	3 271.10	3 179.25
纺织服装、鞋、帽制造业	319.59	363.46	388.72	414.90	403.25

续表

行业	2011 年	2016 年	2020 年	2025 年	2030 年
皮革、毛皮、羽毛（绒）及其制品业	130.17	148.04	158.33	168.99	164.25
木材加工及木、竹、藤、棕、草制品业	480.64	636.68	784.88	1 024.48	1 289.62
家具制造业	81.56	101.70	120.50	151.46	185.10
造纸及纸制品业	3 538.39	4 144.10	4 782.10	5 873.16	7 110.98
印刷业和记录媒介的复制	117.29	155.61	190.32	246.37	307.85
文教体育用品制造业	68.19	90.47	110.65	143.24	178.98
石油加工、炼焦及核燃料加工业	35 525.96	37 312.94	39 382.81	43 213.84	46 072.59
化学原料及化学制品制造业	22 972.12	30 337.63	36 365.33	45 329.39	54 171.31
医药制造业	775.36	1 129.71	1 531.07	2 274.73	3 250.14
化学纤维制造业	687.28	868.81	1 052.33	1 366.05	1 724.35
橡胶制品业	588.42	743.84	900.96	1 169.55	1 476.32
塑料制品业	674.98	853.27	1 033.50	1 341.60	1 693.50
非金属矿物制品业	22 846.10	29 991.48	36 703.93	47 997.13	60 978.53
黑色金属冶炼及压延加工业	24 539.88	29 273.46	32 243.01	35 176.70	35 403.89
有色金属冶炼及压延加工业	7 147.13	9 869.44	11 295.85	12 679.49	13 725.97
金属制品业	962.48	1 301.97	1 611.84	2 092.33	2 616.85
通用设备制造业	997.89	1 201.45	1 401.88	1 737.77	2 088.40
专用设备制造业	805.10	940.02	1 072.08	1 296.03	1 521.59
交通运输设备制造业	1 597.65	2 050.43	2 477.47	3 169.06	3 894.37
电气机械及器材制造业	913.44	1 172.31	1 416.47	1 811.88	2 226.57
通信设备、计算机及其他电子设备制造业	712.89	914.90	1 081.36	1 336.73	1 603.45
仪器仪表及文化、办公用机械制造业	91.83	117.86	139.30	172.19	206.5
工艺品及其他制造业	612.40	715.45	792.67	910.67	1 020.06
废弃资源和废旧材料回收加工业	30.27	35.36	39.18	45.01	50.42
电力、热力的生产和供应业	126 591.57	132 123.68	136 918.90	145 170.71	149 386.75
燃气生产和供应业	892.78	1 525.74	2 322.65	3 690.99	5 183.81
水的生产和供应业	228.41	243.32	255.36	276.23	289.48
合计	283 857.50	319 020.42	348 880.17	395 447.10	435 057.89

在2030年以前我国的经济发展仍将以重化工业为主，包括煤炭开采与洗选业、石油加工炼焦及核燃料加工业、化学原料及化学制品制造业、黑色金属冶炼及压延加工业、电力热力的生产和供应业等，这些重化工业都是高耗能企业，因此可以预见在未来很长的一段时间内，我国经济发展仍将以消耗大量资源、能源为基础。经预测，2011—2030年我国的能源消费总量将持续上升，其中工业能源消费总量从2011年的28.4亿t标准煤上涨至2030年的43.5亿t标准煤，上涨53.3%，未来能源将成为我国经济发展的重要约束条件，同时也为环境保护工作带来巨大的压力与挑战。

在工业各行业中石油加工炼焦及核燃料加工业、黑色金属冶炼及压延加工业、非金属矿物制品业、化学原料及化学制品制造业、煤炭开采和洗选业、有色金属冶炼及压延加工业、电力行业是能源消耗最大的7个行业。2011年，这7个工业行业的能源消费量占工业能源消费总量的90.76%，如表5-11所示。其中，电力行业的能源消费量最高，约占工业能源消费总量的45%，主要是由于其外输的电力将供给农业、工业各行业、生活及其他行业。

表5-11　重点行业能源消费量占工业能源消费总量的比例　　单位:%

行业	2011年	2016年	2020年	2025年	2030年
煤炭开采和洗选业	6.34	5.78	5.42	5.04	4.64
石油加工、炼焦及核燃料加工业	12.52	11.70	11.29	10.93	10.59
化学原料及化学制品制造业	8.09	9.51	10.42	11.46	12.45
非金属矿物制品业	8.05	9.40	10.52	12.14	14.02
黑色金属冶炼及压延加工业	8.65	9.18	9.24	8.90	8.14
有色金属冶炼及压延加工业	2.52	3.09	3.24	3.21	3.15
电力、热力的生产和供应业	44.60	41.42	39.25	36.71	34.34
合计	90.76	90.07	89.38	88.38	87.32

预测结果表明，尽管各行业的能源消耗强度在不断下降，但由于这些重点行业的行业增加值将在预测年内保持快速增长，因此其能源消费量仍将不断增长。一方面技术进步和节能减排政策等使得电力行业的能源消费强度不断降低，但另一方面，经济的增长以及能源结构调整的需要使得经济系统各部门对电力的需求加速增长，预测2011—2030年，电力行业的能源消费量将保持增长趋势。电力行业在2011年的能源消费总量占工业能源消费总量的44.6%，2011年电力行业的能源消费总量为12.66亿t标准煤，2016年达到13.21亿t标准煤，比2011年增长4.4%，2020年电力行业能源消费总量预计达到13.69亿t标煤，“十三五”期间增长4.2%。2030年电力行业能源消费总量预计达到14.94亿t标煤，2011—2030年年均增长0.88%。

2011年，非金属矿物制品业能源消费量占工业能源消费总量的8.05%，由于非金属矿物制品业工业增加值持续增长，因此虽然能源消费系数不断降低，其能源消费量在预测年内保持高速增长的趋势，预计到2016年达到3.00亿t标煤，比2011年增长

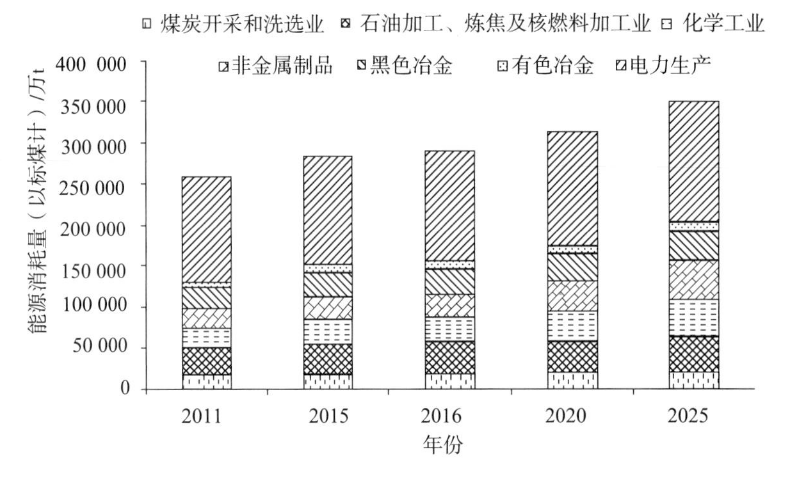

图5-10 重点行业直接能源消费总量预测

31.28%，到2020年预计为3.67亿t标煤，“十三五”期间增长27.66%。到2030年，非金属矿物制品业能源消费总量将占工业能源消费总量的14.02%，达到6.10亿t标准煤。此外，石油加工炼焦及核燃料加工业的能源消费趋势与非金属矿物制品业类似。

上述7个行业作为能源消费重点行业，同时也是节能减排的重点行业，它们的能源消费量虽然仍将保持上升趋势，但所占能源消费总量的比重将持续下降，从2011年的90.76%下降为2030年的87.32%（图5-10）。

（2）工业能源消费中煤炭消费量仍将持续增长，但占工业能源消费总量比例持续降低

工业主要能源消费量占比和消费量预测分别见图5-11和表5-12。

2011—2030年，各类主要能源的消费量都有不同程度的增长，其中煤炭作为长期以来我国的主要能源，其消费量仍将保持增长的趋势，2011年工业煤炭消费量为32.62亿t，2016年预计上涨到34.68亿t，比2011年增长3.39%，2020年煤炭消费量达到36.42亿t，“十三五”期间增长5.82%，到2030年工业煤炭消费量增长到39.30亿t，比2020年增长7.92%。2011—2030年，煤炭在工业能源消费总量中所占比例逐渐降低，由2011年的83.86%下降到2030年的70.68%，但煤炭仍将是未来很长一段时间内我国工业的主要能源。

2011年我国工业石油的消费量为1.79亿t，2016年预计上涨到1.92亿t，比2011年上涨7.01%，2020年工业石油消费量预计为2.05亿t，“十三五”期间增长7.55%。到2030年工业石油消费量将增长到2.47亿t，比2020年增长20.58%，石油在工业能源消费总量中的比例将稳中有降，由2011年的8.82%下降到2030年的7.97%。

2011年工业天然气的消费量为839.96亿m^3，预计2016年上涨到1 146.38亿m^3，比2011年增长36.48%，2020年工业天然气消费量预计达到1 376.89亿m^3，“十三五”期间增长26.58%。到2030年，工业天然气消费量达到1 952.81亿m^3，比2020年增长41.83%。2011—2030年，天然气在工业能源消费总量中所占比例逐渐升高，从2011年

的3.85%上涨到2030年的5.86%。

其他能源包括水电、核电、风电以及其他新型能源，工业其他能源在2011年消费量仅为2.05亿t标准煤，占工业能源消费总量的7.08%，2016年工业其他能源消费量为3.56亿t标准煤，比2011年增长73.17%，2020年工业其他能源使用量预计增长到4.84亿t标准煤，“十三五”期间预计增长48.41%。2030年工业其他能源消费量预计达到10.08亿t标准煤，其他能源消费量在工业能源消费总量中所占比例大幅提升，从2011年的7.08%上升至2030年的22.77%。

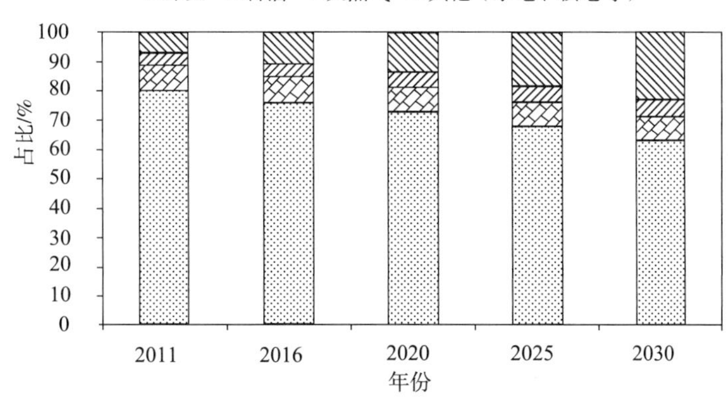

图5-11 工业主要能源消费量在预测年内占能源消费总量的比例

表5-12 工业主要能源消费预测

年份	煤炭/亿t	石油/亿t	天然气/亿m^3	其他能源/（以标准煤计）亿t
2011	32.62	1.79	839.96	2.05
2016	34.68	1.92	1 146.38	3.56
2020	36.42	2.05	1 376.89	4.84
2025	38.49	2.30	1 680.25	7.31
2030	39.30	2.47	1 952.81	10.08

（3）重点行业是能源结构调整的重点

钢铁、电力等行业在生产过程中使用了大量煤炭，这些重点行业的节能降耗和煤炭能源替代是整个经济系统能源结构调整的重要内容。应逐步控制这些重点行业的煤炭尤其是相对低质量煤炭的消费量，提高清洁能源消费比例。以钢铁行业为例，钢铁行业以煤炭为主要能源，其煤炭消费的比例在90%以上（图5-12）。在预测年内，考虑到钢铁行业节能潜力相对较大，并且随着钢铁生产电炉比例的不断提高，预测钢铁行业的煤炭消费量将先升后降，并在2020年左右形成拐点，钢铁行业煤炭消费量占钢铁行业能源消费总量的比例将逐渐降低，而其他能源（水电、核电等）所占比例将逐渐提高。

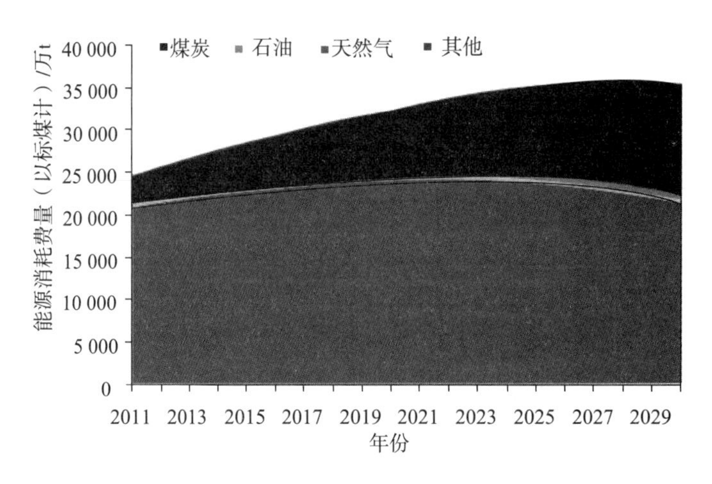

图 5－12 钢铁行业主要能源消费量及其消费结构预测

5.4.2 生活能源消费量预测结果

（1）城镇生活能源消费量持续增加，而农村生活能源消费量持续降低

根据生活能源消费系数，结合城镇、农村预测人口数，分别预测得出城镇生活、农村生活各项能源消费量的结果，见表 5－13。

表 5－13 生活商品能源消费量预测结果

指标		2011 年	2016 年	2020 年	2025 年	2030 年
城镇	总能耗（标煤）/万 t	10 875.13	13 752.41	15 719.71	17 674.46	19 570.30
	煤炭/万 t	1 745.45	1 357.70	1 170.71	1 045.74	981.28
	石油/万 t	2 930.63	3 824.02	4 408.27	5 009.08	5 615.11
	天然气/万 m^3	264.26	374.32	447.58	518.43	583.29
	其他（标煤）/万 t	614.83	741.85	831.94	907.13	973.30
农村	总能耗（标煤）/万 t	8 076.13	8 127.09	7 785.77	7 602.88	7 296.13
	煤炭/万 t	7 468.73	7 280.33	6 816.45	6 511.31	6 139.64
	石油/万 t	1 051.75	1 166.43	1 159.66	1 171.16	1 153.03
	天然气/万 m^3	0.70	0.78	0.80	0.83	0.83
	其他（标煤）/万 t	433.61	438.75	435.64	439.45	432.25
合计	总能耗（标煤）/万 t	18 951.26	21 879.49	23 505.48	25 277.34	26 866.43
	煤炭/万 t	9 214.18	8 638.04	7 987.16	7 557.05	7 120.93
	石油/万 t	3 982.39	4 990.45	5 567.93	6 180.24	6 768.14
	天然气/万 m^3	264.96	375.10	448.38	519.26	584.12
	其他（标煤）/万 t	1 048.44	1 180.59	1 267.59	1 346.57	1 405.55

随着我国城镇化率的逐年提高，2011—2030 年，农村人口将持续流向城镇，使城镇人口快速增长，而农村人口呈现缓慢下降的趋势。在预测年内，由于城镇和农村的人均商品能源消费强度都将逐年增长，因此生活商品能源消费量将保持持续增长的趋势。

2011 年，生活商品能源消费量为18 951.26 万t，2016 年达到21 879.49 万t，2020 年增长到23 505.48 万t，“十三五”期间增长10.4%，2030 年增长至26 866.43 万t，比2020 年增长 14.3%，2011—2030 年年均增长 1.85%。

城镇2011 年煤炭消费量为1 745.45 万t，2016 年降低至 1 357.70 万t，比2011 年下降22.21%；2020 年煤炭消费量进一步降低至 1 170.71 万t，“十三五”期间降低了 18.97%；2030 年城镇煤炭消费量降低到981.28 万t，比 2020 年降低 16.18%。农村 2011 年煤炭消费量为7 468.73 万t，2016 年达到7 280.33 万t，比2011 年降低了 2.52%；2020 年煤炭消费量达到6 816.45 万t，“十三五”期间降低了 6.99%；2030 年农村煤炭消费量降低到6 139.64 万t，比2020 年降低了 9.93%。总体来看，我国生活煤炭消费总量呈现逐年下降的趋势，“十三五”期间下降了 8.97%，2030 年比2020 年下降了 10.85%。

城镇2011 年石油消费量为2 930.63 万t，2016 年达到 3 824.02 万t，比 2011 年增长了 30.48%；2020 年石油消费量达到4 408.27 万t，“十三五”期间增长了 21.21%；2030 年城镇石油消费量上涨到5 615.11 万t，比2020 年增长27.38%，2011—2030 年城镇石油消费量平均每年以3.48%的速度增长。农村石油消费量呈现基本平稳的态势，2016 年比2011 年增长 10.90%，“十三五”期间增长了 1.10%，2030 年比 2020 年下降了 0.57%。因此，我国生活用石油消费量呈现逐年上升的趋势，“十三五”期间上升了 16.39%，2030 年比 2020 年上升了 21.56%。

城镇生活用天然气消费量“十三五”期间增长27.48%，2030 年比2020 年增长30.32%，2011—2030 年年均增长4.26%；农村生活用天然气消费量“十三五”期间增长 4.01%，2030 年比2020 年增长3.71%。生活用天然气消费总量呈现逐年上升的趋势，“十三五”期间增长了27.43%，2030 年比2020 年增长30.27%，2011—2030 年年均增长4.25%。

其他能源（水电、核电等）消费量的趋势与天然气消费量的趋势基本相同，城镇生活用其他能源消费量“十三五”期间增长 16.25%，2030 年比 2020 年增长 16.99%；农村生活用其他能源消费量“十三五”期间降低 0.67%，2030 年比 2020 年降低 0.78%，农村生活其他能源消费量基本稳定。生活用其他能源消费总量呈现逐年上升趋势，“十三五”期间增长 9.82%，2030 年比 2020 年增长 10.88%，2011—2030 年年均增长 1.55%。

（2）生活非商品能源消费量持续减少

农村在使用常规商品能源外，还会使用部分非商品能源，主要包括沼气、秸秆和薪柴等。根据非商品能源消费系数和农村人口数测数据，可以预测非商品能源消费量，结果如表5－14 所示。

表5－14　生活非商品能源消费量预测

指标		2011 年	2016 年	2020 年	2025 年	2030 年
生活用能	沼气/亿 m^3	122.48	150.29	164.95	184.89	198.66
	秸秆/亿 t	3.76	3.59	3.39	3.27	3.11
	薪柴/亿 t	1.80	1.72	1.63	1.58	1.50
农村非商品用能（标准）合计/亿 t		2.73	2.63	2.51	2.44	2.34

农村2011年非商品能源消费总量为2.73亿t标准煤，2016年达到2.63亿t标准煤，比2011年降低3.40%，2020年达到2.51亿t标煤，“十三五”期间约下降4.77%，2030年农村非商品能源消费量预计达到2.34亿t标准煤，比2020年降低6.80%。

沼气属于相对清洁的能源，受到能源结构调整的影响，未来沼气的消费量将快速增加，2016年预计比2011年增长22.70%，2020年比2016年增长9.76%，2030年比2020年增长20.44%，2011—2030年年均增长2.19%。与此同时，焚烧秸秆和薪柴会产生大量烟尘，受国家政策影响，预计秸秆和薪柴的消费量将从2011年以后呈现逐年下降的趋势。其中2016年秸秆消费量比2011年降低4.44%，“十三五”期间降低5.48%，2030年比2020年下降8.30%。2016年薪柴消费量比2011年减少4.01%，“十三五”期间下降5.25%，2030年比2020年下降7.91%。

5.4.3 经济系统其他部门能源消费量预测结果

除了工业外，经济系统其他部门还包括农业、建筑业以及第三产业各部门。农业2011年能源消费量为3 926.56万t标准煤，由于经济结构调整及能源利用效率的提高，预计农业能源消费量将在未来先升后降。经预测，2016年农业能源消费量将达到4 384.93万t标准煤，比2011年增长11.7%，2020年达到3 988.84万t标准煤，“十三五”期间降低7.45%，2030年达到3 862.58万t标准煤，比2020年降低3.17%。受宏观政策影响，建筑业、交通运输仓储和邮政业、批发零售和住宿餐饮业、其他行业的经济总量在未来将有较大发展，在预测年内，这些行业的能源消费量也将保持增长趋势（表5－15）。

表5－15 经济系统其他部门能源消费量预测结果 单位：万t标准煤

部门	2011年	2016年	2020年	2030年
农业	3 926.56	4 383.93	3 988.84	3 862.58
建筑业	4 509.97	5 729.13	6 602.78	9 307.97
交通运输、仓储和邮政业	25 581.79	32 287.69	38 236.99	57 750.99
批发、零售业和住宿、餐饮业	3 589.89	5 088.48	6 315.70	10 110.55
其他行业	7 583.78	10 638.09	13 084.51	20 733.14
合计	45 191.99	58 127.32	68 228.82	101 765.24

5.4.4 能源消费总量预测结果

（1）能源消费总量持续增长，增长速率低于GDP增速

2011年我国能源消费总量为34.80亿t标准煤，2016年达到39.90亿t标准煤，比2011年增长14.7%，2020年达到44.06亿t标准煤，预计在“十三五”期间增长12.8%，2030年预计能源消费总量为56.37亿t标准煤，比2020年增长27.9%。2011—2030年能源消费总量年均增长2.6%，增长速率低于GDP增速（表5－16）。

其中，工业行业2016年能源消费量比2011年增长8.04%，“十三五”期间增长

11.95%，2030年比2020年增长31.23%，2011—2030年年均增长2.35%，工业行业能源消费量占能源消费总量的比例稳中有降，2011年工业能源消费量占能源消费总量的80.83%，2016年为79.16%，2020年达到78.44%，2030年下降为77.75%。生活能源消费量2016年比2011年增长12.64%，“十三五”期间增长11.95%，2030年比2020年增长31.23%，2011—2030年年均增长1.69%，生活能源占能源消费总量的比例稳中有增，生活用非商品能源消费量逐年下降。

其他行业2016年能源消费量比2011年增长23.90%，“十三五”期间增长22.39%，2030年比2020年增长57.58%，2011—2030年年均增长4.48%。其他行业的能源消费量占能源消费总量的比例逐年升高，2011年为12.46%，预计到2030年将达到17.54%，比2011年提高5.08%左右。

在预测年内，工业行业能源消费总量预计增长15.12亿t标准煤，将不断增加对能源使用和环境保护的压力；生活用能和其他行业用能的逐年增长也将使面源污染和其他复合污染更加严重。

表5-16 能源消费量及其结构预测 单位：亿t标准煤

部门	2011年	2016年	2020年	2030年
工业	28.39	31.90	34.89	43.51
生活	1.90	2.19	2.35	2.69
其他	4.52	5.81	6.82	10.18
合计	34.80	39.90	44.06	56.37

（2）煤炭仍是我国主要能源，清洁能源所占比例持续上升

在2011年我国煤炭消费量占能源消费总量的68.4%，石油消费量占能源消费量的18.6%，天然气消费量占能源消费量的5.0%，其他能源（水电、核电等）仅占8.0%。随着能源结构的调整，我国的煤炭消费所占比例将呈现逐年下降的趋势，到2016年煤炭消费量占能源消费量的比例下降为63.36%，2020年为60.13%，“十三五”期间降低4.15个百分点，2030年该比例为50.57%，比2020年又降低了9.56个百分点。石油消费所占比例相对稳定，2011—2030年保持在18.7%左右。天然气和其他能源的消费比例逐年上升，其中天然气消费量占能源量的比例在“十三五”期间预计增长0.86个百分点，2030年比2020年再增加0.84个百分点；其他能源消费量占能源消费总量的比例在“十三五”期间预计增长3.29个百分点，2030年比2020年再增加8.68个百分点（图5-13）。

在工业行业中主要能源是煤炭，经过能源结构调整与技术升级等，我国工业煤炭消费比例将逐渐降低，而其他能源消费比例将逐步提高。预计在“十三五”期间工业煤炭消费比例将从76.25%降低到72.45%，2030年进一步下降至62.70%；工业石油消费比例预计在“十三五”期间下降0.30个百分点，2030年比2020年再降低0.28个百分点，占能源消费总量的8.13%；天然气消费比例预计在“十三五”期间增长0.63个百分点，2030年比2020年再增长0.72个百分点，占能源消费总量的5.98%；其他能源的消费比

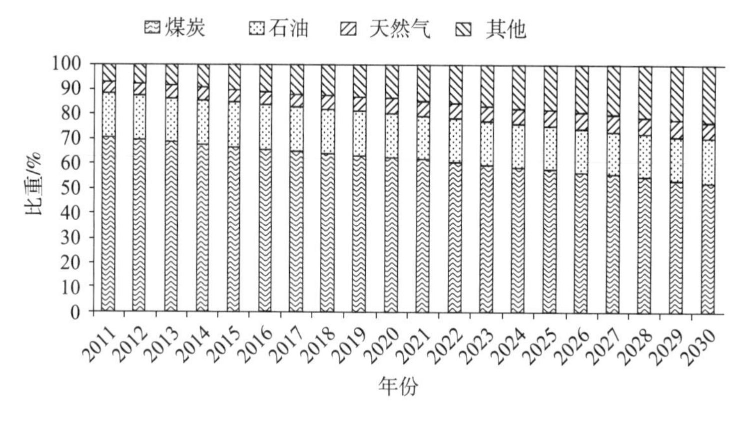

图5－13　2011—2030年我国主要能源消费结构预测

例将大幅增长，预计2020年将比2015年增长3.46个百分点，2030年比2020年增长9.30个百分点，占能源消费总量的23.18%（图5－14）。

生活用能中，煤炭、石油和其他能源（水电、风电、核电等）的消费比例目前大体相同，在未来发展过程中，煤炭消费比例将大幅下降，而石油、天然气和其他能源的消费比例将逐步上升。2011年生活煤炭消费量占能源消费总量的比例为28.79%，2016年将比2011年下降5.56个百分点，2020年煤炭消费比例将下降至20.00%，2030年进一步下降至15.67%；2011年生活石油消费量占能源消费总量的26.67%，预计2016年将比2011年上升0.86个百分点，2020年上升至28.61%，2030年增加至30.58%；天然气消费比例预计到2020年增长至21.40%，比2011年增长6.09个百分点，2030年进一步增长到24.51%；预测年内，其他能源消费的比例将维持在30%左右（图5－14）。

其他行业中，受到交通运输业的影响，石油能源消费占比较大，在预测年中，石油的消费比例将持续下降，煤炭的消费比例也将逐年下降。2011年其他行业的煤炭消费量占能源消费总量的12.52%，2016年下降为11.29%，“十三五”期间煤炭消费比例下降1.63个百分点，2030年比2020年又下降3.79个百分点；石油消费比例在“十三五”期间下降1.44个百分点，2030年比2020年又下降2.01个百分点；天然气消费比例在“十三五”期间上涨1.67个百分点，2030年比2020年又增加0.82个百分点；其他能源（水电、核电等）的消费比例在“十三五”期间上涨1.40个百分点，2030年比2020年又增加2.97个百分点（图5－14）。

（3）能源消费强度逐步降低

我国的能源消费强度随技术进步和能源效率不断提高而逐步降低，其中煤炭消费强度下降幅度最大，石油、天然气以及其他能源的消费强度也都呈明显下降趋势（图5－15）。2011年能源总消费强度（以标煤计）为0.74 t/万元，2016年下降到0.59 t/万元，降低了20.41%，“十三五”期间下降了19.56%，2030年又比2020年下降了31.59%。

由于煤炭消费比例已经呈现下降趋势，煤炭消费强度下降的趋势最为明显，在“十三五”时期预计下降24.76%，2030年比2020年再下降42.47%；石油、天然气虽然消费比例呈现上升趋势，但消费强度仍然呈现逐年下降的趋势，其中石油消费强度

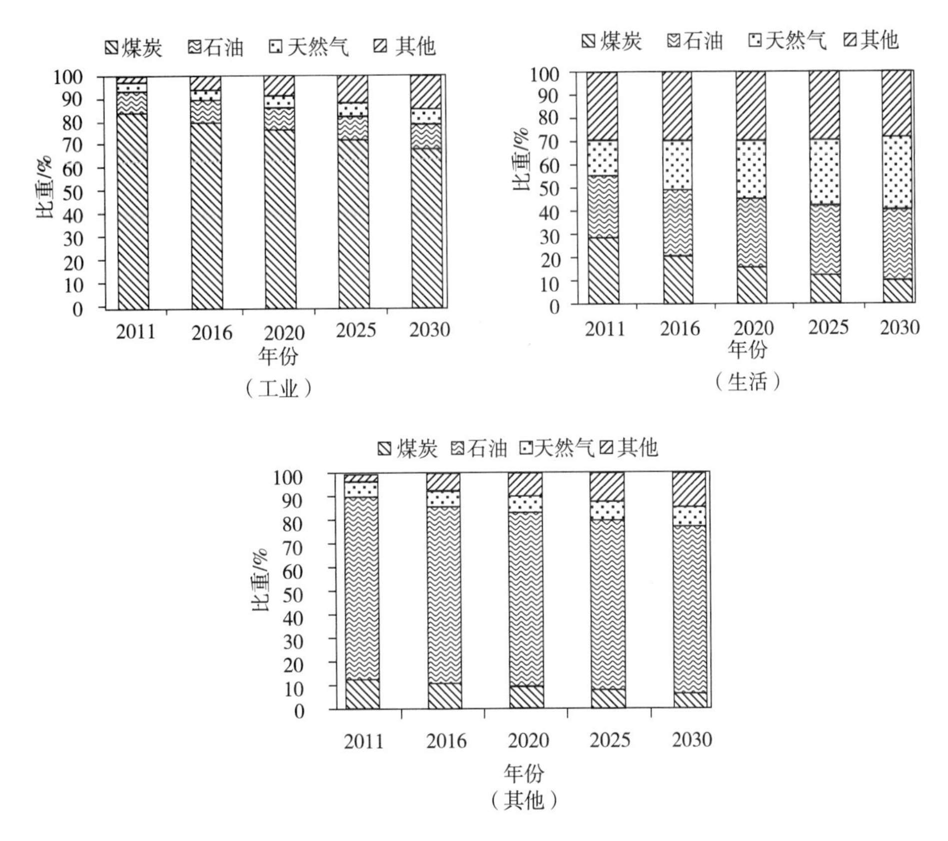

图5－14　主要能源消费结构

预计在“十三五”期间降低19.56%，2030年比2020年降低31.40%；天然气消费强度预计在“十三五”期间下降7.91%，2030年比2020年降低23.17%；其他能源消费强度预计在预测年内呈上升趋势，“十三五”期间增长4.39%，2030年比2020年增长9.78%。

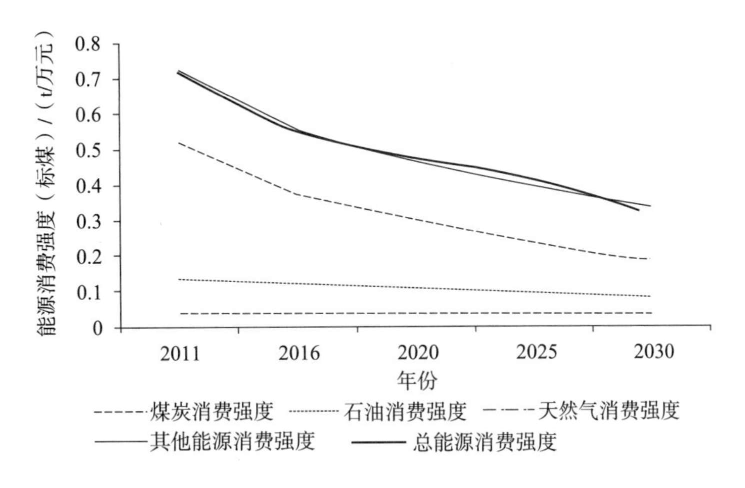

图5－15　主要能源消费强度

5.5 结论与建议

5.5.1 结论

（1）能源消费总量不断增加

预测年内，我国经济结构中工业所占比例逐渐下降，第三产业占比逐渐上升，但总体来说我国经济仍将以重化工业为主，而这些重化工业大多是高能耗企业。因此，在未来很长一段时间内，我国的能源消费总量仍保持增长的趋势，2011 年我国能源消费总量为 34.8 亿 t，2020 年达到 44.06 亿 t，到 2030 年达到 56.37 亿 t，2011—2030 年年均增长 2.62%。能源将成为制约我国经济发展的重要条件，如何保障能源供给，维护能源安全将是我国未来很长一段时间内需要面临的重大问题，而高速增长的能源消费量也将为环境和生态保护带来巨大的压力。

（2）能源消费结构逐渐调整

“十一五”以来，我国大力调整能源消费结构，改变能源发展方式，提升传统能源利用效率，大力推动新能源和可再生能源发展，取得了一定的成绩。预测 2011—2030 年，我国能源消费结构中煤炭所占比例将逐年下降，从 2011 年的 68.4% 下降到 2030 年的 50.6%。工业煤炭消费占工业能源消费总量的比例在预测年内将有大幅下降，但在 2030 年以前其比例仍将保持在 70% 以上，这主要是由于我国在预测年内仍将以重化工业发展为主，而这些行业的发展需要煤炭资源的支撑。煤炭仍将是我国未来很长一段时间内的主要能源，煤炭消费量也将呈现持续上涨的趋势。预测年内，石油消费所占比例稳中有增，从 2011 年的 18.6% 上升至 2030 年的 18.8%。此外，天然气和其他（水电、核电等）能源所占比例将逐渐上升，但相对于煤炭其比例仍然较小。

（3）能源使用强度持续降低

随着技术进步和能源效率的不断提高，我国能源消耗强度将逐步降低，2011 年全国能源消耗强度（以标煤计）为 0.74 t/万元，2016 年将下降到 0.51 t/万元，比 2011 年降低 30.6%。2020 年下降到 0.39 t/万元，“十三五”期间下降 28.7%，年均下降 6.5%。2030 年降至 0.21 t/万元，比 2020 年再降低 26.28%。其中，煤炭消费强度下降的趋势最为明显，2011 年为 0.50 t/万元，2016 年下降到 0.37 t/万元，比 2011 年下降 26.28%，2020 年下降到 0.30 t/万元，“十三五”期间下降 24.76%，2030 年下降至 0.17 t/万元，2030 年比 2020 年下降 42.47%。石油、天然气以及其他能源消费占能源消费总量的比例虽然呈现上升趋势，但其消费强度仍然呈现逐年下降的趋势。

5.5.2 建议

（1）进一步调整产业结构，优化能源结构

改变经济发展方式，尽快扭转以重化工业发展为主的局面。加快淘汰落后产能，限制高能耗产能，促进产业结构转型升级，坚持高精尖优的主攻方向，着力推动新一代信息技术、新能源等战略性新兴产业发展。进一步优化能源结构，积极探索新能源，促进能源多元化。

（2）实施煤炭消费总量控制

综合考虑各地经济社会发展水平、能源消费特征、大气污染现状等因素，制定国家煤炭消费总量中长期控制目标，实行目标责任管理。要设置煤炭消耗红线。京津冀、长三角、珠三角等区域力争实现煤炭消费总量负增长，通过逐步提高接受外输电比例、增加天然气供应、加大非化石能源利用强度等措施替代燃煤。京津冀、长三角、珠三角等区域新建项目禁止配套建设自备燃煤电站。耗煤项目要实行煤炭减量替代。除热电联产外，禁止审批新建燃煤发电项目；现有多台燃煤机组装机容量合计达到30万kW以上的，可按照煤炭等量替代的原则建设为大容量燃煤机组。

（3）加快清洁能源替代利用

加大天然气、煤制天然气、煤层气供应。提高天然气干线管输能力，优化天然气使用方式，新增天然气应优先保障居民生活或用于替代燃煤；鼓励发展天然气分布式能源等高效利用项目，限制发展天然气化工项目；有序发展天然气调峰电站，原则上不再新建天然气发电项目。制定煤制天然气发展规划，在满足最严格的环保要求和保障水资源供应的前提下，加快煤制天然气产业化和规模化步伐。积极有序发展水电，开发利用地热能、风能、太阳能、生物质能，安全高效发展核电。京津冀区域城市建成区、长三角城市群、珠三角区域要加快现有工业企业燃煤设施天然气替代步伐；到2017年，基本完成燃煤锅炉、工业窑炉、自备燃煤电站的天然气替代改造任务。

（4）实施节能战略，提高能源使用效率

严格落实节能评估审查制度。新建高耗能项目单位产品（产值）能耗要达到国内先进水平，用能设备达到一级能效标准。京津冀、长三角、珠三角等区域，新建高耗能项目单位产品（产值）能耗要达到国际先进水平。积极发展绿色建筑，政府投资的公共建筑、保障性住房等要率先执行绿色建筑标准。新建建筑要严格执行强制性节能标准，推广使用太阳能热水系统、地源热泵、空气源热泵、光伏建筑一体化、“热—电—冷”三联供等技术和装备。推进供热计量改革，加快北方采暖地区既有居住建筑供热计量和节能改造；新建建筑和完成供热计量改造的既有建筑逐步实行供热计量收费。加快热力管网建设与改造。

（5）开展国际合作，确保能源供给安全

中国作为能源消费大国，目前对进口能源的依赖程度不断加深，能源安全问题日益凸显。我国应在稳定现有能源供给量的基础上，利用多种贸易方式，与包括中南美洲国家在内的众多国家开展广泛的国际能源合作，拓宽能源供给渠道，增大能源供给容量，分散能源采购风险。同时，需要形成与发展中大国相符的能源安全战略思想，形成中长期能源安全战略体系。

第 6 章　大气污染产生量排放量预测

目前，我国大气污染形势严峻，以二氧化硫、氮氧化物、烟粉尘为主的传统大气污染物总量减排压力大，以可吸入颗粒物（PM_{10}）、细颗粒物（$PM_{2.5}$）为特征污染物的区域性大气环境问题日益突出，损害人民群众身体健康，影响社会和谐稳定。随着我国工业化、城镇化的深入推进，能源资源消耗持续增加，大气污染防治压力继续加大。

6.1　大气污染当前形势分析

（1）主要大气污染物减排压力巨大

我国 SO_2 排放量从2001 年以来迅速增长，在2006 年达到峰值2 588.8 万 t，是美国的2 倍。随着“十一五”节能减排工作的深入推进，全国废气中 SO_2 排放量逐渐减少，2012 年全国 SO_2 排放量达到2 117.8 万 t，比2006 年减少18.20%，其中工业废气中的 SO_2 排放量下降明显。生活废气中 SO_2 排放量相对稳定，并在2011 年、2012 年呈现下降趋势，这主要是得益于天然气、太阳能等清洁能源的推广使用以及中小型燃煤锅炉数量的减少（图6－1）。

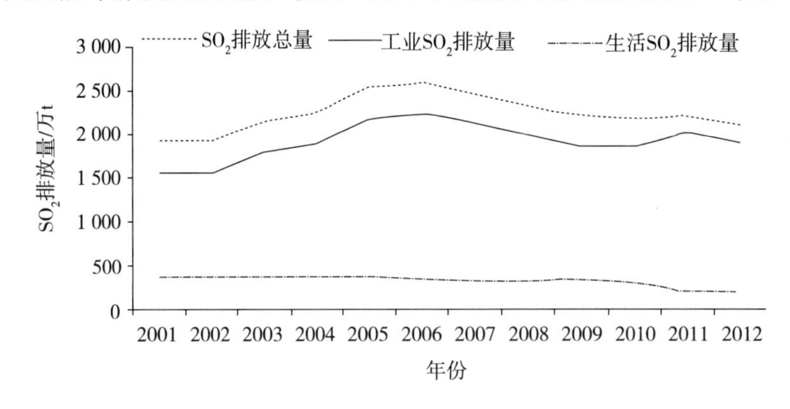

图6－1　2001—2012 年我国 SO_2 排放量

NO_x 也是主要大气污染物之一，我国从 2006 年开始统计全国 NO_x 排放量，根据《环境统计年报》，全国 NO_x 排放量呈不断增长的趋势，2011 年全国 NO_x 排放量达到峰值 2 404.8万 t，2012 年下降至 2 337.8 万 t，比 2006 年增长 5.34%。“十一五”期间，国家出台了更为严格的 NO_x 排放标准，但由于 NO_x 污染治理难度高、见效慢，全国 NO_x 排放量仍逐年上升。随着节能减排工作的深入推进，工业 NO_x 排放量开始减少，而生活 NO_x 排放量在2010—2011 年有大幅的增长，这主要是由于机动车保有量的快速增长（图6－2）。

全国烟（粉）尘排放总量在“十五”期间小幅波动，“十一五”期间呈现下降趋势，

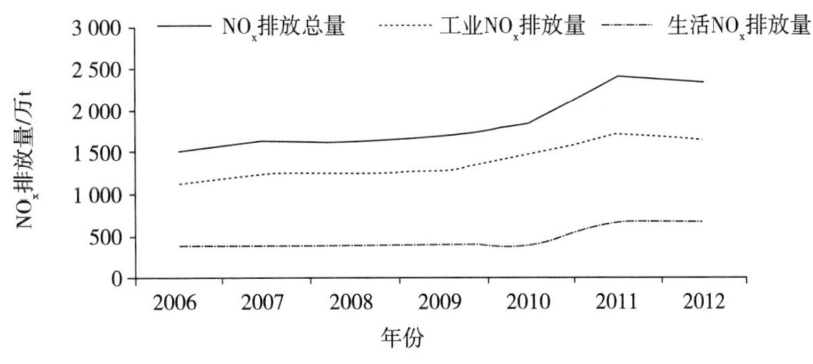

图 6－2　2001—2012 年我国 NO$_x$ 排放量

从 2001 年的 1 953. 7 万 t 降低到 2012 年的 1 234. 3 万 t，下降 40. 09%。烟尘与工业粉尘从 2005 年以来均呈现下降趋势，但目前烟（粉）尘排放量仍然超过 1 000 万 t，远超出环境承载能力。另外，由于目前工业烟（粉）尘的去除率已经很高，近年来烟（粉）尘排放量的下降趋势放缓。同时，随着我国机动车保有量的快速增长，道路交通对大气环境质量的影响将越来越大，未来烟（粉）尘减排仍然面临巨大压力（图 6－3）。

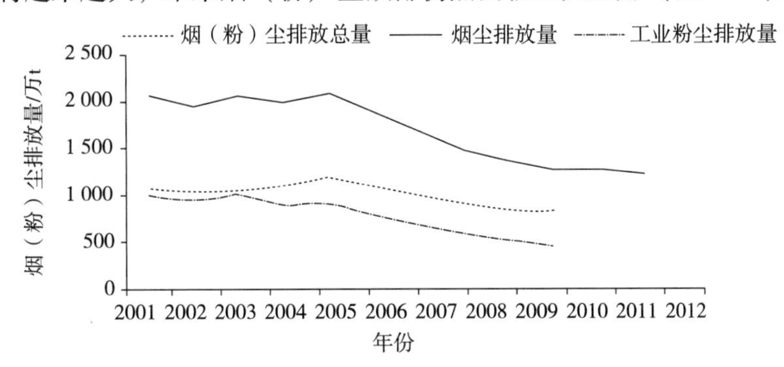

图 6－3　2001—2012 年我国烟（粉）尘排放量

（2）复合型大气污染日益凸显

目前我国大气污染特征已经从煤烟型污染转变成为复合型污染。由于长期以来我国以煤为主的能源结构没有发生根本改变，以二氧化硫、氮氧化物、可吸入颗粒物为特征的煤烟型大气污染依然严峻。另外，随着我国城市化、工业化、区域经济一体化进程的加快、机动车保有量的激增，机动车尾气污染日益严重，臭氧、可吸入颗粒物、二氧化硫、氮氧化物、挥发性有机物等成为新时期主要大气污染物，灰霾、光化学烟雾、酸雨等复合型大气污染问题日益凸显。

6. 2　预测模型与方法

6. 2. 1　预测思路与技术路线

大气污染物预测总体思路如图 6－4 所示。

（1）基本考虑

近年来，虽然我国各地空气质量较前几年有所好转，但部分地区、部分城市空气污染仍十分严重。随着我国经济的快速增长以及人民生活水平的提高，能源需求量不断上升，以煤炭、生物能、石油产品为主的能源消费是大气中颗粒物、二氧化硫、氮氧化物以及挥发性有机化合物的主要来源。

二氧化硫是迄今为止认为最主要的大气污染物，主要来源是含硫煤、石油等的燃烧以及含硫金属矿物冶炼过程，以及其他工业生产过程、火山爆发等；氮氧化物主要是NO和NO_2等气体污染物，主要来自高温燃烧时空气中的氮气参与化学反应生成的氮氧化物，另外，燃煤、燃油、木材燃烧、天然气燃烧以及汽车尾气中也会产生。一般空气中NO对人体无害，但当其转变成NO_2时，就具有腐蚀性和生理刺激作用；CO_2的排放控制已成为国际社会近10~20年来应对全球气候变化的一个重要课题，也因此产生了一个新的名词——低碳经济。自从2003年英国政府能源白皮书《我们能源的未来：创建低碳经济》提出“低碳经济”以来，CO_2的排放控制已经越来越频繁地被提上国家议事议程。表面上低碳经济是为减少温室气体排放所做努力的结果，但实质上，低碳经济是经济发展方式、能源消费方式、人类生活方式的一次新变革。中国科学院发布的《2009中国可持续发展战略报告》提出了2020年我国低碳经济的发展目标：单位GDP能耗比2005年降低40%~60%，单位GDP二氧化碳排放降低50%左右。

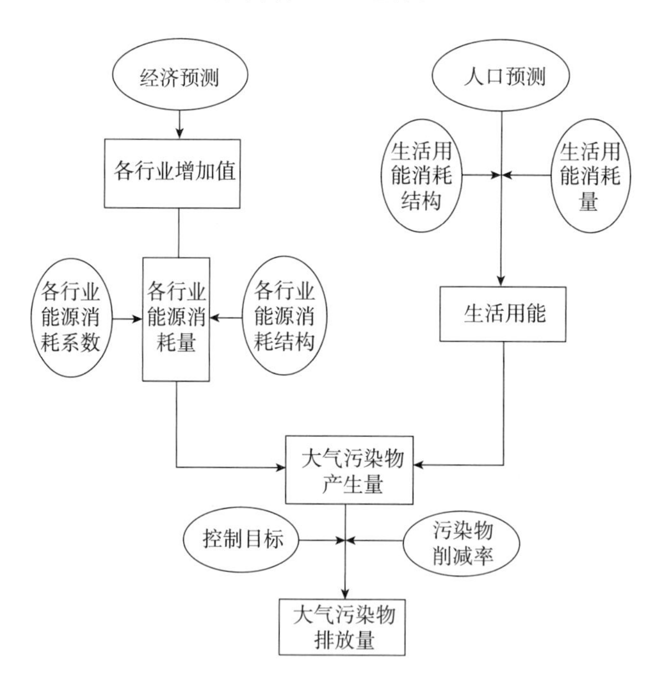

图6-4 大气污染物预测总体思路

（2）技术路线

从大气污染预测分析主体上可以分为：农业、工业、生活以及机动车。在预测燃烧过程的大气污染物排放时，主要分析农业、工业的39个行业、第三产业（包括建筑业）和生活，其中居民生活分为城镇居民生活和农村居民生活。

预测步骤：①大气污染物预测是以经济预测、人口预测、机动车保有量预测和能源消费量预测为基础的；②根据相关系数，分别预测工业、生活和机动车大气污染物产生量；③根据不同控制目标，确定不同情景方案的污染物去除率以及相应的大气污染物排放量；④根据大气污染物去除量和治理投资与运行费用系数，预测大气污染治理投入。

（3）预测范围

基准年：2011 年；

重点时段：2016 年、2020 年、2030 年；

行业范围：农业、39 个工业行业、第三产业（包括建筑业）、生活。

（4）预测指标

二氧化硫（SO_2）、氮氧化物（NO_x）、尘（烟尘和粉尘）、二氧化碳（CO_2）的产生量、排放量以及主要大气污染物的治理投资和运行费用。

6.2.2　预测模型

本报告对大气污染物排放量的预测包括五部分，即二氧化硫、氮氧化物、烟尘、粉尘、二氧化碳，由于这 5 种污染物排放特征及产生主体的不同，预测时分别采用了不同的思路。

1）二氧化硫排放量预测：首先，根据各部门能源消费量的含硫量以及硫的转化率，预测燃烧过程中二氧化硫产生量；其次，根据各行业产污系数、行业增加值，预测工艺过程中二氧化硫产生量；再次，根据各种能源消费量、燃煤或燃气含硫量、二氧化硫排放系数，预测居民生活二氧化硫产生量；最后，根据控制目标和削减率（分不同情景方案预测），预测不同方案二氧化硫排放量。

2）氮氧化物排放量预测：首先，根据各部门各种能源消费量、氮氧化物排放因子，预测燃烧过程中氮氧化物产生量；其次，根据产品排污系数、产品产量，预测工艺过程中氮氧化物产生量；再次，根据各种能源消费量、氮氧化物排放因子预测居民生活氮氧化物产生量；最后，根据控制目标和削减率（分不同情景方案预测），预测不同方案氮氧化物排放量。（注：根据《2006 年全国氮氧化物排放统计技术要求》，氮氧化物排放量统计范围包括工业、生活和公路排放三方面，其中，公路氮氧化物排放量可采用两种方法进行估算，一是按照燃料总消费量和燃料性质估算，二是按照车辆行驶距离，根据机动车保有量和排放系数（g/km）来估算。）

3）烟尘排放量预测：根据能源（煤炭）消费量、燃煤的灰分含量以及烟尘排放系数，预测燃烧过程和居民生活中烟尘的产生量，再根据控制目标和削减率，预测不同方案烟尘排放量。

4）粉尘排放量预测：根据各行业产污系数、行业增加值，预测工艺过程中粉尘产生量，再根据控制目标和削减率，预测不同方案粉尘排放量。

5）二氧化碳排放量预测：根据各部门各种能源消费量以及 IPCC 排放因子，预测得出二氧化碳产生量。目前我国基本没有二氧化碳处置措施，因此二氧化碳排放量等于二氧化碳产生量。

在预测大气污染物排放量的过程中，主要采用两个方案，一是在现有的政策条件趋势下预测大气污染物的排放情况，二是在进一步加强环境管理的情况下预测大气污染物的排放情况。

6.2.2.1　农业大气污染物预测模型

（1）农业二氧化硫产生量和排放量

$$VSPQ_j^t = VECQ_j^t \times S_{ij}^{yt}/100 \times \alpha_{ij} \times 2 \qquad (6-1)$$

$$VSPQc^t = VSPQ^t \times (1 - v_s^t) \qquad (6-2)$$

式中，VSPQ——农业二氧化硫产生量，万 t；

VSPQc——农业二氧化硫排放量，万 t；

VECQ——农业燃料煤或燃料油消费，万 t 或亿 m^3 或亿 kW·h；

j——能源种类，$j=1$，燃料煤，$j=2$，燃料油；

α——燃料中硫的转化率（煤：0.8；燃料油：0.9）；$i=0$，指农业；

S^y——燃料煤或燃料油的含硫量,%；

ν_S——二氧化硫去除率；

t——水平年。

（2）农业氮氧化物产生量和排放量

$$VNPQ_j^t = VECQ_j^t \times \lambda_{ij} \qquad (6-3)$$

$$VNPQc^t = VNPQ^t \times (1 - v_N^t) \qquad (6-4)$$

式中，VNPQ——农业氮氧化物产生量，万 t；

VNPQc——农业氮氧化物排放量，万 t；

VECQ——农业燃料煤或燃料油消费，万 t 或亿 m^3 或亿 kW·h；

j——能源种类，$j=1$，燃料煤，$j=2$，燃料油，$j=3$，天然气；$i=0$，指农业；

λ——氮氧化物排放因子；

ν_N——去除率；

t——水平年。

（3）农业烟尘产生量和排放量

$$VAPQ^t = VECQ^t \times A^{yt} \div 100 \times \omega_i \qquad (6-5)$$

$$VAPQc^t = VAPQ^t \times (1 - v_A^t) \qquad (6-6)$$

式中，VAPQ——烟尘产生量，万 t；

VAPQc——农业烟尘排放量，万 t；

VECQ——农业燃料煤消费实物量，万 t；$i=1$，燃料煤；

A^y——煤炭灰分含量,%；

ω——进入烟尘的系数；$i=0$ 为农业，$\omega_0=0.2$；

ν_A——去除率；

t——水平年。

（4）农业二氧化碳产生量和排放量

二氧化碳的排放量等于产生量。

$$VCPQ_j^t = VECQ_j^t \times C_j^y \times (1 - \zeta_j) \times \omega \tag{6-7}$$

式中，VCPQ——农业二氧化碳产生量，万 t；

$VECQ_j$——农业第 j 种能源消费量，万 t 或亿 m^3 或亿 kW · h；$j = 1$ 燃料油，$j = 2$，燃料煤，$j = 3$ 天然气；

C^y——IPCC 排放因子,%；

ζ_j——第 j 种能源燃料损失率，其中煤为 3.2%，油为 3.9%，气为 2.0%；

ω——碳氧化率，一般取 0.98；

t——水平年。

6.2.2.2　工业大气污染物预测模型

（1）工业二氧化硫产生量和排放量

1）工业燃烧过程二氧化硫产生量和排放量

$$SPQ_{ij}^t = ECQ_{ij}^t \times S_{ij}^y / 100 \times \alpha_{ij} \times 2 \tag{6-8}$$

$$SPQc_i^t = SPQ_i^t \times (1 - v_{Si}^t) \tag{6-9}$$

式中，SPQ_i——i 部门二氧化硫产生量，万 t；

$SPQc_i$——i 部门二氧化硫排放量，万 t；

ECQ_i——i 部门能源消费量，万 t；

j——能源种类，$j = 1$，燃料煤，$j = 2$，燃料油；

α——燃料中硫的转化率；

S^y——煤或燃料油的含硫量,%；

ν_S——燃烧过程二氧化硫的去除率；

t——水平年。

2）生产工艺过程二氧化硫产生量和排放量

$$SWG_i^t = \alpha sp_i^t \times X_i^t \div 1\ 000 \tag{6-10}$$

$$SWGc_i^t = SWG_i^t \times (1 - \omega_{Si}^t) \tag{6-11}$$

式中，SWG_i——i 部门二氧化硫产生量，t；

$SWGc_i$——i 部门二氧化硫排放量，t；

αsp_i——i 部门行业产污系数（二氧化硫），kg/万元；

X_i——i 部门行业增加值，亿元；

ω_S——工艺过程二氧化硫治理率；

t——水平年。

（2）工业氮氧化物产生量和排放量

$$NPQ_{ij}^t = ECQ_{ij}^t \times \lambda_{ij} \tag{6-12}$$

$$NPQc_i^t = NPQ_i^t \times (1 - v_{Ni}^t) \tag{6-13}$$

式中，NPQ_i——i 部门氮氧化物产生量，万 t；

ECQ_i——i 部门能源消费量，万 t 或亿 m^3；

NPQc——i 部门工业氮氧化物排放量，万 t；

j——能源种类，$j=1$，燃料煤，$j=2$，燃料油，$j=3$，天然气；

λ——氮氧化物排放因子；

ν_N——燃烧过程氮氧化物的去除率；

t——水平年。

（3）工业烟尘产生量和排放量

$$\mathrm{APQ}_i^t = \mathrm{ECQ}_i^t \times A^{yt}/100 \times \omega_i \quad (6-14)$$

$$\mathrm{APQ}c_i^t = \mathrm{APQ}_i^t \times (1 - v_{Ai}^t) \quad (6-15)$$

式中，APQ_i——i 部门烟尘产生量，万 t；

APQc——i 部门工业烟尘排放量，万 t；

ECQ_i——i 部门能源消费量（煤炭），万 t；

A^y——煤炭灰分含量,%；

ω——进入烟尘的系数，发电为 0.8，其他行业为 0.2；

ν_A——燃烧过程烟尘的去除率；

t——水平年。

（4）工业粉尘产生量和排放量

生产工艺过程粉尘产生量预测模型如下：

$$\mathrm{PWG}_i^t = \alpha f p_i^t \times X_i^t/1\,000 \quad (6-16)$$

$$\mathrm{PWG}c_i^t = \mathrm{PWG}_i^t \times (1 - \omega_{Pi}^t) \quad (6-17)$$

式中，PWG_i——i 部门粉尘产生量，t；

PWGc——i 部门工业粉尘排放量，t；

αp_i——i 部门行业产污系数（粉尘），kg/万元；

X_i——i 部门行业增加值，亿元；

ω_P——工艺过程粉尘治理率；

t——水平年。

（5）工业二氧化碳产生量和排放量

工业二氧化碳的排放量等于产生量。

$$\mathrm{CPQ}_{ij}^t = \mathrm{ECQ}_{ij}^t \times C_j^y \times (1 - S_j) \times \omega \quad (6-18)$$

式中，CPQ_i——i 部门二氧化碳产生量，万 t；

ECQ_{ij}——i 部门第 j 种能源消费量，万 t 或亿 m^3；

C^y——IPCC 排放因子,%；

j——能源种类，$j=1$，燃料煤，$j=2$，燃料油，$j=3$，天然气；

S_j——第 j 种能源燃料损失率，其中煤为 3.2%，油为 3.9%，气为 2.0%；

ω——碳氧化率，一般取 0.98；

t——水平年。

6.2.2.3 第三产业及建筑业大气污染物预测模型

（1）第三产业及建筑业二氧化硫产生量和排放量

$$\mathrm{TSPQ}_{ij}^{t} = \mathrm{TECQ}_{ij}^{t} \times S_{ij}^{y}/100 \times \alpha_{ij} \times 2 \quad (6-19)$$

$$\mathrm{TSPQ}c_{i}^{t} = \mathrm{TSPQ}_{i}^{t} \times (1 - v_{Si}^{t}) \quad (6-20)$$

式中，TSPQ_i——i 部门二氧化硫产生量，万 t；

$\mathrm{TSPQ}c_i$——i 部门二氧化硫排放量，万 t；

TECQ_i——i 部门能源消费量，万 t 或亿 m^3；

j——能源种类，$j=1$，燃料煤，$j=2$，燃料油；

α——燃料中硫的转化率；

S^y——煤或燃料油的含硫量,%；

ν_S——燃烧过程二氧化硫的去除率；

t——水平年。

（2）第三产业及建筑业氮氧化物产生量和排放量

$$\mathrm{TNPQ}_{ij}^{t} = \mathrm{TECQ}_{ij}^{t} \times \lambda_{ij} \quad (6-21)$$

$$\mathrm{TNPQ}c_{i}^{t} = \mathrm{TNPQ}_{i}^{t} \times (1 - v_{Ni}^{t}) \quad (6-22)$$

式中，TNPQ_i——i 部门氮氧化物产生量，万 t；

TECQ_i——i 部门能源消费量，万 t 或亿 m^3；

$\mathrm{TNPQ}c_i$——i 部门工业氮氧化物排放量，万 t；

j——能源种类，$j=1$，燃料煤，$j=2$，燃料油，$j=3$，天然气；

λ——氮氧化物排放因子；

ν_N——去除率；

t——水平年。

（3）第三产业及建筑业烟尘产生量和排放量

$$\mathrm{TAPQ}_{i}^{t} = \mathrm{TECQ}_{i}^{t} \times A^{yt}/100 \times \omega_{i} \quad (6-23)$$

$$\mathrm{TAPQ}c_{i}^{t} = \mathrm{TAPQ}_{i}^{t} \times (1 - v_{Ai}^{t}) \quad (6-24)$$

式中，TAPQ_i——i 部门烟尘产生量，万 t；

$\mathrm{TAPQ}c$——i 部门工业烟尘排放量，万 t；

TECQ_i——i 部门能源消费量，万 t；

A^y——煤炭灰分含量,%；

ω——进入烟尘的系数，发电为 0.8，其他行业为 0.2；

ν_A——去除率；

t——水平年。

（4）第三产业及建筑业二氧化碳产生量和排放量

二氧化碳的排放量等于产生量。

$$\mathrm{TCPQ}_{ij}^{t} = \mathrm{TECQ}_{ij}^{t} \times C_{j}^{y} \times (1 - S_{j}) \times \omega \quad (6-25)$$

式中，TCPQ——二氧化碳产生量，万 t；

TECQ_{ij}——i 部门第 j 种能源消费量，万 t 或亿 m^3；

C^y——IPCC 排放因子,%；

S_j——第 j 种能源燃料损失率，其中煤为3.2%，油为3.9%，气为2.0%；

ω——碳氧化率，一般取0.98；

t——水平年。

6.2.2.4 生活大气污染物预测模型

（1）城市生活用能污染物产生量

$$SLEG^t = EUL_j^t \times S^y / 100 \times 0.8 \times 2 \tag{6-26}$$

$$ALEG^t = EUL_j^t \times \beta \tag{6-27}$$

$$NLEG^t = \sum_{j=1}^{3} EUL_j^t \times \lambda_j \tag{6-28}$$

$$CLEG^t = \sum_{j=1}^{3} EUL_j^t \times C_j^y \times (1 - \zeta_j) \times \omega \tag{6-29}$$

式中，j——能源种类，$j=1$，燃料煤；$j=2$，燃料油；$j=3$，天然气；

SLEG——二氧化硫产生量，万t；

EUL——城市生活燃煤量，万t；

S^y——燃煤的含硫量，%；

ALEG——烟尘产生量，万t；

NLEG——氮氧化物产生量，万t；

CLEG——二氧化碳产生量，万t；

A^y——燃煤的灰分，%；

β——烟尘排放系数，1.5‰；

λ——氮氧化物排放因子；

C^y——IPCC排放因子，%；

ζ_j——第 j 种能源燃料损失率，其中煤为3.2%，油为3.9%，气为2.0%；

ω——碳氧化率，一般取0.98；

t——水平年。

（2）农村生活用能污染物产生量

$$VSLEG^t = VEUL_j^t \times S^y / 100 \times 0.8 \times 2 \tag{6-30}$$

$$VALEG^t = VEUL_j^t \times \beta \tag{6-31}$$

$$VNLEG^t = \sum_{j=1}^{3} VEUL_j^t \times \lambda_j \tag{6-32}$$

$$VCLEG^t = \sum_{j=1}^{3} VEUL_j^t \times C_j^y \times (1 - \zeta_j) \times \omega \tag{6-33}$$

式中，VSLEG——二氧化硫产生量，万t；

S^y——燃煤的含硫量，%；

$VEUL_{煤}$——农村生活燃煤量，万t；

VALEG——烟尘产生量，万t；

VNLEG——氮氧化物产生量，万t；

VCLEG——二氧化碳产生量，万 t；

A^y——燃煤的灰分，%；

β——烟尘排放系数（型煤：1.5‰）；

λ——氮氧化物排放因子；

C^y——IPCC 排放因子，%；

ζ_j——第 j 种能源燃料损失率，其中，煤为 3.2%，油为 3.9%，气为 2.0%；

ω——碳氧化率，一般取 0.98；

t——水平年。

6.2.2.5　大气污染治理投入预测

大气污染物治理投入的预测分两种方案，方案一是在现有技术水平条件下正常发展的预测结果，方案二是在国家加强管理情况下的预测结果。

1）大气污染治理投资根据污染治理的过程分为污染设施固定资产投资和运行费用两部分。

2）预测过程：根据不同大气污染物的处理能力和固定资产投资系数预测污染治理投资费用；根据不同大气污染物的处理能力和运行费用系数预测运行费用。

污染物治理投资费用 = [污染物处理能力 -（1 - 折旧率）× 上一年污染物处理能力] × 污染物治理投资系数

污染物治理运行费用 = 污染物处理能力 × 污染物治理运行费用系数

（1）大气污染治理模型

1）燃料燃烧

$$SDQ^t = (VSPQ^t - VSPQc^t) + \sum_{i=1}^{39}(SPQ_i^t - SPQc_i^t) + \sum_{i=40}^{43}(TSPQ_i^t - TSPQc_i^t) \tag{6-34}$$

$$NDQ^t = (VNPQ^t - VNPQc^t) + \sum_{i=1}^{39}(NPQ_i^t - NPQc_i^t) + \sum_{i=40}^{43}(TNPQ_i^t - TNPQc_i^t) \tag{6-35}$$

$$ADQ^t = (VAPQ^t - VAPQc^t) + \sum_{i=1}^{39}(APQ_i^t - APQc_i^t) + \sum_{i=40}^{43}(TAPQ_i^t - TAPQc_i^t) \tag{6-36}$$

式中，SDQ——农业、工业 39 个行业、第三产业，燃烧过程二氧化硫去除量，万 t；

NDQ——农业、工业 39 个行业、第三产业，燃烧过程氮氧化物去除量，万 t；

ADQ——农业、工业 39 个行业、第三产业，燃烧过程氮氧化物去除量，万 t。

2）生产工艺过程

$$SDWG^t = \sum_{i=1}^{39}(SWG_i^t - SWGc_i^t) \tag{6-37}$$

$$PDWG^t = \sum_{i=1}^{39}(PWG_i^t - PWGc_i^t) \tag{6-38}$$

式中，SDWG——5 个重点行业工艺过程二氧化硫去除量；

PDWG——5 个重点行业工艺过程粉尘去除量。

（2）大气治理费用预测模型

1）SO_2 治理费用

污染治理费用预测与污染治理技术选择和污染控制目标有关，根据各阶段污染控制目标确定削减量，根据不同的技术确定单位污染物削减成本。

$$ISS^t = [SSA^t - (1-\delta)\ SSA^{t-1}] \times \rho SS^t \tag{6-39}$$

$$SSA^t = SDQ^t/0.85 \tag{6-40}$$

$$ISPA^t = [SDWG^t - (1-\delta)\ SDWG^{t-1}] \times \rho PS^t \tag{6-41}$$

$$RSS^t = SSA^t \times \upsilon SS^t \tag{6-42}$$

$$RSPA^t = PAW^t \times \upsilon PS^t \tag{6-43}$$

式中，$\delta=0.05$，下同；

ISS——燃烧过程二氧化硫治理投资，万元；

ρSS——燃烧过程二氧化硫治理投资系数，元/t；

SSA——燃烧过程二氧化硫处理能力，万 t/a；

ISPA——工艺过程二氧化硫治理投资，万元；

ρPS——工艺过程二氧化硫治理投资系数，元/t；

SDWG——工艺过程二氧化硫治理能力，万 t/a；

RSS——燃烧过程二氧化硫治理运行费用，万元；

υSS——燃烧过程二氧化硫治理运行费用系数，元/t；

RSPA——工艺过程二氧化硫治理运行费用，万元；

υPS——工艺过程二氧化硫治理运行费用系数，元/t。

2）氮氧化物治理费用

$$ISN^t = [NDA^t - (1-\delta)\ NDA^{t-1}] \times \rho SN^t \tag{6-44}$$

$$NDA^t = NDQ^t/0.85 \tag{6-45}$$

$$RSN^t = NDA^t \times \upsilon PN^t \tag{6-46}$$

式中，ISN——氮氧化物治理投资，万元；

ρSN——氮氧化物治理投资系数，元/t；

NDA——氮氧化物治理能力，万 t；

RSN——氮氧化物治理运行费用，万元；

υPN——氮氧化物治理运行费用系数，元/t。

3）烟尘治理费用

$$ISA^t = [ADA^t - (1-\delta)\ ADA^{t-1}] \times \rho SA^t \tag{6-47}$$

$$ADA^t = ADQ^t/0.85 \tag{6-48}$$

$$RSA^t = ADA^t \times \upsilon PA^t \tag{6-49}$$

式中，ISA——烟尘治理投资，万元；

ρSA——烟尘治理投资系数，元/t；

ADA——烟尘处理能力，万 t/a；

ADQ——烟尘去除量，万 t；

RSA——烟尘治理运行费用，万元；

υPA——烟尘治理运行费用系数，元/t。

4）粉尘治理费用

$$IDPA^{t} = [PDWG^{t} - (1-\delta)\ PDWG^{t-1}] \times \rho SP^{t} \qquad (6-50)$$

$$RDPA^{t} = PDWG^{t} \times \upsilon PP^{t} \qquad (6-51)$$

式中，IDPA——行业粉尘治理投资，万元；

ρSP——行业粉尘治理投资系数，元/t；

PDWG——行业粉尘治理能力，万 t/a；

RDPA——行业粉尘治理运行费用，万元；

υPP——行业粉尘治理运行费用系数，元/t。

6.3　模型参数确定

6.3.1　大气污染物产生系数及预测方法

预测过程中需要大量的技术参数，表 6－1 列出了这些技术参数的数据来源和预测方法。

表 6－1　大气污染物产生系数及预测方法

分类	系数	单位	数据来源及预测方法
燃烧过程	部门能源消费系数	t/万元	将历年能源统计年鉴中分行业的能源消费系数进行回归，并对某些重点耗能行业给予特别关注，同时考虑国家与能源发展有关的一些中长期规划，对不同行业的这两个参数进行预测
	部门能源消费结构	%	
	燃料中硫的转换率	%	根据经验统计取常数，其中，煤、电力为 0.85，其余为 0.8；燃料油取 0.9
	燃料的含硫量	%	
	煤炭灰分含量	%	根据已有的研究文献、煤炭资源平均含硫量和煤炭洗选情况及有关规划和专家调查，分析含硫量和含灰量变化情况
	烟尘转换率	%	
	氮氧化物排放因子	kg/t（或 kg/m^3）	根据经验统计取常数，其中，发电为 0.8、供热为 0.2
	二氧化碳排放因子	t/t 或（t/m^3）	根据相关文献资料并结合专家经验预测得出
			根据相关文献资料并结合专家经验预测得出

续表

分类	系数	单位	数据来源及预测方法
工艺过程	行业污染物产生系数	kg/万元	行业产污系数是指单位增加值的二氧化硫、粉尘产生量，根据历年行业产污系数的变化趋势进行预测
	行业产品排污系数	kg/t	行业产品排污系数是指单位产品氮氧化物产生量，根据有关研究成果得出
城镇生活和农村生活	人均用煤量	kg/（人·a）	根据未来城市化率、生活能源消费量与消费结构进行预测
	人均用气量	m^3/（人·a）	
	污染物产生系数	g/（人·d）	硫分、灰分以及转换率与燃烧过程预测方法相同

（1）煤炭和燃油硫分、灰分的确定

1）电力行业燃煤硫分

根据电力行业的特点和对电力行业脱硫技术的要求，可以预测火电耗煤硫分如表6－2所示。

表6－2　火电耗煤硫分确定

年份	2011	2016	2020	2025	2030
含硫量/%	1.00	1.08	1.15	1.22	1.30

2）其他行业和居民生活燃煤硫分

考虑国家对散煤的管控政策，预测其他行业和居民生活用煤含硫量将略有下降，具体如表6－3所示。

表6－3　其他行业燃煤硫分预测

年份	2011	2016	2020	2025	2030
含硫量/%	1.07	1.02	0.99	0.95	0.90

3）燃料油含硫量

根据专家调查，燃料油含硫量取0.5%。

4）燃料中硫的转换率

根据经验统计，电力行业中硫的转化率为0.85，其余为0.8；燃料油中硫的转换率为0.9。

5）工艺过程二氧化硫产生系数

行业二氧化硫产生系数是指单位增加值的二氧化硫产生量，本报告根据历年行业产污系数的变化趋势，预测2016—2030年SO_2产生系数。行业增加值采用经济预测提供的数据，二氧化硫产生量采用《中国环境统计年鉴》中行业的污染物排放量和去除量的统计值，需要说明的一点是中国环境统计中各行业污染物排放量只是统计范围内的企业排放量和去除量的汇总，并非全行业的污染物排放数据，因此，我们按照统计范围内的行业比例，对各行业的污染物排放量和去除量进行修订，各行业去除率采用中国环境统计中的行业数值。修订后即预测的二氧化硫产污系数，如表6－4所示。

表6－4　行业生产工艺过程二氧化硫产生系数预测　　单位：kg/万元

行业	2011年	2016年	2020年	2025年	2030年
石油加工及炼焦	49.58	46.10	43.68	41.12	39.06
化学工业	7.39	7.24	7.14	7.07	7.03
其他非金属制品业	17.41	17.19	17.03	16.85	16.69
黑色金属冶炼	15.14	15.02	14.93	14.83	14.75
有色金属冶炼	104.70	99.52	95.68	91.27	87.29

（2）氮氧化物排放因子的选择

氮氧化物产生量的计算，参照清华大学郝吉明的排放因子以及《2006年全国氮氧化物排放统计技术要求》的估算值，未来系数与现状值一致。根据能源统计情况和各种能源污染物排放的比重，选取9种能源进行计算，排放因子见表6－5。

表6－5　氮氧化物排放因子

行业	煤炭/(kg/t)	焦炭/(kg/t)	原油/(kg/t)	汽油/(kg/t)	煤油/(kg/t)	柴油/(kg/t)	燃料油/(kg/t)	天然气/(kg/m^3)	煤气/(kg/m^3)
农业	3.75	4.5	3.05	16.7	4.48	5.77	3.5	14.62	6.69
发电	8.85		7.24	16.7	21.2	7.4	10.06	40.96	13.53
供热	7.25	9	5.09	16.7	7.46	7.4	5.84	20.85	9.5
炼焦	0.37								
炼油			0.24						
制气	0.75	0.9					5.84		0.96
工业	7.5	9	5.09	16.7	7.46	9.62	5.84	20.85	9.5
建筑业	7.5	9		16.7	7.46	9.62	5.84	20.85	
交通	7.5	9		21.2	27.4	36.25	36.25	20.85	
商业、其他	3.75	4.5	3.05	16.7	4.48	5.77	3.5	14.62	7.36

资料来源：郝吉明等。

（3）计算烟尘过程中所需系数的选取

1）煤炭含灰量

根据已有的文献及煤炭资源平均含硫量和煤炭洗选情况，分析含灰量变化，根据有关规划和专家调查，结合煤炭洗选目标，洗选脱硫率按30%计算，除灰率按50%计算，由于近年来煤炭消费量增长迅速，洗选率增长速度有些缓慢，未来煤炭含灰量见表6－6。

表6－6　煤炭含灰量预测

年份	2011	2016	2020	2025	2030
含灰量/%	21.8	21	20	19	18

2）烟尘转换率

烟尘转换率，即进入烟尘的系数，见表6－7。

表6－7　烟尘转换率

行业	烟尘转换率
煤炭开采和洗选业	0.2
石油和天然气开采业	0.2
黑色金属矿采选业	0.2
有色金属矿采选业	0.2
非金属矿采选业	0.2
其他采矿业	0.2
农副食品加工业	0.2
食品制造业	0.2
饮料制造业	0.2
烟草制品业	0.2
纺织业	0.2
纺织服装、鞋、帽制造业	0.2
皮革、毛皮、羽毛（绒）及其制品业	0.2
木材加工及木、竹、藤、棕、草制品	0.2
家具制造业	0.2
造纸及纸制品业	0.2
印刷业和记录媒介的复制	0.2
文教体育用品制造业	0.2
石油加工、炼焦及核燃料加工业	0.2
化学原料及化学制品制造业	0.2
医药制造业	0.2
化学纤维制造业	0.2
橡胶制品业	0.2
塑料制品业	0.2
非金属矿物制品业	0.2
黑色金属冶炼及压延加工业	0.2
有色金属冶炼及压延加工业	0.2

续表

行业	烟尘转换率
金属制品业	0.2
通用设备制造业	0.2
专用设备制造业	0.2
交通运输设备制造业	0.2
电气机械及器材制造业	0.2
通信设备、计算机及其他电子设备制造业	0.2
仪器仪表及文化、办公用机械制造业	0.2
工艺品及其他制造业	0.2
废弃资源和废旧材料回收加工业	0.2
电力、热力的生产和供应业	0.8
燃气生产和供应业	0.2
水的生产和供应业	0.2
第三产业（包括建筑业）	0.2

（4）工艺过程粉尘产生系数的选取

粉尘产生系数的确定与二氧化硫产生系数的预测方法一致，根据历年行业产污系数的变化趋势，预测2016—2030年污染物产生系数。行业增加值采用经济预测提供的数据，行业粉尘排放量采用《中国环境统计年鉴》中排放总量数值，按照行业所占比例，对各行业的污染物排放量进行修订，根据中国环境统计中各行业粉尘去除率计算行业粉尘产生量。根据历年粉尘产生系数预测2016—2030年粉尘产生系数，如表6－8所示。

表6－8　行业生产工艺过程粉尘产生系数预测　　单位：kg/万元

行业	2011年	2016年	2020年	2025年	2030年
石油加工及炼焦	22.3	20.8	20	19.5	19.2
化学工业	18.4	17.4	16.8	16.5	16.2
其他非金属制品业	998.6	866.5	795.9	730.7	682.2
黑色金属冶炼	238.8	195.6	170	150.8	136.1
有色金属冶炼	88.2	69.8	60.5	52.6	47.0

（5）二氧化碳排放核算所需系数的选取

确定二氧化碳排放源的排放因子是一项十分复杂的基础研究工作。燃料在燃烧时，二氧化碳排放因子不仅与燃料的种类、燃烧方式有关，而且还与操作条件等因素有关，也与原料的成分、生产工艺流程等有关。燃料损失系数主要与能源消费和化石燃料运输、分配、加工过程有关。根据有关研究成果，二氧化碳排放因子和燃料损失系数见表6－9，其中包括燃烧过程和机动车的排放系数。主要能源折合标准煤参考系数见表6－10。

表 6－9 主要能源 CO_2 排放系数

燃料类别	A		B	$C=A\times B\times(44/12)\times 1\,000$	
	IPCC 2006 C 排放系数		碳氧化因子	IPCC 2006 的 CO_2 排放系数	
	C 排放系数	单位（以 C 计）		CO_2 排放系数	单位（以 CO_2 计）
焦炭	29.2	kg/GJ	1	107 000	kg/TJ
原油	20.0	kg/GJ	1	73 300	kg/TJ
天然气	15.3	kg/GJ	1	56 100	kg/TJ
沼气	14.9	kg/GJ	1	54 600	kg/TJ
其他气态燃料	14.9	kg/GJ	1	54 600	kg/TJ

表 6－10 主要能源折标煤参考系数

能源	折标准煤系数
原煤	0.714 3 kg/kg
原油	1.428 6 kg/kg
天然气	1.330 0 kg/m³
薪柴	0.571 kg/kg
沼气	0.714 kg/m³
秸秆	0.495 kg/kg

来源：中国能源统计年鉴，其中秸秆折标煤系数是大豆秆、棉花秆、稻秆、麦秆和玉米秆的低位发热量的平均值折算得到。

（6）机动车污染物相关系数的选取

机动车污染物的排放量主要与机动车保有量、行驶里程和污染排放因子相关，机动车保有量现状数据可以通过相关年鉴或污染源普查数据得到，表 6－11 为机动车污染排放因子和推荐行驶里程。

表 6－11 机动车 NO_x 排放因子和推荐行驶里程

车型		行驶里程/万 km					
		NO_x 排放因子/（g/km）	2011 年	2016 年	2020 年	2025 年	2030 年
货车	微型货车	0.46	1.5	1.5	1.5	1.5	1.5
	轻型货车	0.56	2.3	2.4	2.5	2.6	2.7
	中型货车	4.81	3.2	3.3	3.5	3.9	4.3
	重型货车	1.95	3.5	3.8	4.0	4.2	4.4
客车	微型客车	0.59	1.5	1.5	1.5	1.5	1.5
	轻型客车	0.60	2.3	2.4	2.5	2.6	2.7
	中型客车	4.46	3.2	3.3	3.5	3.9	4.3
	大型客车	10.80	3.5	3.8	4.0	4.2	4.4

6.3.2　大气污染治理费用系数及预测方法

大气污染治理费用产生系数及预测方法见表 6－12。

表 6－12　大气污染治理费用产生系数及预测方法

分类	系数	单位	预测方法
燃烧过程	二氧化硫治理投资系数	元/t	根据污染源普查的数据统计结果或者根据相关文献资料并结合专家经验预测得出
	二氧化硫治理运行费用系数	元/t	
	二氧化硫处理能力	万 t/a	年处理量/0.85
	二氧化硫去除量	万 t	产生量－排放量
	氮氧化物治理投资系数	元/t	根据相关文献资料并结合专家经验预测得出
	氮氧化物治理运行费用系数	元/t	
	氮氧化物处理能力	万 t/a	年处理量/0.85
	氮氧化物去除量	万 t	产生量－排放量
	机动车尾气氮氧化物治理成本	万元/t	通过排放标准控制，其成本按实施不同标准的成本计算
	烟尘治理投资系数	元/t	根据相关文献资料并结合专家经验预测得出
	烟尘治理运行费用系数	元/t	
	烟尘去除量	万 t	产生量－排放量
	烟尘处理能力	万 t/a	年处理量/0.85
	设备折旧率	%	常数，取 5%
工艺过程	行业二氧化硫治理投资系数	元/t	根据相关文献资料并结合专家经验预测得出
	行业二氧化硫治理运行费用系数	元/t	
	行业二氧化硫处理能力	万 t/a	年处理量
	行业粉尘治理投资系数	元/t	
	行业粉尘治理运行费用系数	元/t	根据相关文献资料并结合专家经验预测得出
	行业粉尘处理能力	万 t/a	年处理量

（1）与二氧化硫治理费用相关的系数

根据全国第一次污染源普查的数据统计结果，共有 10 988 家企业填写了燃烧过程二氧化硫治理设施的基本情况，261 家企业填写了工艺过程二氧化硫治理设施的基本情况。由于数据填报质量问题和系数适用性，在充分考虑二氧化硫治理设施的去除率、运行效率及对这些企业经过删选后，确定投资系数和运行费用系数如表 6－13 所示。

表 6－13　二氧化硫治理费用系数　　单位：元/t

燃烧过程		工艺过程	
投资系数	运行费用系数	投资系数	运行费用系数
3 938	1 086	7 259	1 490

（2）与氮氧化物治理费用相关的系数

我国目前已经广泛商业应用的烟气脱氮技术主要有选择性非催化还原法（SNCR）和选择性催化还原法（SCR），根据《火电厂氮氧化物防治技术政策》编制说明，假设新建、改建、扩建机组全部采用SCR，确定投资系数为21 240 元/t，运行系数为9 897 元/t。

机动车尾气排放主要考虑通过排放标准控制，其成本按实施不同标准的成本计算，根据汽车污染防治政策，目前全国2010 年实施国Ⅳ标准，预计2020 年实施欧Ⅴ标准。实施欧Ⅲ标准，在欧Ⅱ标准的基础上削减11%，实施欧Ⅳ标准，将在欧Ⅱ标准上削减17%。氮氧化物的治理成本加权平均后实施欧Ⅴ、欧Ⅳ标准费用分别为3. 78 万元/t 和20. 45 万元/t。

（3）与烟尘治理投资相关的系数

根据全国第一次污染源普查的数据统计结果，共有64 548 家企业填写了烟尘治理设施的基本情况。由于数据填报质量问题和系数适用性，在充分考虑了烟尘治理设施的去除率、运行效率及对这些企业经过删选后，确定投资系数为1 263 元/t，运行费用系数为444 元/t。

（4）与粉尘治理投资相关的系数

根据全国第一次污染源普查的数据统计结果，共有6 450 家企业填写了粉尘治理设施的基本情况。由于数据填报质量问题和系数适用性，在充分考虑了粉尘治理设施的去除率、运行效率及对这些企业经过删选后，确定投资系数为488 元/t，运行费用系数为106 元/t。

6. 4　预测结果与分析

6. 4. 1　大气污染物产生量预测

6. 4. 1. 1　二氧化硫产生量预测结果

（1）工业燃烧过程二氧化硫产生量保持增长势头

根据不同行业燃料煤、燃料油的使用量以及相应的含硫率，可以得到各工业行业燃烧过程的二氧化硫产生量。2016 年工业燃烧过程二氧化硫产生量为4 782. 65 万t，比2011 年增长9. 72%，“十三五”期间由于燃料煤、燃料油消费量的增长，2020 年工业燃烧过程二氧化硫产生量达到5 136. 55 万t，“十三五”期间增长8. 90%，2030 年工业燃烧过程二氧化硫产生量达到5 848. 12 万t，比2020 年增长13. 85%。

燃烧过程二氧化硫产生最多的行业和燃料煤消费情况相同，仍然是电力行业、非金属制品业、化工行业和黑色冶金行业，其中电力行业是燃烧过程二氧化硫产生的主要行业，其产生量一直占工业燃烧过程二氧化硫产生总量的76%以上，而且呈现逐年上升的趋势，2016 年电力行业燃烧过程二氧化硫产生量比2011 年增加了9. 85%，占工业燃烧过程二氧化硫产生总量的比例增加了1. 84 个百分点；2020 年电力行业燃烧过程二氧化硫产生量比2016年增加了17.37%，占工业燃烧过程二氧化硫产生总量的比例增加了2.04个百分点；2030年电力行业燃烧过程二氧化硫产生量比2020年增加了36.41%，占工业燃烧过程二氧化硫产生总量的比例增加了2.58个百分点。非金属制品业与电力行业一样，其燃烧过程二氧化硫产生量逐年增加，2016年比2011年增长20.70%，“十三五”期间，燃烧过程二氧化硫产生量预计增长16.10%，2030年比2020年增长27.40%，2011—2030年年均增长3.10%，其占燃烧过程二氧化硫产生总量的比例相对稳定，占5.5%左右（表6－14）。

表6－14　主要行业燃烧过程二氧化硫产生量所占比例　　单位:%

行业	2011年	2016年	2020年	2025年	2030年
电力、热力的生产和供应业	76.25	76.34	76.63	77.43	78.16
非金属矿物制品业	4.74	5.18	5.52	5.99	6.49
化学原料及化学制品制造业	3.94	4.20	4.30	4.30	4.27
黑色金属冶炼及压延加工业	3.70	3.57	3.35	2.91	2.40

化工行业和黑色冶金行业的燃烧过程二氧化硫产生量预计分别在2025年和2020年左右达到最高值，之后开始逐年下降。其中化工行业预计2011—2016年年均增长3.43%，“十三五”期间燃烧过程二氧化硫产生量年均增长2.03%，2025—2030年年均下降0.84%；黑色冶金行业燃烧过程二氧化硫产生量2011—2016年年均增长1.61%，“十三五”期间年均增长0.46%，2020—2030年年均下降1.31%。这两个行业燃烧过程二氧化硫产生量占工业燃烧过程二氧化硫产生总量的比例基本呈现逐年下降的趋势。

（2）工艺过程二氧化硫产生量迅猛增长

根据五个主要行业工艺过程二氧化硫产生系数以及相应行业的发展情况，预测工艺过程二氧化硫产生量如表6－15所示。其中2016年工艺过程二氧化硫产生量预计达到1 966.46万t，比2011年增长38.46%，2020年工艺过程二氧化硫产生量预计达到2 454.1万t，“十三五”期间预计增长24.08%，2030年工艺过程二氧化硫产生量预计达到3 743.9万t，预计比2020年增长52.56%。

表6－15　主要行业工艺过程二氧化硫产生量　　单位：万t

行业	2011年	2016年	2020年	2025年	2030年
石油加工及炼焦	243.5	266.8	301.2	351.5	402.3
化工行业	94.4	137.1	183.1	255.1	342.6
非金属制品业	167.3	243.4	333.0	486.8	692.2
黑色金属冶炼	198.9	264.1	326.4	399.7	452.1
有色金属冶炼	716.2	1 055.1	1 310.4	1 585.4	1 854.7
合计	1 420.3	1 966.5	2 454.1	3 078.6	3 743.9

有色金属冶炼、石油加工及炼焦、非金属制品业、黑色金属冶炼和化工行业为工艺过程二氧化硫产生的主要行业，与燃烧过程二氧化硫产生过程不同的是，主要行业的工艺过程二氧化硫产生量在2030年前都一直保持增长趋势。其中有色金属冶炼业的工艺过

程二氧化硫产生量占工业工艺过程二氧化硫产生总量的50%左右，其中2016年产生量为1 055.1万t，比2011年增长47.31%，2020年工艺过程二氧化硫产生量为1 310.4万t，“十三五”期间增长24.20%，2030年工艺过程二氧化硫产生量预计为1 854.7万t，比2020年增长41.54%。

石油加工及炼焦业工艺过程二氧化硫产生量占工艺过程二氧化硫产生总量的比例逐年降低，由2011年的17.14%下降至2030年的10.75%左右，预计2011—2016年产生量增长9.60%，“十三五”期间产生量增长12.88%，2030年比2020年增长33.57%，2011—2030年年均增长2.68%；黑色金属冶炼业工艺过程二氧化硫产生量占工艺过程二氧化硫产生总量的比例逐年下降，由2011年的14.00%下降至2030年的12.08%左右，预计2011—2016年增长32.79%，2030年比2020年增长38.52%；非金属制品业工艺过程二氧化硫产生量占比逐年提高，由2011年的11.78%上涨至2030年的18.49%，预计在“十三五”期间产生量增长36.85%，2011—2030年年均增长7.76%；化工行业工艺过程二氧化硫产生量占总量的比例与非金属制品业一样逐年提高，预计“十三五”期间产生量增长33.58%，2011—2030年年均增长7.02%。

（3）生活及其他行业二氧化硫产生量保持上升趋势

根据生活及其他行业能源消费量以及相应含硫率，预测得到生活及其他行业二氧化硫产生量如图6-5所示。2011年生活及其他行业二氧化硫产生量为746.51万t，2016年预计达到844.57万t，增长13.14%；2020年预计达到906.93万t，“十三五”期间预计增长9.24%；2030年生活及其他行业二氧化硫产生量为1 092.31万t，预计比2020年增长20.44%。

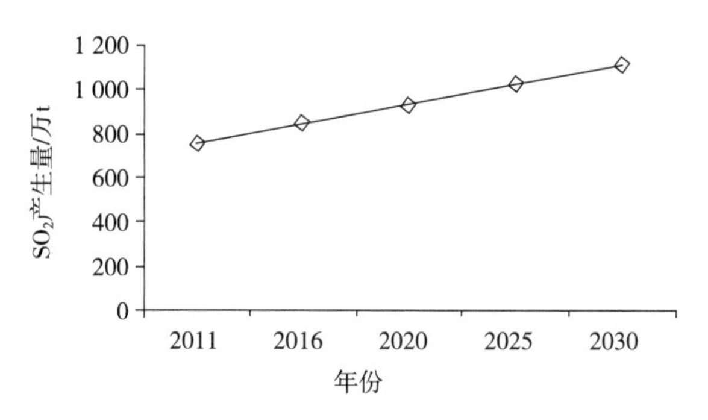

图6-5　生活及其他行业二氧化硫产生量

（4）二氧化硫产生量汇总分析

预测年内，工业燃烧过程二氧化硫产生量占二氧化硫产生总量的比例逐年降低，从2011年的66.8%下降至2030年的54.7%；工业工艺过程二氧化硫产生量占总量的比例逐年提高，从2011年的21.76%上升至2030年的35.04%；生活和其他行业二氧化硫产生量占二氧化硫产生总量的比例逐年降低，由2011年的11.44%下降至2030年的10.22%。因此，工业是二氧化硫的主要来源，工业二氧化硫治理也是二氧化硫污染防治的重点，而电力行业燃烧过程产生的二氧化硫占二氧化硫产生总量的40%以上，是二氧化硫治理的重点行业（表6-16）。

表6－16　各主要部门二氧化硫产生量　　单位：万t

行业	2011年	2016年	2020年	2025年	2030年
工业燃烧过程	4 359.07	4 782.65	5 136.55	5 582.19	5 848.12
其中：电力行业	3 323.68	3 651.07	3 936.06	4 322.51	4 571.01
工艺过程	1 420.27	1 966.46	2 454.12	3 078.61	3 743.89
生活及其他行业	746.51	844.57	906.93	998.94	1 092.31
合计	6 525.84	7 593.68	8 497.60	9 659.74	10 684.32

6.4.1.2　氮氧化物产生量预测结果

氮氧化物产生总量呈现快速增长的态势（图6－6）。

根据各行业能源消费预测量以及相应的氮氧化物产污系数，预测2016年氮氧化物产生总量为2 837.66万t，比2011年增长9.51%；2020年氮氧化物产生总量为3 044.58万t，预计“十三五”期间增长8.65%；2030年氮氧化物产生总量为3 567.40万t，比2020年增长17.17%。

工业氮氧化物产生量逐年提高，但占总氮氧化物产生量的比例不断降低。2016年工业氮氧化物的产生量为1 890.82万t，比2011年增长4.87%，工业氮氧化物产生量占氮氧化物产生总量的比例下降了2.95个百分点；2020年预计工业氮氧化物产生量为1 968.89万t，“十三五”期间增长4.68%，工业氮氧化物产生量占氮氧化物产生总量的比例下降了2.45个百分点；2030年工业氮氧化物产生量为2 092.97万t，比2020年增长6.30%，占氮氧化物产生总量的比例下降了6.0个百分点。

生活及其他行业氮氧化物产生量逐年提高，占总氮氧化物产生量的比例也不断提高。2016年生活及其他行业氮氧化物产生量预计930.32万t，比2011年增长20.51%；2020年产生量达到1 061.61万t，“十三五”期间预计增长17.33%；2030年氮氧化物产生量预计达到1 463.66万t，比2020年增长37.87%。

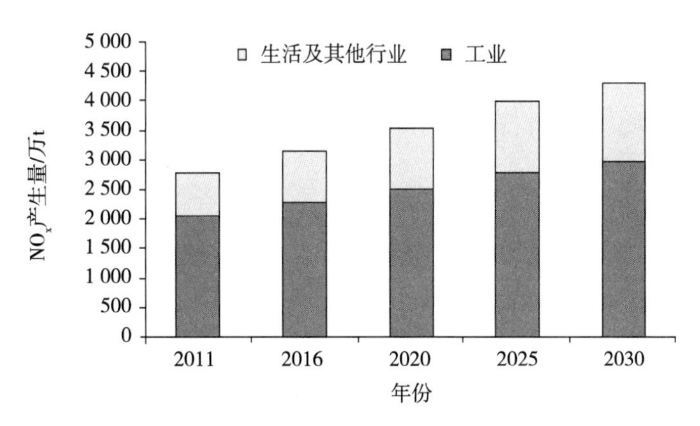

图6－6　各部门氮氧化物产生量

由于目前我国对氮氧化物的治理才刚刚起步，因此氮氧化物的产生量更取决于能源消费量，氮氧化物产生量的趋势和比例与能源消费量基本相同。在氮氧化物的产生过程中，电力行业仍然占据着最大比重，但是由于氮氧化物治理仍然是以电力行业为重点行业，因此电力行业的氮氧化物产生量虽然逐年上升，但占氮氧化物产生总量的比例不断降低。2016 年电力行业氮氧化物产生量为 1 411.96 万 t，比 2011 年增长 1.98%；2020 年电力行业氮氧化物产生量为 1 439.43 万 t，预计“十三五”期间增长 2.04%，占氮氧化物产生总量的比例降低了 0.66 个百分点；2030 年电力行业氮氧化物产生量为 1 472.02 万 t，比 2020 年增长了 2.26%，占氮氧化物产生总量的比例降低了 0.58 个百分点（表 6－17）。

表 6－17　各主要部门氮氧化物产生量

单位：万 t

行业	2011 年	2016 年	2020 年	2025 年	2030 年
电力、热力的生产和供应业	1 384.58	1 411.96	1 439.43	1 480.36	1 472.02
非金属矿物制品业	86.59	107.87	127.25	155.96	184.43
化学原料及化学制品制造业	74.59	92.13	105.56	120.88	132.50
黑色金属冶炼及压延加工业	65.87	72.86	76.07	75.12	67.94
工业合计	1 819.22	1 907.34	1 982.97	2 076.08	2 103.74
生活及其他行业	772.01	930.32	1 061.61	1 255.95	1 463.66
氮氧化物产生总量	2 591.23	2 837.66	3 044.58	3 332.04	3 567.40

6.4.1.3　烟尘、粉尘产生量预测结果

（1）烟尘产生量稳中有降

燃料煤在燃烧过程中会产生烟尘，烟尘在各部门的产生量如表 6－18 所示。其中工业行业烟尘产生量占烟尘产生总量的 98% 左右，是烟尘的主要来源，而且占比呈现逐年上升的趋势，而生活及其他行业的烟尘产生量仅占产生总量的 2% 左右，且呈现逐年下降的趋势。

2011 年烟尘产生总量为 31 515.15 万 t，其中工业烟尘产生量约占 97.78%，约为 30 812.82 万 t，而生活及其他行业的烟尘产生量仅为 702.33 万 t；2016 年烟尘产生总量达到 30 767.60 万 t，比 2011 年减少 2.37%；2020 年烟尘产生总量为 30 471.75 万 t，比 2016 年下降 0.96%；2030 年烟尘产生总量为 29 863.30 万 t，比 2020 年下降 2.0%。

工业烟尘产生量稳中有降（表 6－19），2016 年比 2011 年减少 2.42%，2020 年比 2016 年又下降 0.91%，2030 年比 2020 年减少 1.94%；生活及其他行业烟尘产生量逐年下降，其中 2016 年比 2011 年下降 0.48%，2020 年比 2016 年下降 3.23%，2030 年比 2020 年下降 4.41%。

表 6－18　主要部门烟尘产生量

单位：万 t

行业	2011 年	2016 年	2020 年	2025 年	2030 年
工业	30 812.82	30 068.67	29 795.36	29 806.00	29 216.73
生活及其他	702.33	698.93	676.38	659.19	646.57
合计	31 515.15	30 767.60	30 471.75	30 465.18	29 863.30

电力行业、化工工业、石油加工业、黑色金属冶炼业、非金属制品业和煤炭开采业是工业烟尘产生的主要行业，其中电力行业的烟尘产生量最大。2011 年电力行业的烟尘产生量为 28 515.92 万 t，占工业烟尘总产生量的 91.6%；2016 年电力行业的烟尘产生量

为27 580. 39 万 t，比2011 年下降3. 28%；2020 年电力行业的烟尘产生量为27 159. 23 万 t，比2016 年下降1. 53%；2030 年电力行业的烟尘产生量为26 346. 98 万 t，比2020 年下降2. 99%。

表6－19 主要工业行业烟尘产生量 单位：万 t

行业	2011 年	2016 年	2020 年	2025 年	2030 年
电力、热力生产和供应业	28 515. 92	27 580. 39	27 159. 23	27 027. 57	26 346. 98
非金属矿物制品业	421. 85	499. 60	569. 88	671. 95	776. 08
黑色金属冶炼及压延加工业	390. 18	409. 02	412. 32	393. 54	348. 61
化学原料及化学制品制造业	389. 18	449. 91	494. 16	432. 12	575. 31
煤炭开采业	36. 32	34. 73	35. 77	33. 84	32. 65
石油加工业	136. 43	135. 41	137. 52	143. 20	147. 05
工业合计	31 127. 91	32 554. 55	34 818. 80	37 431. 91	39 212. 33

（2）粉尘产生量持续增加

粉尘主要产生于工业的工艺生产过程，主要分析石油加工及炼焦行业、化学工业、非金属制造业、黑色金属冶炼和有色金属冶炼5 个行业，这5 个行业的粉尘产生量占粉尘产生总量的95%左右，因此工业行业的粉尘产生量可以通过5 个主要行业进行预测。根据粉尘产生系数以及相关行业的经济增加值，得到粉尘产生量如表6－20 所示。

表6－20 主要行业粉尘产生量预测 单位：万 t

行业	2011 年	2016 年	2020 年	2025 年	2030 年
石油加工及炼焦	107. 6	120. 7	139. 7	168. 2	197. 9
化学工业	238. 1	327. 7	424. 2	571. 7	744. 6
非金属矿物业	8 135. 6	10 395. 9	13 192. 1	17 908. 1	23 987. 1
黑色金属冶炼	3 077. 9	3 407. 8	3 783. 3	4 165. 0	4 318. 4
有色金属冶炼	610. 1	733. 7	815. 0	888. 7	960. 8
5 个重点行业合计	13 428. 2	16 867. 5	20 952. 0	27 516. 9	35 639. 2

工业行业粉尘产生量呈现逐年上升的趋势。其中2011 年粉尘产生总量为13 428. 2 万 t，2016 年增长到16 867. 5 万 t，比2011 年增长25. 61%；2020 年粉尘产生量达到20 952. 0 万 t，预计“十三五”期间增长24. 22%，2030 年粉尘产生总量达到35 639. 2 万 t，比2020 年增长70. 10%。

6. 4. 1. 4 二氧化碳产生量预测结果

（1）商品能源二氧化碳产生量保持快速增长

根据各个行业的商品能源消费量，并参考IPCC 二氧化碳排放系数，预测各部门二氧化碳产生量如表6－21 所示。在商品能源二氧化碳产生量中工业产生的二氧化碳占总量的

80%左右。

二氧化碳的产生直接取决于能源消费量，由于我国能源消费量还在不断增加，因此二氧化碳的产生量也将逐年增长。商品能源二氧化碳在2011年约产生72.75亿t；2016年达到89.12亿t，比2011年增长22.49%；2020年达到97.13亿t，比2016年增长9.00%；2030年商品能源二氧化碳产生量为114.53亿t，比2020年增长17.91%。

表6－21　各部门商品能源二氧化碳产生量　　单位：亿t

行业	2011年	2016年	2020年	2025年	2030年
工业	60.95	73.51	79.52	85.93	91.13
生活及其他	11.80	15.60	17.62	20.26	23.40
合计	72.75	89.12	97.13	106.19	114.53

与能源消费量的排序相同，工业行业二氧化碳产生量占前四位的依次是电力行业、非金属制品业、化工行业和黑色金属冶炼业（表6－22）。其中电力行业的二氧化碳产生量约占工业二氧化碳总产生量的70%，2011年电力行业二氧化碳产生量为47.94亿t，2016年上升为48.85亿t，比2011年增长1.9%，2020年电力行业二氧化碳产生量达到49.78亿t，比2016年增长1.9%，2030年电力行业二氧化碳产生量为50.85亿t，比2020年增长2.16%，化工行业和非金属制品业的二氧化碳产生量与电力行业的趋势基本相同，而黑色金属冶炼业的二氧化碳产生量在2020年前逐步上升，而2020年后开始回落。

表6－22　主要行业二氧化碳产生量　　单位：亿t

行业	2011年	2016年	2020年	2025年	2030年
电力行业	47.94	48.85	49.78	51.17	50.85
非金属制造业	3.44	4.27	3.82	6.15	7.26
化工行业	2.89	3.53	4.02	4.57	4.97
黑色金属冶炼业	2.67	2.94	3.07	3.03	2.74

（2）非商品能源二氧化碳产生量逐渐下降

我国仍是农业大国，农村人口比例相对较高，非商品能源也是农村地区重要的能源。在以往国内外的相关资料中，大多只考虑由商品能源消费产生的二氧化碳排放，而很少考虑非商品能源消费产生的二氧化碳排放，但是沼气、秸秆、薪柴产生的二氧化碳排放量也在二氧化碳排放总量中占有一定比例。

在产生二氧化碳的非商品能源中，秸秆、薪柴和沼气产生的二氧化碳量相对较大，且作为我国传统能源的秸秆和薪柴产生的二氧化碳量将呈现持续下降的趋势。其中秸秆产生的二氧化碳量在2011年约为4.69亿t，2016年达到4.48亿t，比2011年降低4.44%，2020年为4.23亿t，"十三五"期间降低了5.48%，2030年秸秆产生的二氧化碳量约为3.88亿t，比2020年又降低了8.30%。薪柴产生的二氧化碳量约占非能源二氧化碳产生量的34%左右，与秸秆产生的二氧化碳量趋势基本相同。

而沼气作为清洁能源，由于使用量不断提高，产生的二氧化碳量也逐年提高。2011年沼气产生的二氧化碳量为0.23亿t，2016年为0.29亿t，比2011年增长22.70%，2020年为0.31亿t，“十三五”期间增长9.76%，2030年沼气产生的二氧化碳量约为0.38亿t，比2020年又增长了20.44%（表6－23）。

表6－23　非商品能源二氧化碳产生量　　单位：亿t

能源	2011年	2016年	2020年	2025年	2030年
沼气	0.23	0.29	0.31	0.35	0.38
秸秆	4.69	4.48	4.23	4.08	3.88
薪柴	2.58	2.48	2.35	2.27	2.16
合计	7.50	7.24	6.89	6.70	6.42

（3）二氧化碳产生量综合分析

随着城市化水平的提高和清洁能源的推进使用，煤炭、秸秆、薪柴等传统能源二氧化碳产生量及占二氧化碳产生总量的比例在预测年内都总体呈现下降的趋势，而作为相对清洁能源的石油、天然气和沼气产生的二氧化碳比例在逐年增长（表6－24）。其中一直作为我国主要能源的煤炭产生的二氧化碳量在预测年内一直处于主要地位，其中在2011年占二氧化碳产生总量的比例为78.80%，2016年为79.04%，比2011年上升了0.24个百分点，而2020年预计占比为78.87%，比2016年下降0.17个百分点，2030年煤炭产生二氧化碳占二氧化碳产生总量的比例为77.01%，比2020年又下降了1.09个百分点。

表6－24　各种能源二氧化碳产生比例　　单位：%

能源类别	2011年	2016年	2020年	2025年	2030年
煤炭	78.80	79.04	78.87	78.10	77.01
石油	11.50	12.96	13.94	15.30	16.93
天然气	0.36	0.48	0.57	0.66	0.75
沼气	0.29	0.30	0.30	0.31	0.31
秸秆	5.84	4.65	4.07	3.62	3.21
薪柴	3.21	2.57	2.26	2.01	1.79
合计	100.00	100.00	100.00	100.00	100.00

气候变化目前不仅仅是环境问题，而且逐步成为世界关注的政治问题，二氧化碳作为温室气体中的主要污染物，在我国的大量排放引起了国际社会的普遍关注。但是由于二氧化碳的存储技术预计在2030年前还不具有普遍推广的经济条件，因此二氧化碳治理和储存的比例在预测年内将微乎其微，二氧化碳的排放量也将约等于二氧化碳的产生量。因此节约能源、使用太阳能等新型能源等方式在很长一段时间内仍将是控制温室气体排放的重要手段。

6.4.2 大气污染物排放量预测

在预测大气污染物排放量的过程，主要采用两个方案：方案一是在现有的政策条件趋势下预测大气污染物排放情况，方案二是在进一步加强环境管理的情况下预测大气污染物排放情况。

6.4.2.1 二氧化硫排放量预测结果

（1）方案一

1）燃烧过程二氧化碳排放量

根据燃料煤、燃料油的消费量以及各个行业燃烧过程中在现有的政策条件趋势下的二氧化硫削减系数，预测2011—2030年各部门燃烧过程二氧化硫排放量如表6－25所示。燃烧过程二氧化硫排放量呈现逐年下降的趋势。其中2016年燃烧过程二氧化硫排放量约为1 584.72万t，2020年下降为1 518.24万t，比2016年下降4.76%，2030年达到1 334.58万t，比2020年下降12.1%。

表6－25 燃烧过程二氧化硫排放量（方案一） 单位：万t

行业	2011年	2016年	2020年	2025年	2030年
工业	1 285.36	1 184.73	1 128.33	1 054.17	936.42
生活及其他	420.46	399.99	389.91	391.86	398.16
合计	1 705.81	1 584.72	1 518.24	1 446.03	1 334.58

在燃烧过程二氧化硫的排放中，电力行业、非金属制造业、化学工业和黑色金属冶炼业分别排在前四位，在预测年4个行业燃烧过程二氧化硫排放量均稳中有降（表6－26）。2011年，这4个行业排放的二氧化硫分别占燃烧过程二氧化硫排放量的52.9%、4.5%、3.7%、3.5%。在这4个行业中，电力行业是二氧化硫排放的最主要行业，随着煤炭总量的控制，预计在“十三五”期间电力行业二氧化硫排放量将下降3.82%。

表6－26 燃烧过程主要行业二氧化硫排放量（方案一） 单位：万t

行业	2011年	2016年	2020年	2025年	2030年
电力行业	902.38	873.55	840.21	783.34	681.00
非金属制造业	76.48	68.19	68.09	71.86	75.92
化学工业	63.55	56.52	51.52	48.37	50.22
黑色金属冶炼业	59.66	47.00	41.34	34.94	28.03

2）工艺过程二氧化硫排放量

在现有的治理趋势水平下，工艺过程二氧化硫的排放量预测如表6－27所示。工艺过程二氧化硫排放总量在2016年为534.9万t，2020年达到527.6万t，“十三五”期间预计减少1.35%，2030年工艺过程二氧化硫排放量降低到497.9万t，比2020年下降5.63%。在工艺过程二氧化硫排放中，有色金属冶炼业的比重相对较高，占工艺过程二氧化硫排放总量的50%左右。除了化学工业和非金属制造业的二氧化硫排放量逐年上升外，另外3个行业的二氧化硫排放量都呈现下降的趋势。

表6-27　工艺过程主要行业二氧化硫排放量（方案一）　单位：万t

行业	2011年	2016年	2020年	2025年	2030年
石油加工及炼焦	87.65	72.58	64.76	58.35	53.51
化学工业	33.99	37.29	39.37	42.35	45.57
非金属制造业	60.21	66.19	71.60	80.81	92.06
黑色金属冶炼	71.59	71.83	70.17	66.36	60.13
有色金属冶炼	257.85	286.98	281.73	263.18	246.68
工艺过程二氧化硫排放量总计	511.3	534.9	527.6	511.0	497.9

3）二氧化硫排放总量

在现有的治理趋势水平下，二氧化硫排放总量以及各主要部门的二氧化硫排放比例如表6-28所示。二氧化硫排放总量呈逐年下降趋势，其中2016年二氧化硫排放总量为2 119.60万t，2020年达到2 045.87万t，“十三五”期间预计减少3.48%，2030年为1 832.51万t，比2020年下降10.43%。

在二氧化硫排放总量中，工业燃烧过程二氧化硫排放量一直占据主要地位，其占二氧化硫排放总量的比例呈现下降趋势，2016年占二氧化硫排放量的比例为55.89%，2020年下降为55.15%，2030年进一步降至51.10%。其中电力行业作为二氧化硫治理的重点行业，占二氧化硫排放总量的比例较为稳定，保持在40%左右。

生活及其他行业的二氧化硫排放量总体呈下降趋势，但其在二氧化硫排放总量中所占比例稳中有升，从2011年的18.97%上升至2030年的21.73%。

表6-28　二氧化硫排放总量及主要部门二氧化硫排放比例（方案一）

指标	2011年	2016年	2020年	2025年	2030年
工业燃烧过程二氧化硫排放量占比/%	57.98	55.89	55.15	53.86	51.10
其中：电力行业/%	40.71	41.21	41.07	40.03	37.16
工艺过程二氧化硫排放量占比/%	23.05	25.23	25.79	26.11	27.17
生活及其他/%	18.97	18.87	19.06	20.02	21.73
二氧化硫排放总量/万t	2 217.11	2 119.60	2 045.87	1 957.08	1 832.51

（2）方案二

根据《国民经济和社会发展第十二个五年规划纲要》的要求，我国二氧化硫排放量在“十二五”期间将削减8%，方案二是在预测年内进一步加强环境管理的情况下大气污染物的排放情况，因此方案二预测在“十三五”和2020—2030年，我国将进一步加强对主要污染物的治理工作，预测到2030年二氧化硫排放量将在2020年的基础上再削减38%。

1）燃烧过程二氧化硫排放量

根据燃料煤、燃料油的消费量以及各行业燃烧过程中在国家加强环境管理的情况下的二氧化硫削减系数，预测2011—2030年各部门燃烧过程二氧化硫排放量如表6－29所示。2011—2030年燃烧过程二氧化硫排放量呈现下降趋势。其中2016年燃烧过程二氧化硫排放量约为1 500.08t，2020年下降为1 356.64万t，比2016年下降9.56%，2030年下降为1 203.33万t，比2020年下降11.30%。

表6－29　燃烧过程二氧化硫排放量（方案二）　　单位：万t

行业	2011年	2016年	2020年	2025年	2030年
工业	1 285.36	1 096.19	971.35	863.13	804.14
生活及其他	420.46	403.89	385.30	381.37	399.19
合计	1 705.81	1 500.08	1 356.64	1 244.49	1 203.33

2）工艺过程二氧化硫排放量

在国家加强环境管理的情况下，工艺过程二氧化硫排放量预测如表6－30所示。工艺过程二氧化硫排放总量在2016年为521.1万t，2020年达到510.5万t，“十三五”期间预计减少2.04%，2030年工艺过程二氧化硫排放量下降到471.7万t，比2020年下降7.59%。在工艺过程二氧化硫排放中，有色金属冶炼业的占比相对较高，占工艺过程二氧化硫排放总量的50%左右。其中，石油加工炼焦及核燃料加工业、黑色金属冶炼及压延加工业的二氧化硫排放量呈下降趋势，而化学原料及化学制品制造业、非金属矿物制品业的二氧化硫排放量逐年上升，有色金属冶炼及压延加工业的二氧化硫排放量呈现先升后降的过程。

表6－30　工艺过程主要行业二氧化硫排放量（方案二）　　单位：万t

行业	2011年	2016年	2020年	2025年	2030年
石油加工炼焦及核燃料加工业	87.65	70.7	62.7	55.9	50.7
化学原料及化学制品制造业	33.99	36.3	38.1	40.6	43.2
非金属矿物制品业	60.21	64.5	69.3	77.4	87.2
黑色金属冶炼及压延加工业	71.59	70.0	67.9	63.6	57.0
有色金属冶炼及压延加工业	257.85	279.6	272.6	252.1	233.7
工艺过程二氧化硫排放量总计	511.3	521.1	510.5	489.5	471.7

3）二氧化硫排放总量

在加强控制水平下，二氧化硫排放总量以及各主要部门的二氧化硫排放比例如表6－31所示。二氧化硫排放总量逐年下降，下降幅度超过方案一。其中2016年二氧化硫排放总量为2 021.20万t，2020年达到1 867.10万t，“十三五”期间预计减少7.62%，2030年为1 675.06万t，比2020年下降10.28%。

在二氧化硫排放总量中工业燃烧过程二氧化硫排放量一直占据主要地位，但其占二氧化硫排放总量的比例逐年下降，其中电力行业作为二氧化硫治理的重点行业，占二氧化硫排放总量的比例也逐年下降。

表6-31 二氧化硫排放总量及主要部门二氧化硫排放比例（方案二）

指标	2011年	2016年	2020年	2025年	2030年
工业燃烧过程二氧化硫排放量占比/%	57.98	54.23	52.02	49.78	48.01
其中：电力行业/%	40.71	38.48	37.03	35.14	32.67
工艺过程二氧化硫排放量占比/%	23.05	25.78	27.34	28.23	28.16
生活及其他/%	18.97	19.98	20.64	21.99	23.83
二氧化硫排放总量/万t	2 217.11	2 021.20	1 867.10	1 733.99	1 675.06

（3）方案比较

图6-7是各部门在不同预测方案下的预测结果，从图中可以清晰地看出无论是工业二氧化硫排放还是生活及其他行业二氧化硫排放方案一的预测值都明显高于方案二的值，而且时间越久，差距越大。因此在国家加强环境管理的情况下，二氧化硫削减量将有所提高，排放量降低。方案二比方案一在2016年多减排二氧化硫98.4万t，2020年多减排178.8万t，到2030年多减排157.46万t。

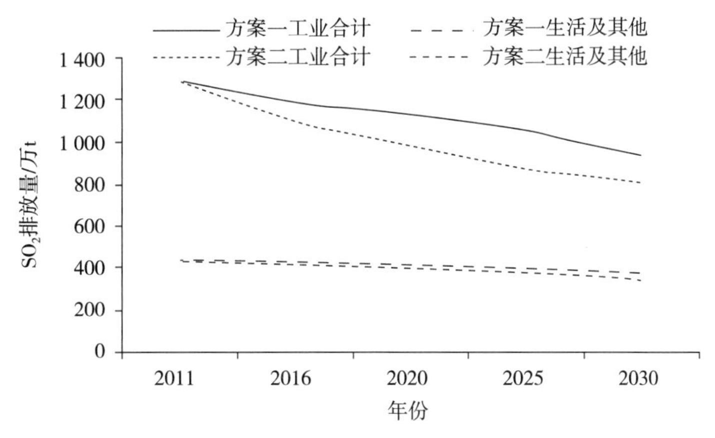

图6-7 两种方案下主要部门二氧化硫排放量比较

6.4.2.2 氮氧化物排放量预测结果

氮氧化物排放量可以通过合理布局工业、改革能源结构、采用清洁能源、改进燃烧技术和燃烧装置、提高燃烧效率等措施降低，并利用适当的脱硝技术进一步削减氮氧化物排放量。在预测氮氧化物排放量的过程中，主要采用两种方案：方案一是在现有的治理趋势和管理水平下预测；方案二是在我国进一步加强对氮氧化物的治理，并进行总量控制的情况下预测。

（1）方案一

根据能源消费总量和氮氧化物排放系数预测得到2011—2030年氮氧化物排放量如表6-32所示。氮氧化物排放总量逐年下降，其中2016年排放总量为2 030.79万t，2020年排放总量为1 804.25万t，比2016年下降11.2%，2030年氮氧化物排放总量为

1 610.04 万 t，比 2020 年下降 10.8%。

工业氮氧化物排放量呈现逐年下降的趋势，预计 2020 年工业氮氧化物排放量比 2016 年下降 20.2%，2030 年比 2020 年下降 28.6%。

生活和其他行业由于治理难度相对较大，其氮氧化物排放量快速增长。2016 年生活及其他行业氮氧化物排放量为 808.63 万 t，2020 年增长到 829.31 万 t，比 2016 年增长 2.6%，2030 年生活及其他行业氮氧化物排放量达到 913.95 万 t，比 2020 年增长 10.2%。

表 6－32　主要部门氮氧化物排放量（方案一）　　单位：万 t

行业	2011 年	2016 年	2020 年	2025 年	2030 年
工业	1 633.73	1 222.16	974.94	779.34	696.08
生活及其他	770.54	808.63	829.31	867.65	913.95
合计	2 404.27	2 030.79	1 804.25	1 646.99	1 610.04

电力行业是氮氧化物的重要排放部门，2011 年电力行业氮氧化物排放量占氮氧化物排放总量的 50% 以上，占工业氮氧化物排放总量的 74% 左右，因此电力行业是氮氧化物治理的重点，在预测年内电力行业氮氧化物排放量占氮氧化物排放总量的比例不断降低（表 6－33）。

表 6－33　主要行业氮氧化物排放量（方案一）　　单位：万 t

行业	2011 年	2016 年	2020 年	2025 年	2030 年
电力、热力的生产和供应业	1 211.37	821.30	594.68	418.29	354.39
非金属矿物制品业	85.04	85.32	81.77	74.10	60.42
化学原料及化学制品制造业	69.89	69.07	66.60	64.30	64.65
黑色金属冶炼及压延加工业	65.13	52.48	33.53	20.47	13.55

（2）方案二

目前我国对氮氧化物的治理已提出了明确的总量控制要求，方案二预测“十三五”期间及未来，我国将进一步加强对氮氧化物的污染治理工作，氮氧化物排放总量将快速下降，其中 2016 年排放总量为 1 979.18 万 t，2020 年排放总量为 1 709.65 万 t，2030 年氮氧化物排放总量为 1 418.00 万 t，比 2020 年降低 18.18%（表 6－34）。

与方案一相比，在国家加强氮氧化物治理的情况下，生活及其他行业氮氧化物同样得到重视，其排放量得到稳定控制。2016 年生活及其他行业氮氧化物排放量为 790.39 万 t，2020 年增长到 794.42 万 t，比 2016 年增长 0.5%，2030 年生活及其他行业氮氧化物排放量达到 833.39 万 t，比 2020 年增长 4.9%。

工业行业是氮氧化物排放的主要部门，也是氮氧化物治理的重点。在国家加强氮氧化物治理的情况下，工业氮氧化物排放量呈现迅速下降的趋势。预计在“十三五”期间工业氮氧化物排放量下降 13.6%，2030 年比 2020 年又下降了 17.1%。

表6-34　主要部门氮氧化物排放量（方案二）　　单位：万t

行业	2011年	2016年	2020年	2025年	2030年
工业	1 633.73	1 188.79	915.23	687.05	584.61
生活及其他	770.54	790.39	794.42	809.88	833.39
合计	2 404.27	1 979.18	1 709.65	1 496.93	1 418.00

电力行业是氮氧化物治理的重点，方案二中电力行业的氮氧化物排放量持续下降，占氮氧化物排放总量的比例也不断降低（表6-35）。

表6-35　主要行业氮氧化物排放量（方案二）　　单位：万t

行业	2011年	2016年	2020年	2025年	2030年
电力、热力的生产和供应业	1 211.37	803.61	561.53	371.40	302.31
非金属矿物制品业	85.04	80.86	74.47	63.43	47.62
黑色金属冶炼及压延加工业	69.89	64.15	57.42	48.70	41.99
化学原料及化学制品制造业	65.13	45.67	30.58	15.17	6.25

（3）方案比较

图6-8是各部门在不同预测方案下的预测结果，从图中可以清晰地看出无论是工业氮氧化物排放还是生活及其他行业氮氧化物排放，方案一的预测值都明显高于方案二的值，而且时间越久，差距越大。因此在国家加强环境管理的情况下，氮氧化物削减量将大幅提高，排放量明显降低。

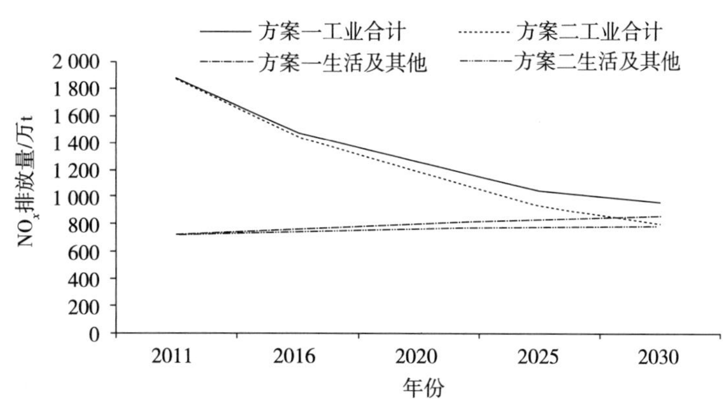

图6-8　两种方案下主要部门氮氧化物排放量比较

6.4.2.3　烟尘排放量预测结果

在预测烟尘排放量的过程中，主要采用两种方案：方案一是在现有治理趋势和治理水平下的预测；方案二是在国家进一步加强烟尘治理情况下的预测。

（1）方案一

根据能源消费总量和氮氧化物排放系数，可以预测在现有的治理趋势和管理水平下烟尘排放量如表6-36所示。烟尘排放总量逐年下降，其中2016年排放总量为676.89万t，2020年排放总量为578.96万t，2016年比2011年下降14.5%，2030年排放总量为

418.09 万 t，比 2020 年又降低了 27.8%。

表 6 – 36　主要部门烟尘排放量（方案一）　单位：万 t

行业	2011 年	2016 年	2020 年	2025 年	2030 年
工业	810.38	661.51	566.11	476.90	409.03
生活及其他	18.47	15.38	12.85	10.55	9.05
合计	828.85	676.89	578.96	487.44	418.09

电力行业、非金属矿物制品业、黑色金属冶炼及压延加工业和化学工业是氮氧化物的重要排放部门，占工业烟尘排放总量的 95% 以上，是烟尘治理的重点行业（表 6 – 37）。其中，电力行业的烟尘排放量在预测年内一直占据首位，其烟尘减排仍有一定潜力，而非金属矿物制品业、黑色金属冶炼及压延加工业和化学工业由于烟尘排放量较少，未来减排潜力不大。

表 6 – 37　主要行业烟尘排放量（方案一）　单位：万 t

行业	2011 年	2016 年	2020 年	2025 年	2030 年
电力、热力的生产和供应业	749.97	606.77	516.03	432.44	368.86
非金属矿物制品业	11.09	10.99	10.83	10.75	10.87
黑色金属冶炼及压延加工业	10.26	9.00	7.83	6.30	4.88
化学原料及化学制品制造业	10.24	9.90	9.39	8.66	8.05

（2）方案二

目前我国对烟尘的治理没有明确的总量控制要求，因此方案二预测在“十三五”期间及未来，我国将进一步加强对烟尘的污染治理工作，预测主要年份烟尘排放量如表 6 – 38 所示。烟尘排放总量逐年下降，其中 2016 年排放总量为 646.12 万 t，2020 年排放总量为 518.02 万 t，比 2016 年降低了 22.1%，2030 年烟尘排放总量为 298.63 万 t，比 2020 年降低了 42.4%。

与方案一相比，在国家加强烟尘治理的情况下，生活及其他行业烟尘同样得到重视，使生活及其他行业烟尘的削减率明显升高。2016 年生活及其他行业烟尘排放量为 14.68 万 t，2020 年降低到 11.50 万 t，“十三五”期间预计降低 19.8%，2030 年生活及其他行业烟尘排放量达到 6.47 万 t，比 2020 年又下降了 42.4%。

工业是烟尘排放的主要部门，是烟尘治理的重点。在国家加强烟尘治理的情况下，工业烟尘排放量迅速下降。

表 6 – 38　主要部门烟尘排放量（方案二）　单位：万 t

行业	2011 年	2016 年	2020 年	2025 年	2030 年
工业	810.38	631.44	506.52	387.48	292.17
生活及其他	18.47	14.68	11.50	8.57	6.47
合计	828.85	646.12	518.02	396.05	298.63

（3）方案比较

图6－9是各部门在不同预测方案下的预测结果，从图中可以清晰地看出生活及其他行业烟尘的预测值方案一与方案二相差不大，而工业烟尘方案一的预测值要明显高于方案二的预测值。因此，在国家加强烟尘治理的情况下，工业烟尘排放量明显降低。

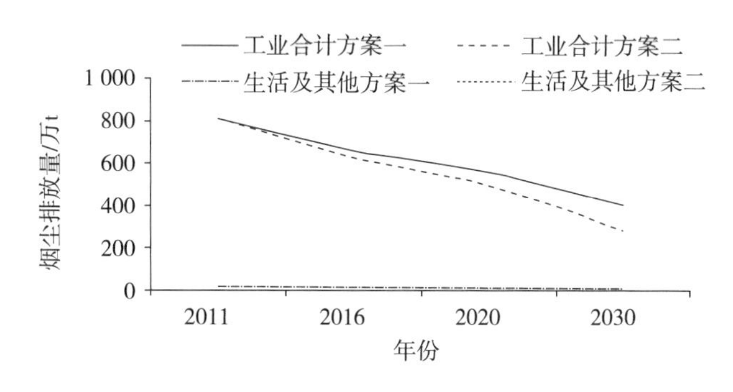

图6－9　两种方案下主要部门烟尘排放量比较

6.4.2.4　粉尘排放量预测结果

在预测粉尘排放量的过程中，主要采用两种方案：方案一是在现有治理趋势和管理水平下预测；方案二是在国家进一步加强粉尘治理情况下预测。

（1）方案一

由于我国的除尘技术和管理水平已经相对成熟，在现有的治理趋势水平下，随着工业规模的持续扩大，粉尘的排放量将稳中有增（表6－39）。2016年粉尘排放总量为453.82万t，2020年达到458.86万t，比2016年增长0.8%，2030年粉尘排放总量为513.55万t，比2020年增长11.9%。在工艺过程二氧化硫排放的5个主要行业中，非金属制品业的粉尘排放量最高。

表6－39　主要行业粉尘排放量（方案一）　　单位：万t

行业	2011年	2016年	2020年	2025年	2030年
石油加工及炼焦	3.98	3.71	3.49	3.36	3.36
化学工业	8.81	9.75	10.61	11.43	12.66
非金属矿物业	301.02	313.04	329.80	358.16	407.78
黑色金属冶炼	113.88	104.97	94.58	83.30	73.41
有色金属冶炼	22.58	22.36	20.37	17.77	16.33
粉尘排放总量	450.27	453.82	458.86	474.03	513.55

（2）方案二

在国家进一步加强粉尘治理的情况下，粉尘的排放量如表6－40所示。2016年粉尘排放总量为419.13万t，2020年达到385.44万t，比2016年下降6.9%，2030年粉尘排放量为302.09万t，比2020年又下降21.6%。

表 6-40 主要行业粉尘排放量（方案二） 单位：万 t

行业	2011 年	2016 年	2020 年	2025 年	2030 年
石油加工及炼焦	3.98	3.42	2.93	2.52	1.98
化学工业	8.81	9.00	8.91	8.58	7.45
非金属矿物业	301.02	289.11	277.04	268.62	239.87
黑色金属冶炼	113.88	96.95	79.45	62.47	43.18
有色金属冶炼	22.58	20.65	17.11	13.33	9.61
粉尘排放总量	450.27	419.13	385.44	355.53	302.09

（3）方案比较

图 6-10 是各部门在不同预测方案下的预测结果，从图中可以清晰地看出方案一中预测年内粉尘的排放量的高于方案二的排放量，随着时间的推移，差距越来越明显。因此，在国家加强环境管理的情况下，粉尘削减量将有所提高，排放量持续降低。

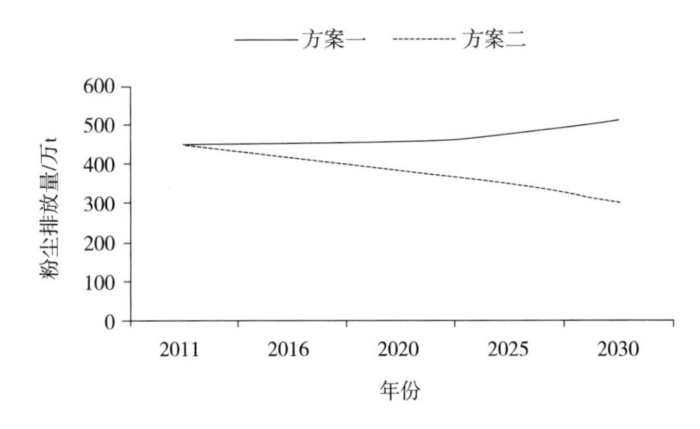

图 6-10 两种方案下粉尘排放量比较

6.4.3 大气污染治理费用预测

6.4.3.1 二氧化硫治理费用预测

（1）方案一

1）燃烧过程二氧化硫治理费用

燃烧过程二氧化硫投资费用趋于平稳，而运行费用逐年上升。表 6-41 和图 6-11 是燃烧过程二氧化硫治理费用预测结果。由于现有污染源安装脱硫设施是“十二五”期间的重点工程，“十三五”期间脱硫设施安装工程的重点将是新建工程，因此二氧化硫治理设施投资费用将在“十三五”期间呈现趋于平稳的趋势；由于脱硫设施数量不断增长，因此脱硫设施运行费用在 2011—2030 年呈现上升的趋势，在二氧化硫治理总费用中占据较高比例。

其中 2016 年燃烧过程二氧化硫治理总费用为 909.32 亿元，其中二氧化硫治理设施投资费用占 29.9%，二氧化硫治理设施运行费用占 70.1%。2020 年脱硫设施投资费用达到 303.76 亿元，比 2016 年增长 10.37%，运行费用增长到 773.47 亿元，比 2016 年增长

17. 64%；2030 年脱硫设施投资费用达到 374. 45 亿元，比 2020 年增长 23. 27%，脱硫设施运行费用达到 1 117. 35 亿元，在 2020 年的基础上又增长了 44. 46%。

表 6 –41　燃烧过程二氧化硫治理费用（方案一）　单位：亿元

指标	2016 年	2020 年	2025 年	2030 年
二氧化硫治理设施投资费用	272. 27	303. 76	344. 30	374. 45
二氧化硫治理设施运行费用	637. 05	773. 47	948. 80	1 117. 35
合计	909. 32	1 077. 23	1 293. 09	1 491. 80

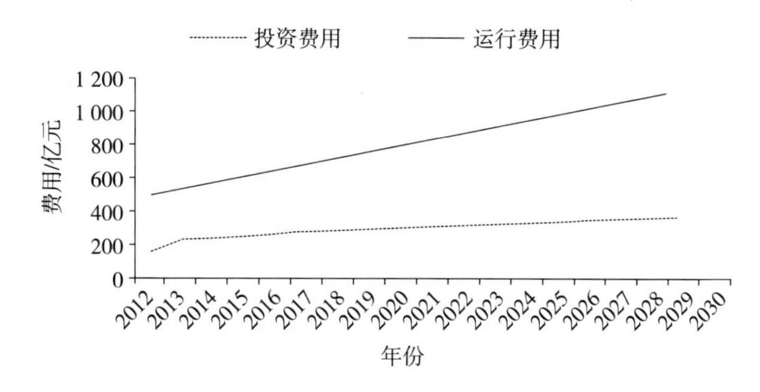

图 6 –11　燃烧过程二氧化硫治理费用（方案一）

2）工艺过程二氧化硫治理费用

工艺过程二氧化硫治理投资费用稳中有升，运行费用保持增长趋势。2016 年工艺过程二氧化硫治理总费用为 244. 15 亿元，其中二氧化硫治理设施投资费用占 36. 32%，二氧化硫治理设施运行费用占 63. 68%。2020 年脱硫设施投资费用达到 97. 57 亿元，比 2016 年提高 9. 12%，运行费用增长到 209. 22 亿元，比 2016 年增长 25. 59%；2030 年脱硫设施投资费用达到 138. 10 亿元，比 2020 年增长 41. 54%，脱硫设施运行费用达到 352. 51 亿元，在 2020 年的基础上又增长了 68. 49%（表 6 –42）。

表 6 –42　工艺过程二氧化硫治理费用（方案一）　单位：亿元

指标	2016 年	2020 年	2025 年	2030 年
二氧化硫治理设施投资费用	88. 68	97. 57	116. 91	138. 10
二氧化硫治理设施运行费用	155. 47	209. 22	278. 84	352. 51
合计	244. 15	306. 79	395. 74	490. 61

工艺过程二氧化硫治理费用总体呈现上升的趋势，2016 年治理费用共 244. 15 亿元，2020 年达到 306. 79 亿元，比 2016 年增长 20. 42%，2030 年达到 490. 61 亿元，比 2020 年增长 59. 92%。

3）综合分析

在燃烧过程二氧化硫治理费用中，电力行业和生活及其他分别占前两位；在工艺过程二氧化硫治理费用中，有色冶炼和石油加工行业分别占前两位（表 6 –43）。其中电力行业燃烧过程二氧化硫治理费用在二氧化硫治理费用中占主要地位，由于“十三五”期间二氧化硫治理以电力行业为主要行业，预计在2016年其燃烧过程二氧化硫治理费用占二氧化硫总治理费用的49.00%。随着电力行业脱硫设施逐步完备以及对其他行业的逐步重视，电力行业燃烧过程二氧化硫治理费用占的比例逐步降低，2020年降低到二氧化硫治理总量费用的47.79%左右，2030年下降到47.52%左右，但由于电力行业是煤炭消费最多的行业，二氧化硫排放量最多，因此未来仍是二氧化硫治理最主要的行业。有色金属冶炼及压延加工业是工艺过程二氧化硫治理投资的主要企业，其治理费用一直占二氧化硫总治理费用的30%左右；生活及其他行业的燃烧过程二氧化硫治理费用占二氧化硫总治理费用的8%左右；石油加工业的工艺过程二氧化硫治理费用占二氧化硫总治理费用的6%左右。

表6-43　二氧化硫治理费用及主要行业所占比例（方案一）

指标	2016年	2020年	2030年
电力行业（燃烧）/%	49.00	47.79	47.52
有色冶炼（工艺）/%	35.51	29.52	27.25
生活及其他（燃烧）/%	8.83	7.79	7.12
石油加工（工艺）/%	6.26	5.75	5.65
二氧化硫总治理费用/亿元	1 153.47	1 384.01	1 982.41

（2）方案二

1）燃烧过程二氧化硫治理费用

在国家加强二氧化硫治理的情况下，燃烧过程二氧化硫投资费用仍然较平稳，而运行费用逐年上升，治理投资费用和运行费用都比方案一略有上升（图6-12）。

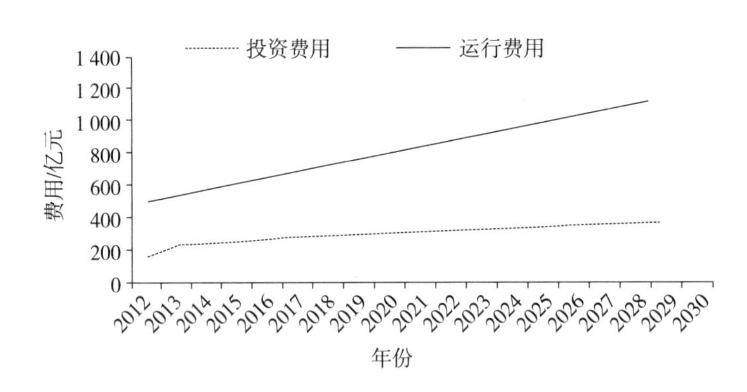

图6-12　燃烧过程二氧化硫治理费用（方案二）

其中2016年燃烧过程二氧化硫治理总费用为925.55亿元，其中二氧化硫治理设施投资费用占30.32%，二氧化硫治理设施运行费用占69.68%。2020年脱硫设施投资费用达到318.50亿元，比2016年增加11.90%，运行费用增长到791.08亿元，比2016年增长18.47%；2030年脱硫设施投资费用达到403.52亿元，比2020年增长26.69%，脱硫设施运行费用达到1 171.47亿元，在2020年的基础上又增长了48.08%（表6-44）。

表6-44　燃烧过程二氧化硫治理费用（方案二）　　单位：亿元

指标	2016年	2020年	2025年	2030年
二氧化硫治理设施投资费用	280.60	318.50	366.19	403.52
二氧化硫治理设施运行费用	644.95	791.08	982.73	1 171.47
合计	925.55	1 109.58	1 348.92	1 574.99

2）工艺过程二氧化硫治理费用

方案二与方案一中工艺过程二氧化硫投资费用和运行费用趋势基本相同，其中2016年工艺过程二氧化硫治理总费用为246.35亿元，其中二氧化硫治理设施投资费用占36.28%，二氧化硫治理设施运行费用占63.72%。2020年脱硫设施投资费用达到98.33亿元，比2016年增长9.10%，运行费用增长到211.08亿元，比2016年增长25.64%。2030年脱硫设施投资费用达到139.14亿元，比2020年增长41.50%，脱硫设施运行费用达到355.36亿元，在2020年的基础上又增长了68.35%（表6-45）。

表6-45　工艺过程二氧化硫治理费用　　单位：亿元

指标	2016年	2020年	2025年	2030年
二氧化硫治理设施投资费用	89.38	98.33	117.80	139.14
二氧化硫治理设施运行费用	156.97	211.08	281.18	355.36
合计	246.35	309.41	398.98	494.49

工艺过程二氧化硫治理费用基本呈现逐年上升的趋势，在2020年治理费用共309.41亿元，比2016年增长20.38%，2030年达到494.49亿元，比2020年上升59.82%。

3）综合分析

同方案一相同，在燃烧过程二氧化硫治理费用中，电力行业和生活及其他分别占前两位；在工艺过程二氧化硫治理费用中，有色冶炼和石油加工行业分别占前两位（表6-46）。其中电力行业燃烧过程二氧化硫治理费用在二氧化硫治理费用中占主要地位。在加强环境治理的情况下，电力行业的治理费用略有增加，所占比例在预测年中变化不大，而有色冶炼业、生活及其他行业、石油加工业的治理费用所占比例稳中有降。其中以有色冶炼为例，“十三五”期间工艺过程二氧化硫治理费用下降了6.57%，2030年又比2020年降低了0.51%。

表6-46　二氧化硫治理费用及主要行业所占比例（方案二）

指标	2016年	2020年	2025年	2030年
电力行业（燃烧）/%	51.15	49.98	53.60	51.20
有色冶炼（工艺）/%	35.59	29.02	28.34	26.29
生活及其他（燃烧）/%	8.90	7.92	8.07	7.41
石油加工（工艺）/%	6.32	5.65	5.89	5.45
二氧化硫总治理费用/亿元	1 171.90	1 418.99	1 747.90	2 069.48

（3）方案比较

由图6－13可以看出，在国家加强二氧化硫治理的情况下，二氧化硫治理总费用有提高，而且随时间的推移增长值渐多，其中2016年提高了18.43亿元，2020年增长了34.98亿元，2030年增长了87.07亿元。

燃烧过程二氧化硫排放量相对较高，因此在国家加强环境管理的情况下，投资费用和运行费用都有明显提高，而在工艺过程中两者差距不是很明显。在燃烧过程的二氧化硫治理设施投资费用中，2016年方案二比方案一提高了8.33亿元，2020年提高了14.74亿元，2030年提高了29.07亿元；二氧化硫治理设施运行费用中，2016年方案二比方案一增长了7.90亿元，2020年增长了17.61亿元，2030年增长了54.12亿元。

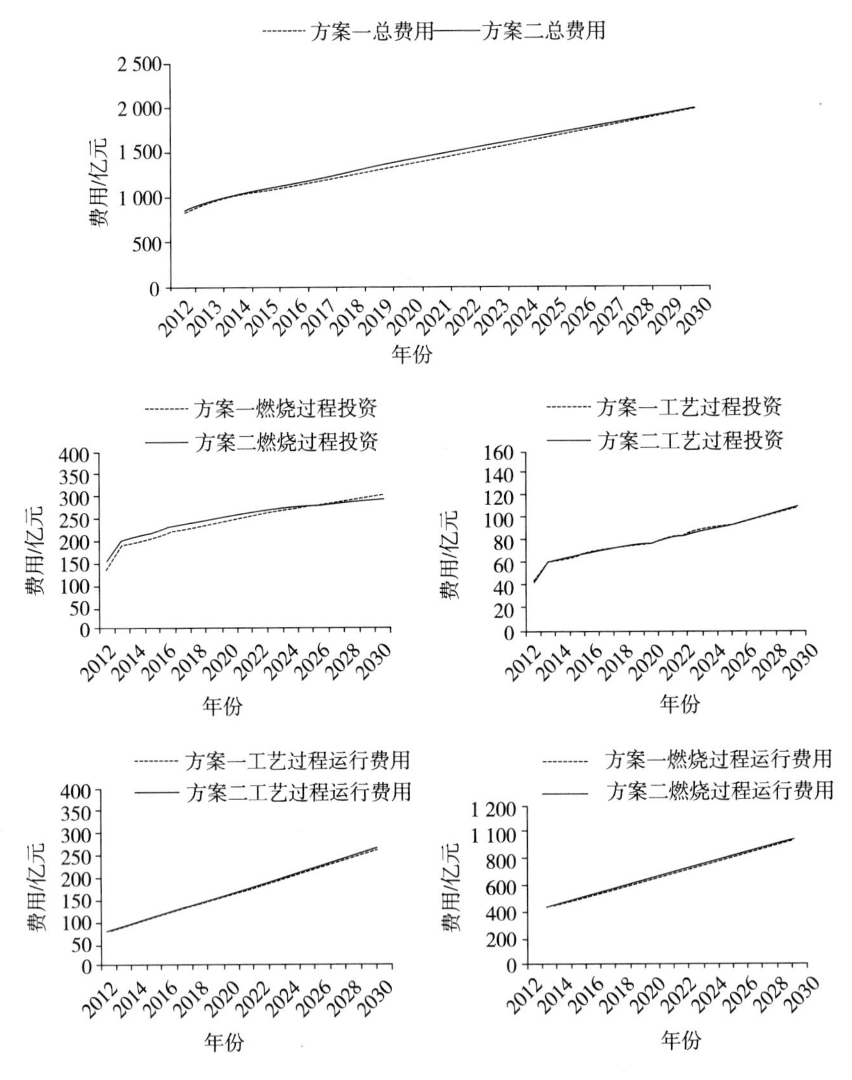

图6－13　两种方案下二氧化硫治理费用比较

6.4.3.2　氮氧化物治理费用预测

（1）方案一

如表6－47和图6－14所示，由于氮氧化物逐渐成为我国大气治理的主要污染物，因此氮氧化物治理的运行费用都逐年上升。2016年氮氧化物治理总费用为1 345.71亿元，其中氮氧化物治理设施投资占34.1%，氮氧化物治理设施运行费用占65.9%。2020年脱氮总费用达到1 980.48亿元，比2016年提高32.05%，其中投资费用为521.56亿元，比2016年增长11.91%，运行费用增长到1 458.92亿元，比2016年增长39.25%；2030年脱氮设施总费用达到2 906.36亿元，比2020年增长了46.75%，其中投资费用达到444.32亿元，比2020年减少14.8%，运行费用达到2 462.04亿元，比2020年增长68.76%。

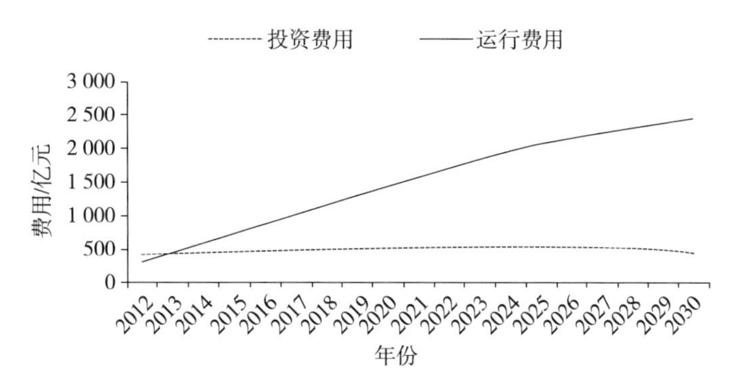

图6－14　氮氧化物治理费用（方案一）

在氮氧化物治理过程中，生活及其他行业、电力行业的氮氧化物治理费用相对较高。其中电力行业在2016年氮氧化物治理费用为1 011.61亿元，2020年增长为1 428.16亿元，五年间增长了41.18%，2030年达到1 948.09亿元，比2020年增长36.41%。

生活及其他行业也是氮氧化物治理费用的主要使用部门，在2016年约需170.21亿元，2020年需要297.40亿元，“十三五”期间增长了74.73%，到2030年氮氧化物治理费用增长到577.26亿元，比2020年增长了94.10%。

表6－47　主要行业氮氧化物治理费用（方案一）　　单位：亿元

行业	2016年	2020年	2025年	2030年
电力行业	1 011.61	1 428.16	1 810.47	1 948.09
生活及其他	170.21	297.40	450.82	577.26
总治理费用	1 345.71	1 980.48	2 597.99	2 906.36

（2）方案二

在国家加强氮氧化物治理的情况下，氮氧化物的运行费用明显提高（图6－15）。2016年氮氧化物治理总费用为1 439.14亿元，其中氮氧化物治理设施投资费用占34.51%，氮氧化物治理设施运行费用占65.49%。2020年脱氮总费用达到2 130.81亿元，比2016年提高32.46%，其中投资费用为565.06亿元，比2016年增长12.10%，运行费用增长到1 565.75亿元，都比2016年增长39.81%；2030年脱氮设施总费用达到3 164.66亿元，比2020年增长48.52%，其中投资费用达到487.54亿元，比2020年减少13.72%，运行费用达到2 677.12亿元，比2020年增长70.99%（表6－48）。

在氮氧化物治理的两个重点部门中，电力行业和生活及其他行业的治理费用都有明显提高。其中电力行业在2016年氮氧化物治理费用1 049.87亿元，2020年增长为1 490.82亿元，五年间增长了42.00%，2030年达到2 406.49亿元，比2020年增长37.27%。

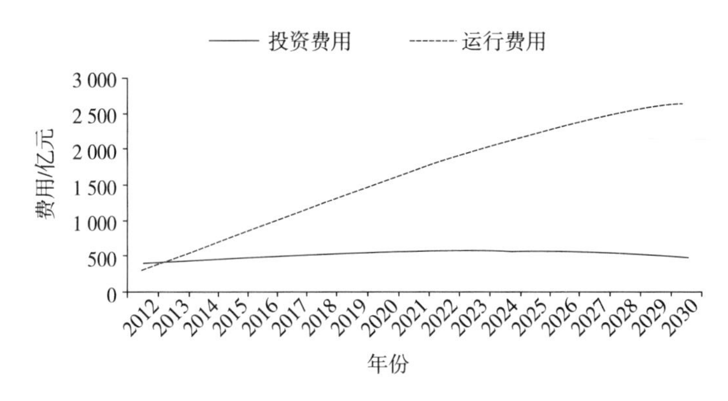

图6－15　氮氧化物治理费用（方案二）

生活及其他行业也是氮氧化物治理费用的主要使用部门，在2016年约需196.84亿元，2020年需要342.93亿元，“十三五”期间增长了74.22%，到2030年氮氧化物治理费用增长到622.81亿元，比2020年增长了93.28%。

表6－48　主要行业氮氧化物治理费用（方案二）　单位：亿元

行业	2016年	2020年	2025年	2030年
电力行业	1 049.87	1 490.82	1 898.71	2 046.49
生活及其他	196.84	342.93	519.13	662.81
总治理费用	1 439.14	2 130.81	2 818.74	3 164.66

（3）方案比较

由图6－16可见，在国家加强氮氧化物治理的情况下，氮氧化物治理总费用有明显提高，而且随时间的推移增长值渐多，其中总费用方案二比方案一2016年增长了93.43亿元，2020年增长了150.32亿元，2030年增长了258.30亿元。

在氮氧化物治理设施投资费用中，2016年方案二比方案一增长了37.26亿元，2020年增长了43.50亿元，2030年增长了42.21亿元；氮氧化物治理设施运行费用中，2016年方案二比方案一增长了56.18亿元，2020年增长了106.83亿元，2030年增长了215.09亿元。

6.4.3.3　烟尘治理费用预测

（1）方案一

烟尘单位治理成本虽然不高，但由于我国烟尘产生量很大，因此治理总费用相对较高。但经过我国多年治理，已经逐步走向成熟，烟尘处理的投资费用在预测年内基本平稳，运行费用略有增加（图6－17）。2016年烟尘治理总费用为1 751.86亿元，其中烟尘治理设施投资费用占18%，烟尘治理设施运行费用占82%。2020年烟尘处理总费用达到1 874.79亿元，比2016年增加6.56%，其中投资费用为339.45亿元，比2016年增加6.28%，运行费用达到1 535.34亿元，比2016年增加6.62%；2030年除尘设施总费用达到2 075.96亿元，比2020年增加了10.73%，其中投资费用达到338.86亿元，比2020年减少0.17%，运行费用达到1 737.10亿元，比2020年增长13.14%。

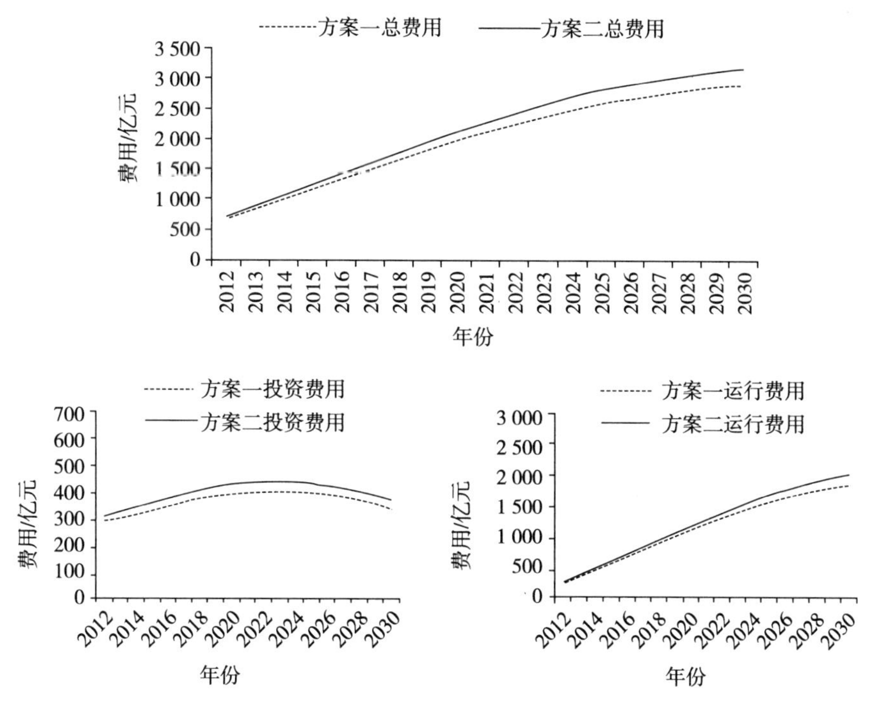

图 6－16　两种方案下氮氧化物治理费用比较

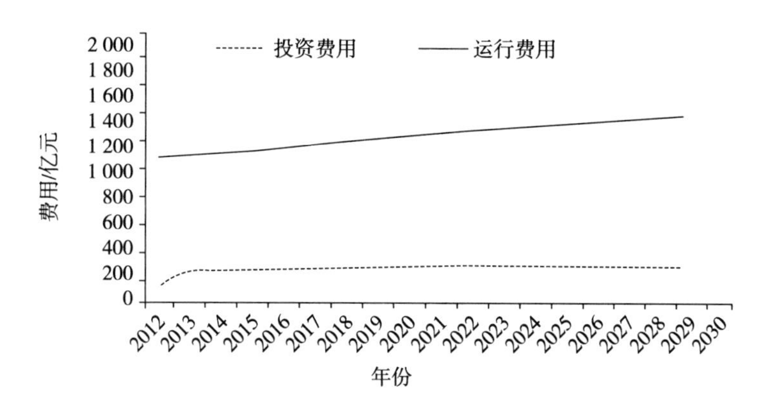

图 6－17　烟尘治理费用（方案一）

（2）方案二

在国家加强烟尘治理的情况下，烟尘的投资费用和运行费用有一定提高（图 6－18）。其中 2016 年烟尘治理总费用为 1 758.66 亿元，其中烟尘治理设施投资费用占 18.27%，烟尘治理设施运行费用占 81.73%。2020 年烟尘处理总费用达到 1 885.87 亿元，比 2016 年增长了 6.75%，其中投资费用为 343.45 亿元，比 2016 年增加 6.47%，运行费用增长到 1 542.42 亿元，比 2016 年增长了 6.81%；2030 年烟尘治理设施总费用达到 2 098.73 亿元，比 2020 年增长了 11.29%，其中投资费用达到 344.86 亿元，比 2020 年增长 0.41%，运行费用达到 1 753.86 亿元，比 2020 年增加 13.71%。

（3）方案比较

在两种不同方案下，烟尘治理的总费用、投资费用和运行费用差别不是很大，其中

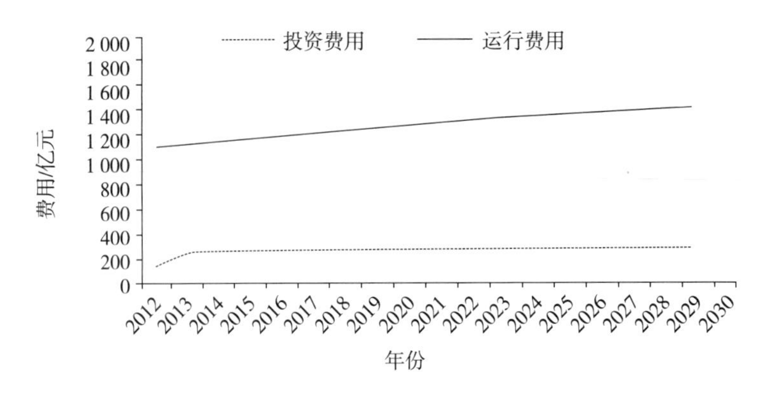

图 6－18　烟尘治理费用（方案二）

总费用 2016 年增长了 6. 80 亿元，2020 年增长了 11. 08 亿元，2030 年增长了 22. 77 亿元。在烟尘治理设施投资费用中，2016 年方案二比方案一增长了 3. 11 亿元，2020 年增长了 4. 00 亿元，2030 年增长了 6. 01 亿元；烟尘治理设施运行费用中，2016 年方案二比方案一增长了 3. 69 亿元，2020 年增长了 7. 08 亿元，2030 年增长了 16. 76 亿元。

6. 4. 3. 4　粉尘治理费用预测

（1）方案一

我国粉尘污染治理的投资与运行费用预计将保持上升趋势（图 6－19）。2016 年粉尘治理总费用为 239. 32 亿元，其中粉尘治理设施投资费用占 34. 57%，粉尘治理设施运行费用占 65. 43%。2020 年粉尘处理总费用达到 292. 89 亿元，比 2016 年提高了 18. 29%，其中投资费用为 100. 82 亿元，比 2016 年增加 17. 95%，运行费用达到 192. 07 亿元，比 2016 年提高了 18. 47%；2030 年脱氮设施总费用达到 480. 22 亿元，比 2020 年提高了 63. 96%，其中投资费用达到 162. 87 亿元，比 2020 年增长 61. 54%，运行费用达到 317. 35 亿元，比 2020 年增长 65. 23%。

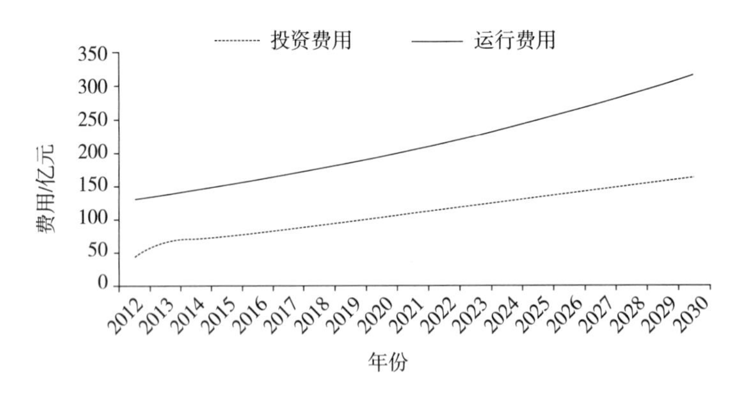

图 6－19　粉尘治理费用（方案一）

（2）方案二

在国家加强粉尘治理的情况下，粉尘的投资费用和运行费用有一定提高（图 6－20）。2016 年粉尘治理总费用为 240. 01 亿元，其中粉尘治理设施投资费用占 34. 64%，粉尘治理设施运行费用占 65. 36%。2020 年粉尘处理总费用达到 294. 00 亿元，比 2016 年提高了

18.37%，其中投资费用为101.37亿元，比2016年增长17.99%，运行费用增长到192.63亿元，比2016年增长了18.56%；2030年脱氮设施总费用达到482.67亿元，比2020年增加64.17%，其中投资费用达到163.83亿元，比2020年提高61.61%，运行费用达到318.84亿元，比2020年增长65.52%。

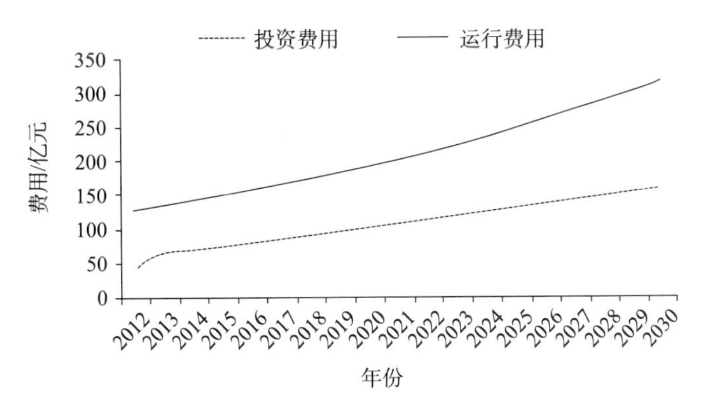

图6-20 粉尘治理费用（方案二）

（3）方案比较

在两种不同方案下，粉尘治理的总费用、投资费用和运行费用差别不是很大，其中总费用2016年提高了0.69亿元，2020年增长了1.11亿元，2020年增长了2.45亿元。在粉尘治理设施投资费用中，2016年方案二比方案一提高了0.41亿元，2020年提高了0.54亿元，2030年提高了0.95亿元。粉尘治理设施运行费用中，2016年方案二比方案一增长了0.28亿元，2020年增长了0.57亿元，2030年增长了1.50亿元。

6.4.3.5 污染治理费用综合分析

（1）方案一

根据方案一，如果大气污染治理水平保持正常提高，预测结果（表6-49至表6-51）表明，到2016年大气污染治理总费用为4 491.19亿元；到2020年和2030年大气污染治理投入将分别达到5 531.08亿元和7 430.83亿元。其中，治理投资费用比例逐步下降，运行费用比例逐步上升。在方案一情景下，二氧化硫、粉尘的污染治理投资占比都呈上升趋势，烟尘治理投资占比逐年下降，而氮氧化物的治理投资所占比例则稳中有降。在大气污染治理运行费用方面，二氧化硫及粉尘的费用占比保持平稳，烟尘治理运行费用占比呈下降趋势，氮氧化物的治理运行费用所占比例逐年提高。

表6-49 大气污染治理投资的预测结果（方案一）

年份	绝对量/亿元					所占比例/%			
	二氧化硫	烟尘	粉尘	氮氧化物	合计	二氧化硫	烟尘	粉尘	氮氧化物
2016	360.94	318.25	82.73	459.42	1 221.33	29.55	26.06	6.77	37.62
2020	401.33	338.42	100.82	521.56	1 362.13	29.46	24.84	7.40	38.29
2025	461.20	341.75	131.53	523.46	1 457.95	31.63	23.44	9.02	35.90
2030	512.55	333.29	162.87	444.32	1 453.03	35.27	22.94	11.21	30.58

表 6 -50　大气污染治理运行费用预测结果（方案一）

年份	绝对量/亿元					所占比例/%			
	二氧化硫	烟尘	粉尘	氮氧化物	合计	二氧化硫	烟尘	粉尘	氮氧化物
2016	792. 52	1 434. 45	156. 59	886. 30	3 269. 86	24. 24	43. 87	4. 79	27. 11
2020	982. 69	1 535. 27	192. 07	1 458. 92	4 168. 95	23. 57	36. 83	4. 61	35. 00
2025	1 227. 63	1 651. 16	248. 50	2 074. 53	5 201. 82	23. 60	31. 74	4. 78	39. 88
2030	1 469. 86	1 728. 56	317. 35	2 462. 04	5 977. 80	24. 59	28. 92	5. 31	41. 19

表 6 -51　大气污染治理总费用预测结果（方案一）

年份	绝对量/亿元			所占比例/%	
	治理投资	运行费用	合计	治理投资	运行费用
2016	1 221. 33	3 269. 86	4 491. 19	27. 19	72. 81
2020	1 362. 13	4 168. 95	5 531. 08	24. 63	75. 37
2025	1 457. 95	5 201. 82	6 659. 77	21. 89	78. 11
2030	1 453. 03	5 977. 80	7 430. 83	19. 55	80. 45

（2）方案二

根据方案二，大气污染物提高控制目标和处理水平，预测结果表明，由于大气污染物产生量逐步增加，同时要求大气污染物排放量逐步下降，使得大气污染治理费用逐年上升，其中大气污染治理投资费用趋于平稳，大气污染治理设施运行费用逐年增加。2016 年、2020 年、2025 年和 2030 年的大气污染治理总费用分别为 4 604. 15 亿元、5 718. 16 亿元、6 942. 33 亿元和 7 780. 02 亿元。占同期 GDP 的比例将分别达到 0. 68%、0. 64%、0. 56% 和 0. 46%（表 6 -52）。

表 6 -52　大气污染治理总费用预测结果（方案二）

年份	绝对量/亿元			所占比例/%	
	治理投资	运行费用	合计	治理投资	运行费用
2016	1 268. 21	3 335. 93	4 604. 15	27. 55	72. 45
2020	1 421. 92	4 296. 24	5 718. 16	24. 87	75. 13
2025	1 531. 49	5 410. 84	6 942. 33	22. 06	77. 94
2030	1 527. 67	6 252. 35	7 780. 02	19. 64	80. 36

方案二中氮氧化物投资治理费用比例明显提高，主要由于烟气脱氮技术不成熟，而且经济性较差，使得氮氧化物治理投资所占比重较大，占大气污染治理投资的 37% 左右；由于烟尘产生量较大，尽管单位投资较低，但整个烟尘治理投资所占比重也较大，并呈现逐年下降，由 2016 年的 25. 11% 下降为 2030 年的 21. 84%；随着二氧化硫控制技术的本国化，单位投资成本有所降低，但二氧化硫产生量呈现上升趋势，所以整个二氧化硫治理投资所占比重呈现逐年上升趋势，由 2016 年的 29. 17% 上升为 2030 年的 35. 52%。

由此可见，二氧化硫和氮氧化物的治理是“十三五”时期及以后大气污染治理投资的重点（表6－53）。

表6－53　大气污染治理投资预测结果（方案二）

年份	绝对量/亿元					所占比例/%			
	二氧化硫	烟尘	粉尘	氮氧化物	合计	二氧化硫	烟尘	粉尘	氮氧化物
2016	369.98	318.43	83.13	496.67	1 268.21	29.17	25.11	6.56	39.16
2020	416.83	338.66	101.37	565.06	1 421.92	29.31	23.82	7.13	39.74
2025	483.99	342.05	132.28	573.17	1 531.49	31.60	22.33	8.64	37.43
2030	542.66	333.65	163.83	487.53	1 527.67	35.52	21.84	10.72	31.91

2011—2030年，由于大气污染物产生量不断增加，特别是生产工艺过程的二氧化硫、粉尘治理的运行费用加大，使整个大气污染治理设施的运行费用不断提高。根据预测，2030年二氧化硫、氮氧化物治理设施的运行费用将分别比2011年增加90.4%和184%。从各污染物治理设施运行费用占整个运行费用的比重看，氮氧化物所占比例明显提高，由2016年的28.25%上升到2030年的42.82%，而烟尘所占比例明显降低，由2016年的43.01%下降到2030年的27.66%（表6－54）。

表6－54　大气污染治理运行费用预测结果（方案二）

年份	绝对量/亿元					所占比例/%			
	二氧化硫	烟尘	粉尘	氮氧化物	合计	二氧化硫	烟尘	粉尘	氮氧化物
2016	801.92	1 434.67	156.87	942.47	3 335.93	24.04	43.01	4.70	28.25
2020	1 002.16	1 535.69	192.63	1 565.75	4 296.24	23.33	35.75	4.48	36.44
2025	1 263.91	1 651.87	249.50	2 245.57	5 410.84	23.36	30.53	4.61	41.50
2030	1 526.82	1 729.56	318.84	2 677.12	6 252.35	24.42	27.66	5.10	42.82

6.5　结论与建议

6.5.1　结论

“十一五”期间，我国SO_2、烟尘和工业粉尘的排放量得到有效控制，但是由于我国未来经济仍将以较快速度发展，经济结构仍将以重化工业为主，以煤为主的能源结构难以在短时期内得到改变，清洁能源和其他新型能源的消费量增长迅速，但是相对于煤炭其比例仍然较小，传统大气污染物减排工作将面临更大的挑战。另外，新时期NO_x、细颗粒物、VOCs、重金属污染等新的大气污染问题层出不穷，大气煤烟型污染正在逐渐转向复合型污染。

（1）污染物总量减排压力大

在预测年内，由于以煤炭为主的化石能源消费量仍将不断增长，我国的SO_2、NO_x、烟尘和工业粉尘等主要大气污染物产生量将逐年上升，工业仍是这些大气污染物的主要来源。“十一五”期间，我国 SO_2、烟尘、工业粉尘的排放都得到了有效的控制，其污染物控制技术日趋成熟，经预测 SO_2、烟尘、工业粉尘的排放量在 2011—2030 年将持续下降，其中 2011—2020 年下降速度较快，2021—2030 年下降趋势放缓。

从 SO_2 排放量来看，随着我国节能减排工作的深入推进，未来二氧化硫排放量将持续减少。2011 年我国 SO_2 排放量总量为 2 217.9 万 t，到 2016 年为 2 052.7 万 t，比 2011 年削减 7.4%；2020 年排放量为 1 927.6 万 t，相比 2016 年削减 6.1%；2030 年排放量为 1 659.5 万 t，比 2020 年削减 13.9%。2011—2030 年将是我国推进主要污染物减排的关键阶段，在大力优化能源消费结构、提高清洁能源消费比例、大力推行清洁生产和发展循环经济的形势下二氧化硫排放量将得到有效控制。

从 NO_x 排放量来看，随着国家出台更为严格的 NO_x 排放标准以及相关政策法规，NO_x 减排将大力推进。2011 年我国 NO_x 排放量为 2 404.3 万 t，预测到 2016 年 NO_x 排放量达到 2 030.8 万 t，比 2011 年降低 15.5%；2020 年排放量为 1 804.3 万 t，比 2016 年降低 11.2%；2030 年 NO_x 排放量下降到 1 610.0 万 t，比 2020 年降低 10.8%。由于 NO_x 的控制技术复杂，控制难度大，减排效果滞后，加上机动车 NO_x 排放量持续增长，“十二五”及未来要完成 NO_x 的总量控制目标具有较大压力。

从烟（粉）尘排放量来看，2011 年全国烟（粉）尘排放量为 1 278.8 万 t，预测到 2016 年，全国烟（粉）尘排放量降低至 1 130.7 万 t，比 2011 年减少 11.6%；2020 年烟（粉）尘排放量为 1 037.8 万 t，比 2016 年下降 8.2%；2030 年全国（烟）粉尘排放量下降至 931.6 万 t，比 2020 年减少 10.2%。由于目前烟（粉）尘的削减率已经很高，未来减排空间有限。同时，城市建筑、道路扬尘、散烧煤等分散型颗粒物排放源复杂、基数不清、不确性大，给“十三五”颗粒物污染控制带来了很大困难。

（2）污染物排放强度逐渐下降

在预测年内，尽管由于能源消费总量的不断增长，二氧化硫、氮氧化物、工业烟（粉）尘等主要大气污染物产生量将大幅增加，但由于能源结构的不断优化，清洁能源比例的增加，主要大气污染物产生量增速将低于同期的经济增长速度。此外，随着国家出台更为严格的标准政策以及污染物控制水平的提升，各类主要大气污染物排放量将总体呈现下降趋势，单位 GDP 主要大气污染物排放强度也将呈现下降趋势。预计“十三五”期间，单位 GDP 二氧化硫排放强度、单位 GDP 氮氧化物排放强度、单位 GDP 烟（粉）尘排放强度将分别下降 30%、36% 和 32%。

（3）二氧化碳排放逐年增加

到 2016 年、2020 年和 2030 年，全国二氧化碳排放量将分别达到 96 亿 t、104 亿 t、121 亿 t，人均二氧化碳排放量将分别达到 7.0 t/人、7.5 t/人、8.6 t/人。尽管人均二氧化碳排放量低于一些发达国家的水平（2010 年，中国人均二氧化碳排放量为 6.2 t/人，日本为 8.9 t/人，美国高达 17.6 t/人），甚至低于俄罗斯、伊朗和南非，但二氧化碳排放总量却很大，约占全球二氧化碳排放总量的 25%，并逐年增加。从行业预测结果来看，二氧化碳排放量最大的行业是电力行业，占整个二氧化碳排放量的40%以上；其次是化学工业、交通运输业、黑色金属冶炼及压延加工业、其他非金属矿物制品业，居民生活二氧化碳排放量也不容忽视。以上这些行业和居民生活的二氧化碳排放量占了整个二氧化碳排放量的85%以上，需要重点加强控制。

6.5.2 建议

（1）加快产业结构调整，推进产业转型升级

修订高能耗、高污染和资源型行业的准入条件，明确资源能源节约和污染物排放等指标。严格控制“两高”行业新增产能，新、改、扩建项目要实行产能等量或减量置换。结合产业发展实际和环境质量状况，进一步提高环保、能耗、安全、质量等标准，分区域明确落后产能淘汰任务，有计划地对重污染企业实施搬迁及落后产能的关停并转。加快企业技术进步和技术创新，不断促进企业转型升级，降低高能耗、高污染的产能比重，提高绿色GDP产出。大力发展节能环保产业，使之成为新一轮经济发展的增长点和新兴支柱产业。

（2）深化重点行业污染治理，有效控制污染物排放总量

以工业废气达标排放专项整治为重点，进一步加大整治力度，强化执法监管，坚决严惩环境违法行为，确保工业废气达标排放的长效治理。深化火电、钢铁、石化、有色金属冶炼等行业的二氧化硫治理，全面推进燃煤机组、燃煤锅炉、球团生产设备、烧结机等设备的脱硫设施的安装，对不能稳定达标的脱硫设施进行升级改造，积极推进陶瓷、玻璃、砖瓦等建材行业二氧化硫控制。大力推进火电和水泥行业氮氧化物控制，对相关生产设备配套建设脱硝设施，积极开展烧结机烟气脱硝示范工程建设。强化火电、水泥、钢铁的颗粒物治理，全面推进燃煤工业锅炉烟尘治理，积极推进工业炉窑颗粒物治理。

（3）强化机动车污染防治，控制移动源污染

一是建立全新的城市可持续交通体系，优化城市功能和布局规划，推广智能交通管理，缓解城市交通拥堵。加大对公共交通的建设力度，提高公交出行比例，倡导私家车减少使用、绿色出行的低碳生活方式。二是进一步加快机动车排放标准的实施进程，严格地方标准，推动油品配套升级，提高机动车尾气排放标准，减少污染物排放。三是加强机动车环保管理力度，加快淘汰“黄标车”和老旧车辆，加强在用机动车年度检验，对不达标车辆不得发放环保合格标志，不得上路行驶。四是推广使用节能环保型和新能源型汽车，积极推进公交车实行“油改气”，提高清洁能源车辆使用比重。

（4）重视复合型大气污染问题，完善挥发性有机物污染防治体系

一是开展挥发性有机物调查工作，制定分行业挥发性有机物排放系数，编制重点行业排放清单，摸清挥发性有机物行业和地区分布特征，筛选重点排放源，建立挥发性有机物重点监管企业名录。二是完善重点行业挥发性有机物排放控制要求和政策体系。三是全面开展加油站、储油库和油罐车油气回收治理。四是大力削减石化行业挥发性有机物排放。五是积极推进有机化工等行业挥发性有机物控制。六是加强表面涂装工艺挥发

性有机物排放控制。七是推进溶剂使用工艺挥发性有机物治理。

（5）深化面源污染治理，控制城市大气污染

一是综合整治城市扬尘。加强城市建筑施工环境监理与执法检查，强化煤堆、料堆的监督管理，采取措施控制建筑扬尘，提高城市绿化覆盖率，减少裸露面积，控制道路扬尘污染。二是开展餐饮油烟污染治理。严格新建饮食服务经营场所的环保审批；推广使用管道煤气、天然气、电等清洁能源；餐饮服务经营场所应安装高效油烟净化设施，并强化运行监管；强化无油烟净化设施露天烧烤的环境监管；推广使用高效净化型家用吸油烟机。三是加强秸秆焚烧环境监管。禁止农作物秸秆、城市清扫废物、园林废物、建筑废弃物等生物质的违规露天焚烧。全面推广秸秆还田、秸秆制肥、秸秆饲料化、秸秆能源化利用等综合利用措施，制定实施秸秆综合利用方案，建立秸秆综合利用示范工程，促进秸秆资源化利用，加强秸秆焚烧监管。进一步加强重点区域秸秆焚烧和火点监测信息发布工作，建立和完善市、县（区）、镇、村四级秸秆焚烧责任体系。

第7章　固体废物产生量排放量预测

7.1　当前固体废物污染形势分析

随着我国工业化、城镇化进程的加快，我国以工业固体废物、城镇生活垃圾、电子废弃物以及城镇污泥为主的固体废物产生量也呈现快速增长趋势（表7－1）。随着我国工业领域资源消耗量的进一步加大，由资源开采和利用带来的工业固体废物日益增多，这其中主要包括煤矸石、粉煤灰、炉渣、废渣、尾矿以及危险废物等。工业固体废物堆存量增加将使环境污染和安全隐患加大，对周边地区人民财产和生命安全造成严重威胁。另外人口向城市涌入以及生活水平的提高也带来了严重的生活垃圾排放，造成我国多数城市都面临着“垃圾围城”危机。同样在新兴电子产业的发展和居民消费水平提高的双重作用下，居民电子产品更新换代加速了电子废弃物的产生，尤其是以电脑和手机等电子废弃物产生量增加最为明显。虽然电子废弃物回收水平较其他类固体废物高，但电子废弃物的非法拆解和处理过程十分简陋，造成严重环境污染。污水处理厂污泥产生量也随人口增长呈现快速增长的趋势。虽然我国固体废物无害化处理水平在不断提高，相关规划和设施也不断完备，但面对污染物的快速增加，我国固体废物处理水平和方式均面临严峻挑战。例如多种固体废物处理方式以填埋为主，容易造成二次污染，引起生态安全隐患。因此加大固体废物综合利用水平和创新资源回收利用方式是当前我国需要解决的主要问题。

表7－1　2006—2011年我国四类主要固体废弃物产生量

年份	工业固体废物/亿t	城镇生活垃圾清运量/亿t	电子废弃物/万t	城镇污泥/万t
2006	15.15	1.48	207.74	1 104
2007	17.56	1.52	232.53	1 517
2008	19.01	1.54	262.89	1 452
2009	20.39	1.57	286.35	1 655
2010	24.09	1.58	337.24	2 116
2011	32.62	1.64	394.34	2 268

（1）工业固体废物

2005—2010年是我国工业化快速发展阶段，随着我国逐渐成为世界工厂，我国工业在消耗大量基础原料的同时，也带来了大量固体废物。2010年，我国工业固体废物产生总量达到24亿t，较2005年的13.4亿t增加了近一倍，年均增长率为12.4%。工业固体废物的综合利用水平2010年为67%，5年间增长了10个百分点。但与发达国家相比仍属较低水平。工业固体废物的排放量逐渐减少，到2010年仅为500万t左右，比2005年减少了2/3。我国危险废物的产生量也在逐年大幅增加，2010年危险废物产生量为1 587万t，5年间增长了400万t。危险废物综合利用率也呈现显著增长，从2005年的43%增长到2010年的62%。危险废物排放量到2010年基本为0，表明中国对危险废物的严格管理起到了一定成效，但危险废物的处理主要以贮藏为主，没有实现资源回收利用，并且容易引起安全隐患（表7-2）。

表7-2 2005--2010年我国工业固体废物产生量及不同处置量

类型		2005年	2006年	2007年	2008年	2009年	2010年
工业固体废物/亿t	产生量	13.44	15.15	17.56	19.01	20.39	24.09
	综合利用量	7.70	9.26	11.03	12.35	13.82	16.18
	贮存量	2.79	2.24	2.41	2.19	2.09	2.39
	处置量	3.13	4.29	4.14	4.83	4.75	5.73
	排放量	0.17	0.13	0.12	0.08	0.07	0.05
其中：危险废物/万t	产生量	1 162	1 084	1 079	1 357	1 430	1 587
	综合利用量	496	566	650	819	831	977
	贮存量	337.27	266.81	153.94	196.19	218.91	166.34
	处置量	339.00	289.34	345.64	389.33	428.00	512.66
	排放量	0.60	19.97	0.07	0.07	0.00	0.00

从工业固体废物产生的不同类型来看，尾矿是工业固体废物中比重最大类型，2010年产生量为6.6亿t，占比为27%左右；排在第二的粉煤灰，2010年产生量为4.3亿t，比重为18%左右。比重较小的是炉渣和危险废物，分别为9%和0.7%（图7-1）。可见矿产开采过程中带来的尾矿和煤炭燃烧剩余的粉煤灰是工业固体废物的主要来源，对这两类的工业固体废物的处理处置以及资源化利用是实现工业固体废物减量化、资源化的主要方向。

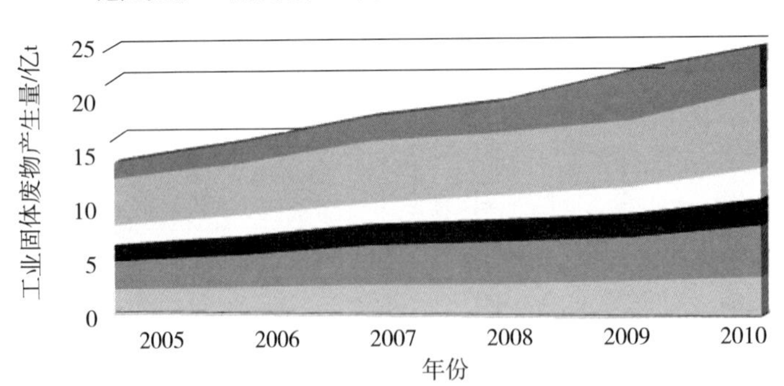

图7-1 2005—2010年不同类型工业固体废物产生量及占比情况

（2）城镇生活垃圾

城镇生活垃圾是我国当前面临的主要环境问题之一。2011年我国城镇垃圾清运量达到了1.6亿t，较2006年增加了0.1亿t，虽增速趋缓，但总量十分巨大。据统计，全国有200多座城市陷入垃圾的包围之中。垃圾堆存侵占的土地面积多达75万亩。由于我国城市数量和人口的不断增加，城市垃圾的产生量也呈逐年增加的趋势。从生活垃圾无害化处理情况来看，2011年无害化处理率达到了80%，较2006年的53%提高了27个百分点。但我国城市垃圾处理的最主要方式是填埋，占全部处理量的70%以上（图7-2）。堆放在城市郊区的垃圾，侵占了大量农田，并且对城市周边的空气和地下水造成了严重污染（图7-3）。

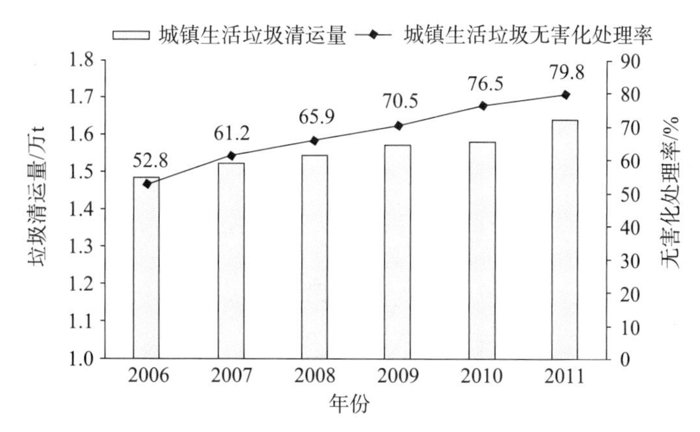

图7-2　2006—2011年我国城镇生活垃圾清运量及无害化处理率

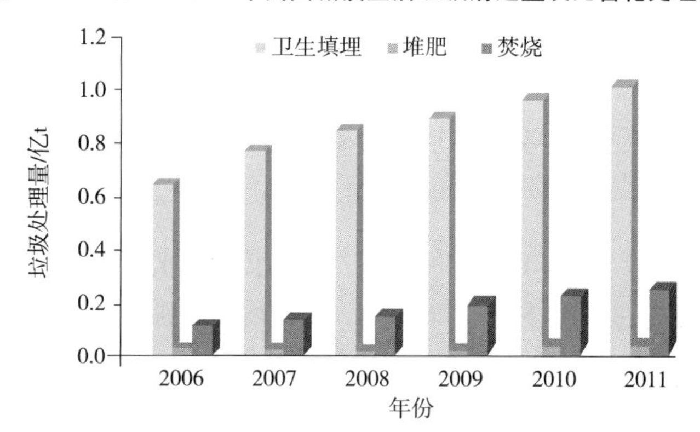

图7-3　2006—2011年不同处置类型垃圾处理量

（3）电子废弃物

从电子废弃物产生量来看（图7-4），我国电子废弃物增长迅速，从2006年的1.68亿台增长到2011年的3.44亿台，增长了一倍多，年均增长率达到23.5%。其中电子废弃物数量最多的类型是废弃手机，2010年达到1.7亿台，较2006年增加了0.66亿台，约占电子废弃物总数量的一半。家用电器类电子废弃物产生数量增速略缓，年均增长率仅10%左右，表明我国城市化进程中对于大件家电的购买力已逐渐趋缓。电脑和打印设备增长速率最快，年均增长率达到30%左右。这其中便携式电脑的年均增长率更是高达148%，表明随着技术进步及便携式电脑性能逐渐提高，居民更倾向于购买便携式电脑代替台式电脑。

从电子废弃物产生重量来看（图7-4），我国电子废弃物重量同样呈快速增长趋势。从2006年的209万t增长到2011年的394万t，几乎增长了一倍，年均增长率为11.3%。由于包括手机在内的数码类产品和便携式电脑体积均较小，因此虽然总数量所占比重较大，但换算为重量后所占比重较小，2011 年数码类电子废弃物总重量仅为 4.6 万 t，占所有电子废弃物重量的 1% 左右。家用电器类电子废弃物所占比重最高，2011 年总重量为 288 万 t，占电子废弃物总重量的 73% 左右。电脑及打印设备类电子废弃物 2011 年重量为 101 万 t，约占电子废弃物总重量的 25%，这其中主要以台式电脑为主。相对电子废弃物产生数量，电子废弃物产生重量年均增长率较低。从全世界来看，我国属于电子废弃物产生重量增长速度较快的国家之一。并且虽然数码类和电脑类电子废弃物所占比重较低，但由于其所含毒害物质更多，因而更加应该引起重视。

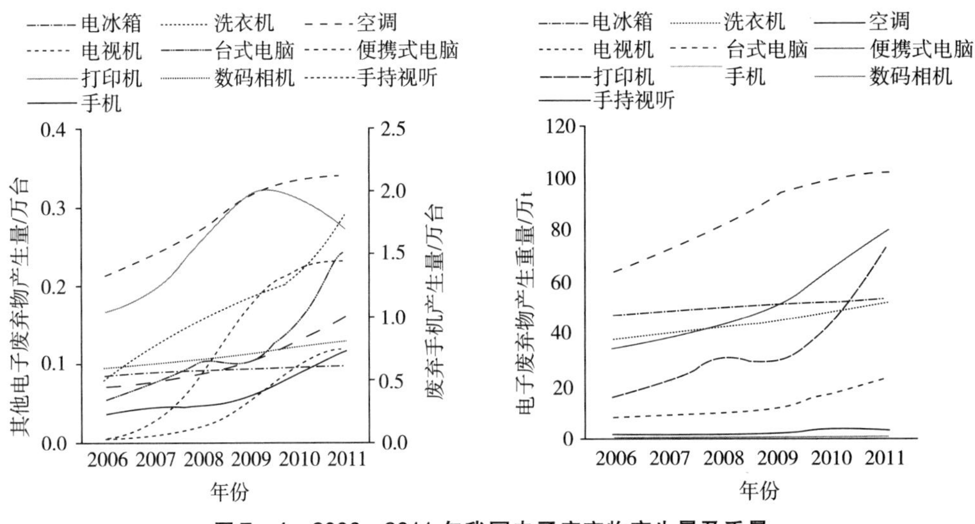

图 7-4　2006—2011 年我国电子废弃物产生量及重量

（4）城镇污泥

随着我国加大工业废水和城镇污水的治理力度，废水处理产生的污泥量也不断增加，从 2006 年的 1 104 万 t 增长到 2011 年的 2 268 万 t，年均增速达到 15.5%（图 7-5）。从污泥处置方式来看，2011 年我国污泥处置主要以卫生填埋处置为主，占所有污泥处置的 56%。焚烧处置和土地利用处置分别占处置总量的 18% 和 16%，用作建筑材料的比例最低，仅为 10%（图 7-6）。可见，当前我国污泥处置水平还较低，超过一半的污泥仍主要以较为低级的填埋处置为主，这将带来占用场地、污染地下水等环境问题，需要得到足够重视。

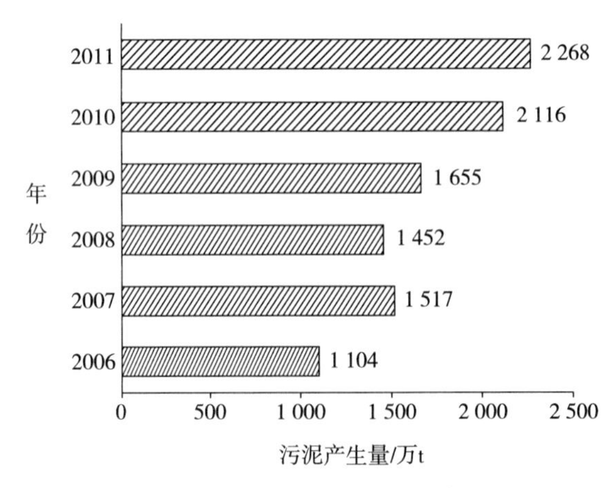

图 7-5　2006—2011 年污泥产生量

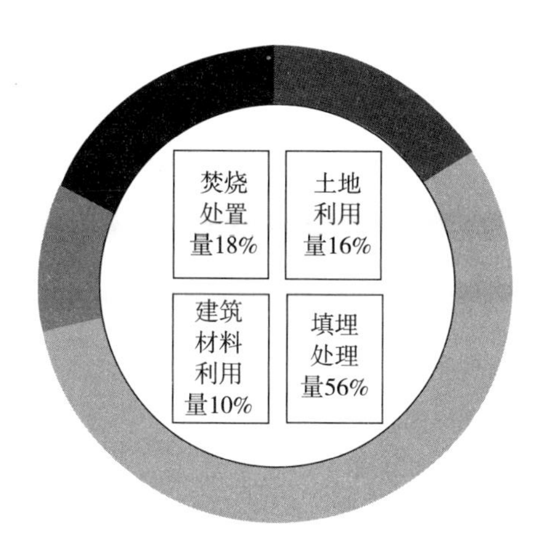

图7－6　2011年不同污泥处置类型占比

7.2　预测模型与方法

固体废物污染预测技术路线如图7－7所示。

（1）预测思路

固体废物预测包括产生量预测、处理量（综合利用量和处理处置量）预测、堆放量（排放量）预测以及投资（新增处理量）和运行费用预测。预测的固体废物种类包括：一般工业固体废物（煤矸石、粉煤灰、炉渣、废渣、尾矿、危险废物）、城镇生活垃圾、电子废弃物（家用电器、电脑及耗材、数码通讯设备）和城镇污泥。

1）工业固体废物预测思路：首先，根据各类工业固体废物重点产生行业的行业增加值、产品产量、资源消费量，以及各种工业固体废物的产生当量系数，计算得出重点行业工业固体废物的产生量。其中，煤矸石、粉煤灰和炉渣的重点行业即涵盖此类全部工业固体废物，废渣的重点行业为黑色冶金和有色冶金，尾矿的重点行业为黑色采选和有色采选，危险废物的重点行业为化工和有色冶金；然后根据重点行业固体废物产生量占工业行业产生总量的比例推算总的工业固体废物产生量；最后，预测未来工业固体废物综合利用率和处置率，计算得到综合利用量、处置量和堆放量。6类工业固体废物的预测思路基本相同。

2）城镇生活垃圾预测思路：首先根据城镇人口和城镇人均生活垃圾产生量，计算得到城镇生活垃圾产生量；然后预测未来城镇生活垃圾处理率、无害化处理率以及填埋、堆肥、焚烧和回收等处理方式占无害化处理方式的比例，预测得到简易处理量、无害化处理量和垃圾堆放量。

3）电子废弃物预测思路：首先，预测电子产品的销售量；其次，根据各种电子产品的使用寿命预测电子废物的产生量；最后，根据电子废物处理系数，预测电子废物的处理量（综合利用量）。

4）城镇污泥预测思路：首先预测城镇人口；其次根据人均污泥产生量来预测污泥的产生量；最后预测未来污泥的处置率以及土地利用、建筑材料、焚烧发电、填埋处置等处置方式占无害化处置方式的比例，预测得到简易处理量、无害化处理量和堆放量。

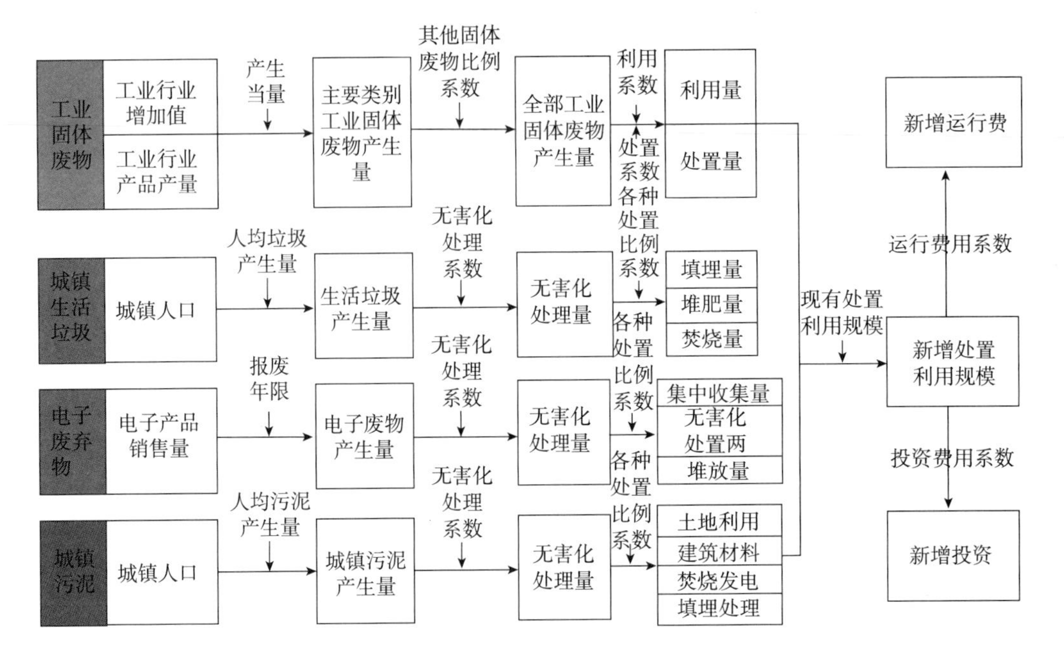

图 7-7　固体废物污染预测技术路线

（2）计算方法

各种固体废物产生量和堆放量的计算方法见表 7-3。

表 7-3　固体废物产生量和堆放量的预测方法

项目	指标/污染物		预测方法
工业固体废物	产生量	煤矸石	煤矸石产生量 = 原煤开采量 × 煤矸石产生当量
		粉煤灰	粉煤灰产生量 = 火电粉煤灰产生量 + 锅炉粉煤灰产生量 火电粉煤灰产生量 = 火电燃煤量 × 煤炭灰分含量 × 火电飞灰产生率 × 火电除尘效率 锅炉粉煤灰产生量 = 锅炉燃煤量 × 煤炭灰分含量 × 锅炉飞灰产生率 × 锅炉除尘效率
		炉渣	炉渣产生量 = 火电炉渣产生量 + 锅炉炉渣产生量 火电炉渣产生量 = 火电燃煤量 × 煤炭灰分含量 ×（1 - 火电飞灰产生率） 锅炉炉渣产生量 = 锅炉燃煤量 × 煤炭灰分含量 ×（1 - 锅炉飞灰产生率）
		废渣	废渣产生量 =（黑色冶金废渣产生量 + 有色冶金废渣产生量）/ 重点行业废渣产生量占总废渣产生量比例 黑色冶金废渣产生量 = 粗钢产品产量 × 废渣产生当量 有色冶金废渣产生量 = 行业增加值 × 废渣产生当量
		尾矿	尾矿产生量 =（黑色金属采选尾矿产生量 + 有色金属采选尾矿产生量）/ 重点行业尾矿产生量占总尾矿产生量比例 黑色（有色）金属采选尾矿产生量 = 行业增加值 × 黑色（有色）尾矿产生当量

续表

项目	指标/污染物		预测方法
工业固体废物	产生量	一般工业固体废物	一般工业固体废物产生量 = （煤矸石产生量 + 粉煤灰产生量 + 炉渣产生量 + 废渣产生量 + 尾矿产生量）/5 类一般工业固体废物占总一般工业固体废物产生量的比例
		危险废物	危险废物产生量 = 重点行业危险废物产生量/重点行业危险废物产生量占总危险废物产生量比例 重点行业危险废物产生量 = 行业增加值 × 重点行业危险废物产生当量
		工业固体废物产生量	工业固体废物产生量 = 一般工业固体废物产生量 + 危险废物产生量
	新增堆放量	工业固体废物总量	工业固体废物排放量 = 固体废物产生量 × 固体废物排放系数
城镇生活垃圾	产生量		城镇生活垃圾产生量 = 城镇人口 × 人均生活垃圾产生量
	堆放量		城镇生活垃圾堆放量 = 城镇生活垃圾产生量 − 城镇生活垃圾处理量 城镇生活垃圾处理量 = 城镇生活垃圾产生量 × 无害化处理率 卫生填埋（焚烧、堆肥、回收等）处理量 = 处理量 × 卫生填埋率（焚烧率、堆肥率、回收率）
电子废弃物	电子产品生产量		按照家用电器、电脑及耗材、数码通讯设备使用寿命推算报废时电子产品的生产量即为该年份电子废物的产生量
	产生量		产生量 = 生产量 × 每台产品的平均重量
	处置量		处置量 = 产生量 × 集中收集率 × 无害化处理率（或资源化利用率）
城镇污泥	产生量		城镇污泥产生量 = 城镇人口 × 人均污泥产生量（干）/脱水污泥含固率
	堆放量（排放量）		城镇污泥堆放量 = 城镇污泥产生量 − 城镇污泥处理量 城镇污泥处理量 = 城镇污泥产生量 × 无害化处理率 （土地利用、建筑材料、焚烧发电、填埋处理）处理量 = 处理量 × 卫生填埋率（土地利用、建筑材料、焚烧发电、填埋处理）

7.3　模型参数确定

（1）工业固体废物相关参数

工业固体废物产生量和堆放量预测中用到的相关基础数据和技术参数的预测方法和数据来源见表 7－4。

表 7－4　工业固体废物产生量、堆放量预测中技术参数的预测方法与依据

项目	指标	预测方法与依据
产生量	煤炭开采量	经济预测模块提供
	煤矸石产生当量	根据《中国环境统计年报（2006—2011）》得到近 6 年的煤矸石产生当量，利用趋势外推预测目标年份煤矸石产生当量
	火电和锅炉燃煤消费量	经济预测模块提供
	商品煤灰分	2011 年取 22%，考虑到未来煤炭入洗率的逐步提高，商品煤灰分可能在目前的基础上逐年下降，到 2030 年达到 18%
	飞灰产生率	以 2007 年粉煤灰产生量为基准反推得到电力行业和一般工业锅炉的飞灰率分别为 86.9% 和 34.0%，预测时分别取 85% 和 30%
	除尘效率	根据《中国环境统计年报（2011）》，火电和一般锅炉的除尘效率分别约为 99% 和 95%，未来逐年提高，到 2030 年达到 99%
	粗钢生产量	经济预测模块提供
	废渣产生当量	根据近 6 年黑色和有色冶金行业的废渣产生量以及粗钢和有色冶金行业增加值，计算近 6 年这两个行业的废渣产生当量，然后利用统计回归模型外推预测目标年的废渣产生当量
	煤炭开采量	经济预测模块提供
	尾矿产生当量	根据近 6 年黑色和有色采选行业的尾矿产生量以及行业增加值，计算近 6 年这两个行业的尾矿产生当量，然后利用统计回归模型外推预测目标年的尾矿产生当量
	危险废物产生当量	根据近 6 年化工和有色冶金行业的危险废物产生量以及行业增加值，计算近 6 年这两个行业的危险废物产生当量，然后利用统计回归模型外推预测目标年的危险废物产生当量
	重点行业固体废物产生量占总产生量的比例	根据近 6 年环境统计中重点行业固体废物产生量和总固体废物产生量，计算 2011 年冶金废渣占废渣总产生量的比例均值 94%，黑色和有色采选尾矿占尾矿总产生量的比例均值 81%，5 类工业固体废物产生量占一般工业固体废物产生量的比例均值 84%；重点行业的危险废物产生量占危险废物总产生量的比例呈逐年上升的趋势，预测时取近 6 年均值 70%，按上升趋势从 2011 年的 70% 上升到 2030 年的 75%
堆放量	综合利用率	2011 年一般工业固体废物的综合利用率和处置率分别为 60% 和 22%，危险废物的综合利用率和处置率分别为 52.2% 和 26.7%。根据工业固体废物的治理现状以及“十二五”环保规划和“十二五”危险废物处置建设规划，并参考国家环保模范城市和生态市建设对工业固体废物处置利用的指标要求提出工业固体废物的综合利用和处置目标
	处置率	

注：由于目前工业固体废物的综合利用率和处置率水平已经与预测目标值比较接近，因此，工业固体废物的综合利用率和处置率水平预测方法只制订一个方案。

1）一般工业固体废物产生量与堆放量预测参数

根据表 7－4 中各系数的确定方法，综合考虑技术进步和污染物处理率的提高，最终确定各参数。一般工业固体废物产生量参数值的预测结果见表 7－5。

表 7－5　一般工业固体废物产生量预测参数值

参数	单位	2011 年	2016 年	2020 年	2030 年
煤矸石产生当量	万 t/万 t	0.09	0.1	0.11	0.12
原煤开采量	亿 t	34.29	36.83	40.48	44.11
火电燃煤量	亿 t	17.07	18.43	20.74	24.61
工业燃煤量	亿 t	16.29	17.61	19.02	18.89
煤炭灰分	%	22	21	20	18
火电除尘效率	%	99	99	99	99
锅炉除尘效率	%	95	97	98	99
锅炉飞灰产生率	%	30	30	30	30
火电飞灰产生率	%	85	85	85	85
粗钢产量	亿 t	6.84	8.46	9.08	6.53
黑色冶金废渣产生当量	万 t/万 t	0.46	0.47	0.48	0.50
有色冶金废渣产生当量	万 t/亿元	0.41	0.41	0.42	0.43
有色冶金行业增加值	亿元	6 841	6 841	9 768	13 696
重点行业废渣产生量占总废渣产生量比例	%	95	95	95	95
黑色金属采选行业增加值	亿元	2 644	3 905	5 989	11 976
有色金属采选行业增加值	亿元	1 643	2 083	2 915	5 126
黑色尾矿产生当量	万 t/亿元	23	22	20	20
有色尾矿产生当量	万 t/亿元	20	20	20	20
重点行业尾矿产生量占总尾矿产生量比例	%	81	82	83	84
5 类一般工业固体废物占总一般工业固体废物产生量的比例	%	84	84	83	81

一般工业固体废物堆放量根据工业固体废物的治理现状以及“十二五”环保规划，参考国家环保模范城市和生态市建设对工业固体废物处置利用的指标要求提出工业固体废物的综合利用和处置目标，并考虑综合利用率和处置率的提高，设立两种不同的情景下，一般工业固体废物的综合利用率和处置率见表 7－6。

表 7－6　一般工业固体废物堆放量预测参数值　　单位：%

参数	情景	2011 年	2016 年	2020 年	2030 年
一般工业固体废物综合利用率	高方案	66	71	75	80
	低方案	66	69	73	78
一般工业固体废物处置率	高方案	25	25	25	20
	低方案	25	25	25	22

2）危险废物产生量与堆放量预测参数

选择基础化工行业、有色金属冶金行业、有色金属矿采选业、造纸和纸制品业、石油加工炼焦和核燃料加工业、计算机通信和其他电子设备制造业6个行业作为重点行业来预测危险废物产生量。通过计算近五年来这6个行业的危废产生量和工业增加值，得出行业危险废弃物产生当量，考虑技术进步，采用趋势外推得到2020年、2030年上述行业的危险废弃物产生当量，由经济预测模块预测行业增加值，从而预测重点行业危险废弃物产生量，按照比例预测总的危险废弃物产生量。各参数值详见表7－7。

表7－7　危险废物产生量预测参数值

参数	单位	2011年	2016年	2020年	2030年
六大行业危险废物产生当量	万t/亿元	0.05	0.05	0.05	0.05
六大行业增加值	亿元	38 619	55 167	72 512	129 700
六大行业危险废物产生量占总危险废物产生量比例	%	70	72	74	75

根据工业固体废物的治理现状以及“十二五”危险废物处置建设规划，并参考国家环保模范城市和生态市建设对工业固体废物处置利用的指标要求提出危险废物的综合利用和处置目标，设立两种不同的情景，危险废物的综合利用率和处置率见表7－8。

表7－8　危险废物堆放量预测参数值　　单位:%

参数	情景	2011年	2016年	2020年	2030年
危险废物综合利用率	高方案	61	63	65	70
	低方案	61	62	63	65
危险废物处置率	高方案	32	33	35	30
	低方案	32	32	32	35

3）固体废物排放量预测参数

近五年来，全国固体废物产生量不断增加，而排放量逐年降低，固体废物排放量系数不断降低，从2006年的0.9%下降到2011年的0.1%，按照此下降趋势，确定预测年份固体废物排放系数见表7－9。

表7－9　固体废物排放量系数预测值　　单位:%

年份	2011	2016	2020	2030
固体废物排放量系数	0.1	0.08	0.06	0.04

（2）城镇生活垃圾相关参数

城镇生活垃圾产生量与堆放量预测中相关技术参数的预测方法与预测依据见表7－10。

表 7 – 10　城镇生活垃圾预测中技术参数的预测方法与依据

项目	指标	预测方法与依据
产生量	城镇人口	经济预测模块提供
	人均生活垃圾产生量	根据专项调查和清运量数据反推获得，各省不同，2011 年和 2030 年将分别达到 1.0kg/（d·人）和 1.30kg/（d·人）
堆放量	垃圾处理率 无害化处理率 卫生填埋、堆肥、无害化焚烧和其他 4 类处理方式的比例	根据测算以及《中国城市建设统计年鉴 2011》中的统计数据

1）城镇生活垃圾产生量预测参数

城镇人口的数据由人口预测模块提供。人均生活垃圾产生量根据专项调查和清运量数据反推获得，2011 年全国平均 1kg/（d·人），随着生活水平的提高，预计 2020 年、2030 年将分别达到 1.2kg/（d·人）和 1.3kg/（d·人），详见表 7 – 11。

表 7 – 11　城镇生活垃圾产生量预测参数值

参数	单位	2011 年	2016 年	2020 年	2030 年
城镇人口	万人	69 312	77 020	83 016	90 959
人均生活垃圾产生量	kg/（d·人）	1	1.1	1.2	1.3

2）城镇生活垃圾堆放量预测参数

根据近五年城镇生活垃圾处理量测算，参考《中国统计年鉴 2012》中的统计数据，2011 年全国城镇生活垃圾无害化处理率平均 80%，其中，卫生填埋、焚烧、堆肥的比例为 77∶20∶3，未来，将逐步提高城镇生活垃圾无害化处理率，特别是加大焚烧率和堆肥率的比重，同时减少卫生填埋率。根据《“十二五”全国城镇生活垃圾无害化处理设施建设规划》，到 2015 年，设市城市生活垃圾无害化处理率达到 90% 以上，县城生活垃圾无害化处理率达到 70% 以上，预测 2016 年无害化处理率为 83%、85%，卫生填埋、焚烧、堆肥的比例为59∶35∶6。预测到 2020 年、2030 年，高方案下处理率分别达到 90%、95%，低方案下城镇生活垃圾无害化处理率将分别达到 85%、90%；两种方案下的 4 类处理方式比例目标相同，为 50∶40∶10 和 36∶50∶14，详见表 7 – 12。

表 7 – 12　城镇生活垃圾堆放量预测参数值

参数	情景	2011 年	2016 年	2020 年	2030 年
城镇生活垃圾无害化处理率	低方案	0.80	0.83	0.85	0.9
	高方案	0.80	0.85	0.9	0.95
卫生填埋率		0.77	0.59	0.50	0.36
焚烧率		0.20	0.35	0.40	0.50
堆肥率		0.03	0.06	0.10	0.14

（3）电子废弃物相关参数

1）产品平均寿命期及平均重量

电子电器平均寿命和平均重量是综合了中国家用电器研究院的估计值、UNEP、EPA的研究报告、国内相关研究及目前市场上各类知名品牌电子电器产品的使用手册数据得到的。其中数码产品（包括充电器和电池）的平均寿命和重量是根据目前市场上主要品牌产品的平均值估算得到的。具体见表7－13。

表7－13　主要电子产品平均寿命期和重量

种类	平均寿命期/a	平均重量/（kg/台）	种类	平均寿命期/a	平均重量/（kg/台）
洗衣机	8～14	40	台式电脑	5～7	30
电冰箱	8～12	55	便携式电脑	4～6	3
空调器	8～14	50	数码相机	4～6	0.25
电视机	8～10	30	手持视听	3～5	0.2
打印机	5～7	20	手机	2～4	0.2

2）电子产品的报废年限分布

根据德国相关研究报告的研究结果，假设各类电子电器产品的寿命期按不同的比例围绕平均寿命呈正态分布（表7－14）。

表7－14　主要电子产品报废年限分布

年限	8年	9年	10年	11年	12年	13年	14年
电视机	8%	16%	26%	26%	16%	8%	
洗衣机	8%	12%	18%	24%	18%	12%	8%
空调器	8%	12%	18%	24%	18%	12%	8%
电冰箱	8%	16%	26%	26%	16%	8%	
年限	1年	2年	3年	4年	5年	6年	7年
台式电脑					20%	60%	20%
便携式电脑				25%	50%	25%	
打印机					20%	60%	20%
手机		25%	50%	25%			
数码相机				25%	50%	25%	
手持视听			25%	50%	25%		

3）电子废弃物处置利用系数

根据有关规划，预计到2016年，我国电子废弃物的集中收集率、无害化处置率以及资源化利用率将分别达到85%、88%、66%；到2020年，分别达到95%、98%、80%；到2030年达到99%、99%、85%（表7－15）。因此，对电子废弃物未来的处理情况设定两个情景方案：低方案是指处理处置在现状水平稳定增长状况下电子废弃物的处置利用发展状况，即对电子废弃物不做任何规划和管理的情况下我国未来电子废弃物收集率、处置率和资源化利用率；高方案是指根据上述相关规划，即强制政策引导和管理情况下我国未来电子废弃物收集、处置、利用及堆放状况。

表 7 – 15　目标年份电子垃圾处置利用系数　　单位%

参数	情景	2009 年	2013 年	2015 年	2020 年	2030 年
集中收集率	低方案	55	65	70	80	90
	高方案	55	80	85	95	99
无害化处置率	低方案	65	72	75	85	90
	高方案	65	78	88	98	99
资源化利用率	低方案	49	55	57	65	75
	高方案	49	62	68	80	85

（4）城镇污泥相关参数

城镇污泥产生量与处理量预测中相关技术参数的预测方法与预测依据见表 7 – 16。

表 7 – 16　城镇污泥预测中技术参数的预测方法与依据

项目	指标	预测方法与依据
产生量	城镇人口	经济模块提供
	污水处理量	根据国家或地方的“十二五”污水处理厂建设规划
	人均污泥产生量	根据测算 2010 年我国城镇人均污泥产生量约为 18g（干）/（人·a），预计到 2030 年达到 32g（干）/（人·a）
	其他参数	脱水污泥含固率通常取 20%
堆放量	污泥处置率	据 2012 年《中国环境统计年报》测算，2012 年我国城镇污泥处置率基本达到了 100%，未来也基本上为 100%。其中，土地利用、填埋处置、建筑材料利用、焚烧处置的比例为 18.8：52.4：9.7：19.1，根据预测，到 2020 年和 2030 年，4 类处理方式比例分别为 40：25：10：25 和 50：10：10：30
	土地利用、填埋处置、建筑材料利用、焚烧处置 4 类处理方式的比例	

1）城镇污泥产生量预测参数值

随着我国城镇化进程的加快，未来城镇人口将逐步增多，同时随着城镇污水收集和处理水平的提高，人均污泥产生量也将增长（表 7 – 17）。

表 7 – 17　城镇污泥产生量预测参数值

参数	单位	2011 年	2016 年	2020 年	2030 年
城镇人口	万人	69 312	77 020	83 016	90 959
人均污泥产生量（干）	g/（人·a）	18	24	30	32

2）城镇污泥堆放量预测参数值

根据 2012 年《中国环境统计年报》测算，2012 年我国城镇污泥土地利用、填埋处置、建筑材料利用、焚烧处置的比例为 18.8：52.4：9.7：19.1。随着未来我国加大城镇污泥的处置力度，污泥堆肥用于土地肥料的比例将不断上升，预计到 2030 年将达到

50%；用于焚烧的比例也将逐年上升，预计到2030年将达到30%；用于建筑材料的比例预计未来将保持在10%左右（表7－18）。

表7－18　城镇污泥堆放量预测参数值

参数	2011年	2016年	2020年	2030年
土地利用率	0.16	0.25	0.40	0.50
填埋处置率	0.56	0.42	0.25	0.10
建筑材料利用率	0.10	0.10	0.10	0.10
焚烧处置率	0.18	0.23	0.25	0.30

（5）固体废物治理费用相关参数

工业固体废物治理包括一般工业固体废物和危险废物两部分，两部分的计算模型基本相同。治理投资为当年新增处理（综合利用和处置量是设计规模的85%）能力（含当年报废处理能力4%）与单位固体废物治理投资系数的乘积；治理运行费用为当年固体废物处置利用量与单位处置利用成本系数的乘积，见表7－19。这里需要注意的是，工业固体废物的利用分为企业直接利用与专业综合利用两部分，这里仅计算专业综合利用集中处理部分的治理投资。计算时，一般工业固体废物利用投资系数取60万元/万t，处置取40万元/万t；危险废物利用投资系数取5 000元/t，处置取4 000元/t；一般工业固体废物的利用和处置运行费用系数分别取30元/t和20元/t，危险废物的利用和处置运行费用系数取1 000元/t。

表7－19　工业固体废物治理投资和运行费用的预测方法

项目	预测方法
治理投资	治理投资＝新增综合利用量×单位治理投资系数＋新增处置量×单位治理投资系数 新增综合利用量＝（当年综合利用量－上一年综合利用量）/0.85＋上一年综合利用量×0.04 新增处置量＝（当年处置量－上一年处置量）/0.85＋上一年处置量×0.04
运行费用	运行费用＝新增综合利用量×单位运行费用＋新增处置量×单位运行费用

城镇生活垃圾治理投资和运行费用计算中，卫生填埋、堆肥、焚烧3类处理方式的单位治理投资系数分别取13万元/t、20万元/t、40万元/t；单位治理运行费用系数分别取32万元/t、25万元/t和78万元/t。

参考国内外一些废旧电子电器处理厂的建设投资规划，废旧电子电器集中处理厂的单位投资费用为0.2亿元/（万t·a），电子废物单位处理运用费用为1 000元/t。

城镇污泥处理投资和运行费用，约为污水处理厂投资和运行费用的35%左右。各类处理方式的投资和运行费用可参照城镇生活垃圾的估算，其中，土地利用、填埋处置、建筑材料利用、焚烧处置4类处理方式的单位治理投资系数分别取20万元/t、13万元/t、4万元/t、40万元/t；土地利用、填埋处置、焚烧处置单位治理运行费用系数分别取25元/t、32元/t、78元/t，建筑材料利用运行费用不计。

7.4 预测结果与分析

7.4.1 工业固体废物预测

（1）工业固体废物产生量预测

表7－20是我国2011—2030年工业固体废物产生量及增速。随着我国经济增速整体趋缓，产业结构逐渐优化调整，未来我国工业固体废物增速也将逐渐趋缓，“十二五”时期工业固体废物总产生量增速为6.6%，到“十三五”期间将下降到3.9%，2020—2030年将进一步下降到4.5%。但产生总量仍将持续上升，2016年、2020年、2030年工业固体废物总产生量分别为39.25亿t、47.47亿t、73.77亿t，分别是2011年的1.3倍、1.6倍和2.4倍。

表7－20 工业固体废物各类型产生量 单位：亿t

类别	2011年	2016年	2020年	2030年	年均增长率/%		
					“十二五”	“十三五”	2020—2030年
1. 一般工业固体废物	30.17	38.87	46.98	72.91	6.5	3.9	4.5
其中：煤矸石	3.09	3.76	4.45	5.29	5.0	3.5	1.7
粉煤灰	4.18	4.29	4.61	5.26	0.7	1.4	1.3
炉渣	3.07	3.14	3.29	3.38	0.5	0.9	0.3
废渣	3.61	4.67	5.19	4.40	6.6	2.2	-1.7
尾矿	11.45	16.72	21.46	40.72	9.9	5.1	6.6
2. 危险废物	0.28	0.38	0.49	0.86	8.4	5.2	5.8
工业固体废物合计	30.44	39.25	47.47	73.77	6.6	3.9	4.5

图7－8是一般工业固体废物和危险废物产生量预测结果。可以看出，未来工业固体废物仍主要以一般工业固体废物为主，约占所有工业固体废物产生量的98.8%。但危险废物也将逐年增多，到2030年将达到0.86亿t，是2011年的3倍左右。这主要与我国作为有色金属开采大国，对有色金属等主要产生危险废物的产品需求逐渐增大有关。

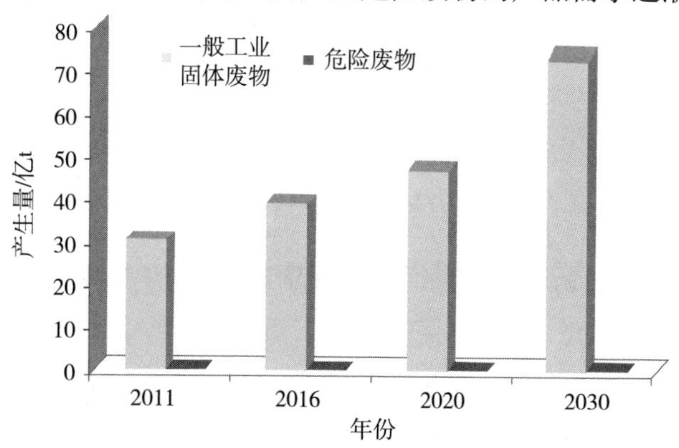

图7－8 2011—2030年我国一般工业固体废物和危险废物产生量预测

图 7 - 9 是一般工业固体废物产生量构成图。可以看出，尾矿是一般工业固体废物的主要来源，2016 年、2020 年、2030 年其所占比重分别为 43%、46%、56%，呈逐渐增长趋势。煤矸石、粉煤灰、炉渣、废渣 4 种固体废物占一般工业固体废物比重差别不大，2011 年基本在 10% 左右，并随着时间的推移，比重呈下降趋势，到“十三五”末期，即 2020 年 4 种固体废物比重分别为 9%、10%、7%、11%，到 2030 年进一步下降为 7%、7%、5%、6%。总体来看，随着我国经济发展对矿产开采业进一步需求的扩大，未来一般工业固体废物主要以尾矿为主，其比重也将逐渐占到一般工业固体废物的一半以上。

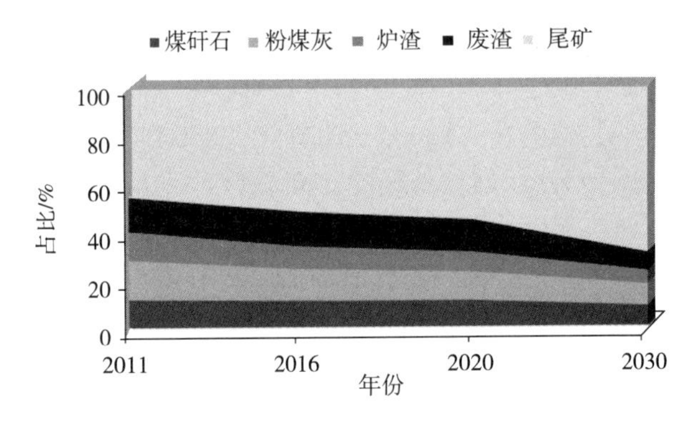

图 7 - 9　2011—2030 年主要一般工业固体废物所占比重

从煤矸石产生量预测结果看（图 7 - 10），煤矸石产生量 2016 年、2020 年、2030 年将分别达到 3.76 亿 t、4.45 亿 t、5.29 亿 t。“十二五”期间年均增长 4.3%，“十三五”期间年均增长略有下降，为 4.1%。2020—2030 年，预计我国能源结构逐渐向清洁化方向发展，煤炭在一次能源中所占比重也将下降，因此煤炭开采中煤矸石产生量在这 10 年间年均增长仅为 1.7%。总体来看，未来我国煤矸石产生量将呈缓慢增长态势。

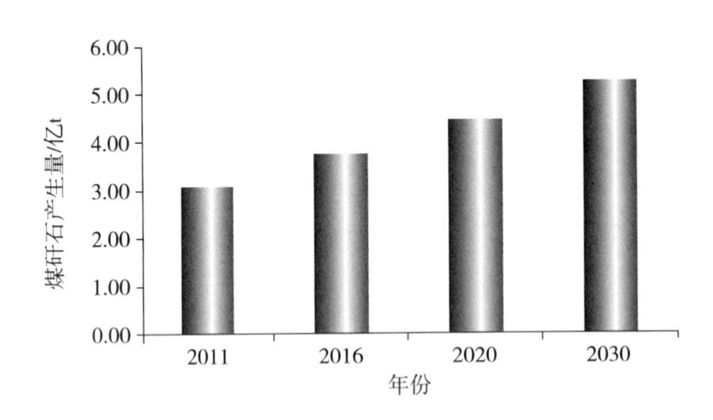

图 7 - 10　2011—2030 年煤矸石产生量预测

从粉煤灰产生量预测来看（图 7 - 11），我国粉煤灰 2016 年、2020 年、2030 年产生量分别为 4.29 亿 t、4.61 亿 t、5.26 亿 t。“十二五”期间年均增长 0.6%，“十三五”期间年均增速略有提高，为 1.5%。2020—2030 年，年均增速下降到 1.3%。总体来看，未来随着我国除尘效率达到最高水平，我国粉煤灰增长速度将逐渐趋缓，呈低速增长的态势，但总产生量仍然较大。其中火电粉煤灰产生量所占比重较高，未来基本将保持在

75%～80%，并呈逐年增长趋势。

"十二五"期间火电和锅炉燃煤量将继续增加，虽然煤炭灰分、飞灰产生率逐渐降低，除尘效率也在增长，但是总体上粉煤灰的产生量将继续增加。"十三五"期间，随着燃煤量的下降、煤炭灰分和飞灰产生率的继续下降及除尘效率的继续增长，粉煤灰的产生量将略有下降。

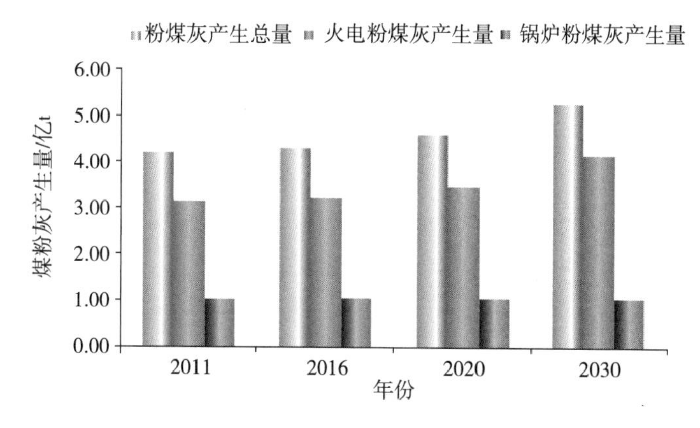

图7-11　2011—2030年粉煤灰产生量预测

从炉渣产生量预测来看（图7-12），我国炉渣2016年、2020年、2030年产生量分别为3.14亿t、3.29亿t、3.38亿t。"十二五"期间年均增长0.6%，"十三五"期间年均增速略有提高，为0.9%。2020—2030年，年均增速下降到0.3%，几乎呈现零增长。总体来看，未来我国炉渣增长速度将逐渐趋缓，但总产生量仍然较大。其中锅炉炉渣产生量所占比重较高，未来基本将保持在80%左右，并呈逐年下降趋势。

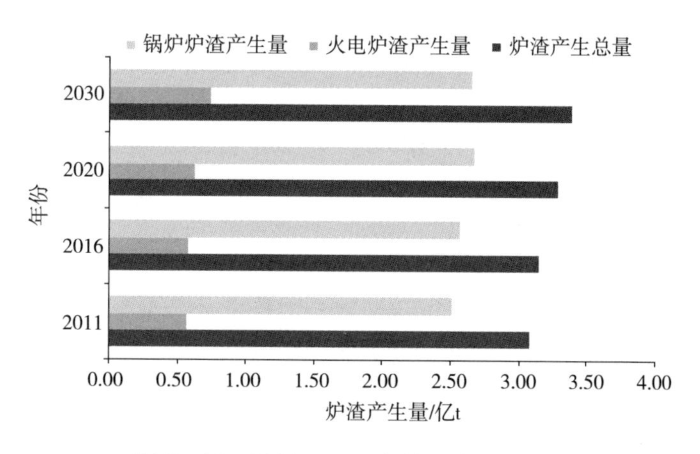

图7-12　2011—2030年炉渣产生量预测

从废渣产生量预测来看（图7-13），我国废渣2016年、2020年、2030年产生量分别为4.67亿t、5.19亿t、4.4亿t。"十二五"期间年均增长5.7%，"十三五"期间年均增速呈现下降趋势，降为2.9%。2020—2030年，废渣年均增速呈负增长趋势，年均增速仅为-1.7%。总体来看，未来我国废渣增长速度呈现前期快速增长、中期增长趋缓、后期负增长的趋势。从不同类型来看，黑色冶金废渣产生量所占比重较高，但呈逐年下降趋势，从2011年高达87%的比重，下降到2030年的74%，而有色冶金废渣产生量所占比重不断增长，从2011年的13%增长到2030年的26%，翻了一番。

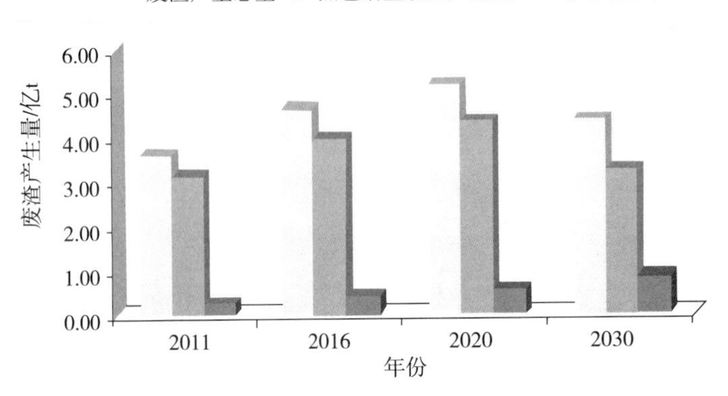

图7－13　2011—2030年废渣产生量预测

从尾矿产生量预测来看（图7－14），我国尾矿2016年、2020年、2030年产生量分别为16.72亿t、21.46亿t、40.72亿t。“十二五”期间年均增长高达8%，“十三五”及后期年均增速略有下降，但仍将保持在6.6%左右。因此，导致2030年我国尾矿产生量在2011年基础上几乎增加了近3倍。从不同类型来看，未来我国尾矿产生量以黑色金属采矿业为主，占尾矿产生量的一半以上。总体来看，未来我国尾矿仍将呈现高速增长的趋势。这间接反映了我国矿产采选业在未来仍将呈现高速发展的态势，其带来的生态环境破坏以及固体废物污染将十分巨大，需要注重其废物利用水平，避免生态危机。

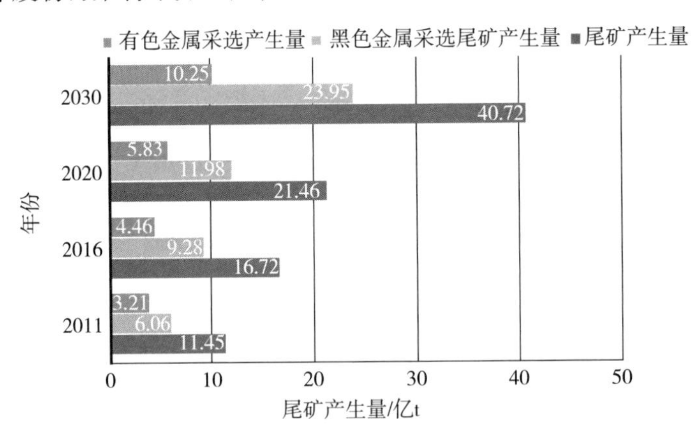

图7－14　2011—2030年尾矿产生量预测

从危险废物产生量预测结果看（图7－15），危险废物产生量2016年、2020年、2030年将分别达到3 810万t、4 899万t、8 647万t。“十二五”、“十三五”期间年均增长率分别为6.5%和6.6%。2020—2030年，年均增长率略有下降，但也保持在5.8%。总体来看，未来我国危险废物产生量将呈现高增长势头，年均增速将保持在6%左右，总量巨大。

（2）工业固体废物堆放量预测

工业固体废物堆放量预测分两种情景进行：高方案综合利用率、处置量相对较高，

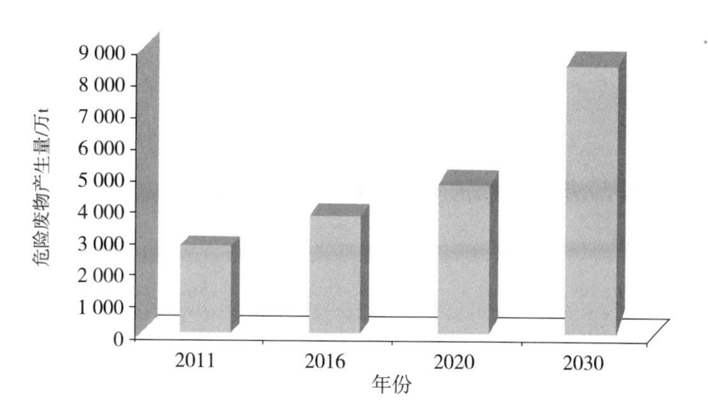

图 7－15　2011—2030 年危险废物产生量预测

低方案综合利用率、处置率相对较低。不同情景下工业固体废弃物的处置量、利用量及堆放量预测结果见表 7－21 和表 7－22。

表 7－21　高方案情景下工业固体废物处置情况预测　　单位：亿 t

固体废物类型	处置类型	2011 年	2016 年	2020 年	2030 年
一般工业固体废物	综合利用量	19. 91	27. 60	35. 24	58. 33
	处置量	7. 54	9. 72	11. 75	14. 58
	堆放量	2. 71	1. 55	0. 00	0. 00
危险废物	综合利用量	0. 17	0. 24	0. 32	0. 61
	处置量	0. 09	0. 13	0. 17	0. 26
	堆放量	0. 02	0. 01	0. 00	0. 00
工业固体废物	综合利用量	20. 08	27. 84	35. 56	58. 93
	处置量	7. 63	9. 84	11. 92	14. 84
	堆放量	2. 73	1. 57	0. 00	0. 00

表 7－22　低方案情景下工业固体废物处置情况预测　　单位：亿 t

类型	处置类型	2011 年	2016 年	2020 年	2030 年
一般工业固体废物	综合利用量	19. 91	26. 82	34. 30	56. 87
	处置量	7. 54	9. 72	11. 75	16. 04
	堆放量	2. 71	2. 33	0. 94	0. 00
危险废物	综合利用量	0. 17	0. 24	0. 31	0. 56
	处置量	0. 09	0. 12	0. 16	0. 30
	堆放量	0. 02	0. 02	0. 02	0. 00
工业固体废物	综合利用量	20. 08	27. 05	34. 61	57. 43
	处置量	7. 63	9. 84	11. 91	16. 34
	堆放量	2. 73	2. 35	0. 96	0. 00

高方案情景下，2016 年、2020 年、2030 年我国一般工业固体废物综合利用量将分别达到 27. 60 亿 t、35. 24 亿 t、58. 33 亿 t，处置量将分别达到 9. 72 亿 t、11. 75 亿 t、14. 58 亿 t。综合利用量“十二五”、“十三五”年均增长 6. 8%、6. 3%，处置量“十二五”、

“十三五”年均增长5.3%、4.9%，均高于一般工业固体废物产生量速度，使得一般工业固体废物堆放量逐渐减少，到2020年以后所有一般固体废物均实现综合利用和处置，实现零堆放。

危险固体废物综合处理量和处置量增长较快，“十二五”、“十三五”期间增长率分别为7.4%、7.3%和7.4%、7.9%，2016年、2020年、2030年危险废物综合利用量将分别达到0.24亿t、0.32亿t、0.61亿t，处置量将分别达到0.13亿t、0.17亿t、0.26亿t，堆放量逐渐降低，到2020年为零。

总体表明，工业固体废物综合利用量增加较快，处置量增加较慢，意味着我国“十三五”期间及2020—2030年循环经济的发展导致工业固体废物综合利用量增加，堆放量将逐步减少。

低方案情景下，2016年、2020年、2030年我国一般工业固体废物综合利用量将分别达到26.82亿t、34.30亿t、56.87亿t，处置量将分别达到9.72亿t、11.75亿t、16.04亿t。综合利用量“十二五”、“十三五”年均增长6.1%、6.4%，处置量“十二五”、“十三五”年均增长5.3%、4.9%。使得一般工业固体废物堆放量逐渐减少，但堆放量减少速度要低于高方案，因此到2030年才能实现一般工业固体废物的零堆放。危险废物2016年、2020年、2030年综合利用量将分别达到0.24亿t、0.31亿t、0.56亿t，处置量分别为0.12亿t、0.16亿t、0.30亿t，均略低于高方案情景，堆放量逐渐降低，到2030年实现零堆放。

7.4.2 城镇生活垃圾预测

（1）城镇生活垃圾产生量预测

预测结果表明，我国城镇生活垃圾产生量增长速度较快，2016年、2020年、2030年城镇生活垃圾产生量将分别达到3.15亿t、3.64亿t、4.32亿t（图7-16），“十二五”期间、“十三五”期间、2020—2030年年均增长率分别为4.6%、3.7%、1.7%。城镇生活垃圾的增加主要是由于“十二五”、“十三五”期间我国城市化进程处于加快发展时期，城镇人口数量增加较快，同时，人民生活水平不断提高，使人均生活垃圾产生量不断增加，导致我国城镇生活垃圾产生量增长迅速。到2020—2030年，我国城市化进程进入缓慢增长期，城镇人口增长速度也将放缓，这将使得城镇生活垃圾产生量增长放缓。

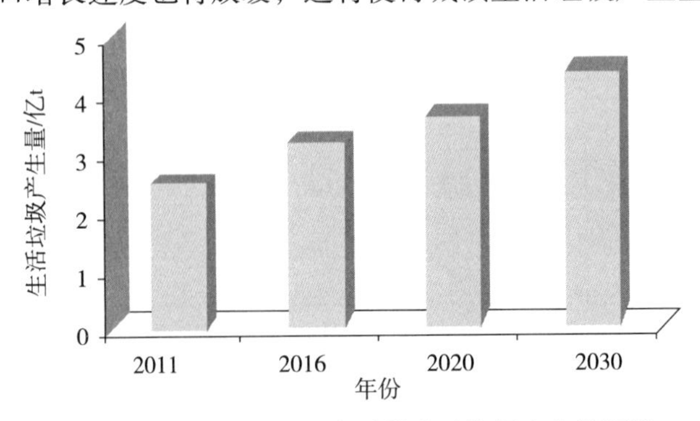

图7-16　2011—2030年城镇生活垃圾产生量预测

（2）城镇生活垃圾堆放量预测

城镇生活垃圾堆放量预测分两种情景进行：高方案综合利用率、无害化处理率相对较高，低方案综合利用率、无害化处理率相对较低。

高方案情景下（表7－23、图7－17），2016年、2020年、2030年城镇生活垃圾无害化处理量将分别达到2.71亿t、3.27亿t、4.10亿t，“十二五”期间、“十三五”期间及2020—2030年年均增长率分别为6.2%、4.9%、2.3%，增速逐渐下降。从不同处置类型来看，填埋作为最简单的处置方式，处置量将下降，焚烧处置由于其经济性等特征，未来将成为主要的处置方式，到2030年焚烧处置量将达到2.05亿t；堆肥量增长速度也较快，但所占比重仍然低于另外两种处置方式。随着处置水平的不断提高，城镇生活垃圾堆放量将逐渐减少，2016年、2020年、2030年分别为0.44亿t、0.36亿t、0.22亿t。

表7－23　高方案情景下城镇生活垃圾无害化处理量和堆放量预测　　单位：亿t

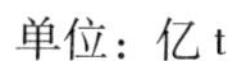

指标		2011年	2016年	2020年	2030年
城镇生活垃圾产生量		2.53	3.15	3.64	4.32
无害化处理量	填埋	1.56	1.55	1.64	1.48
	焚烧	0.40	0.97	1.31	2.05
	堆肥	0.06	0.18	0.33	0.57
	合计	2.02	2.71	3.27	4.10
堆放量		0.51	0.44	0.36	0.22

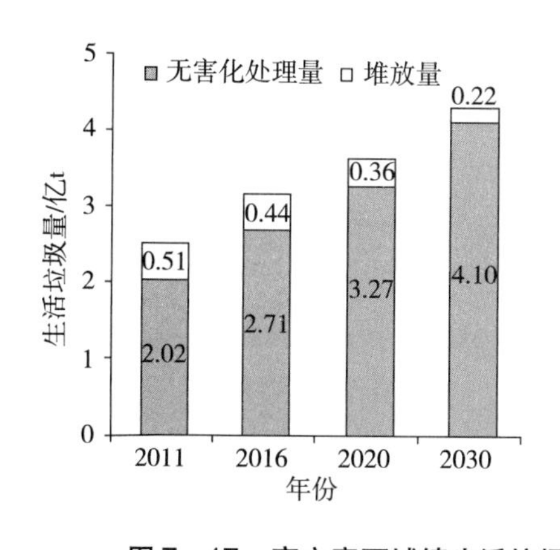

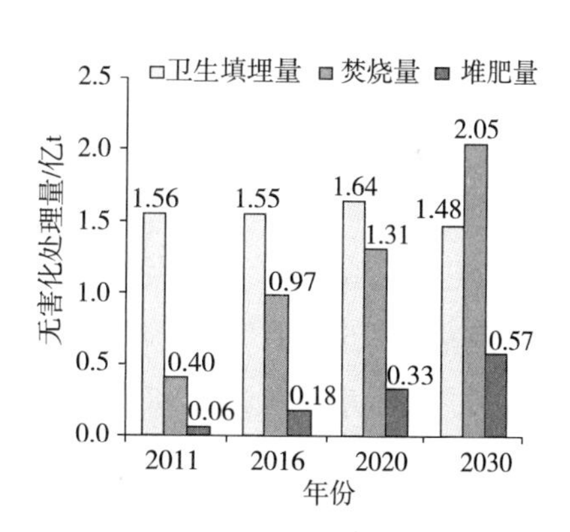

图7－17　高方案下城镇生活垃圾无害化处理方式比较及堆放量分析

低方案情景下（表7－24、图7－18），2016年、2020年、2030年城镇生活垃圾无害化处理量将分别达到2.63亿t、3.09亿t、3.88亿t，较高方案略低，“十二五”期间、“十三五”期间及2020—2030年年均增长率分别为5.6%、4.2%、2.3%，增速逐渐下降，同样要低于高方案。从不同处置类型来看，填埋作为最简单的处置方式，处置量将逐年下降，从2011年的1.56亿t下降到2030年的1.40亿t；焚烧处置由于其经济性等特征，未来将成为主要的处置方式，到2030年焚烧处置量将达到1.94亿t，低于高方案；堆肥量增长速度也较快，但所占比重仍然低于另外两种处置方式。随着处置水平的不断提高，城镇生活垃圾堆放量将逐渐减少，2016年、2020年、2030年分别为0.52亿t、0.55亿t、0.43亿t。

表 7－24　低方案情景下城镇生活垃圾无害化处理量和堆放量预测　　单位：亿 t

指标		2011 年	2016 年	2020 年	2030 年
城镇生活垃圾产生量		2.53	3.15	3.64	4.32
无害化处理量	填埋	1.56	1.50	1.55	1.40
	焚烧	0.40	0.95	1.24	1.94
	堆肥	0.06	0.18	0.31	0.54
	合计	2.02	2.63	3.09	3.88
堆放量		0.51	0.52	0.55	0.43

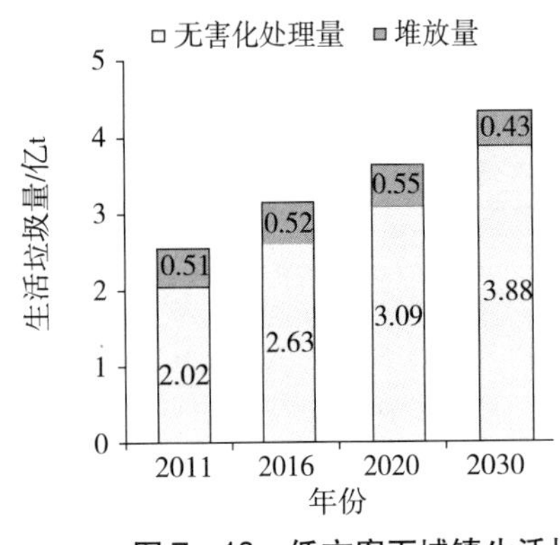

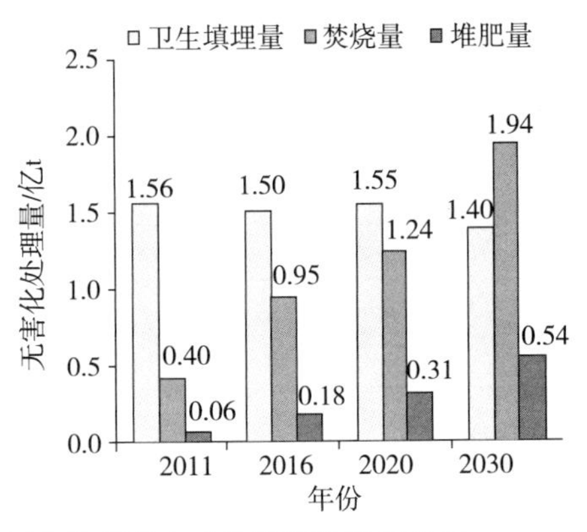

图 7－18　低方案下城镇生活垃圾无害化处理方式比较和堆放量分析

通过比较高低两种情景可以发现，在技术可行的前提下，大力提高焚烧、堆肥等垃圾无害化处置比例，减少填埋比例，将能够显著提高我国废弃物无害化处置效率和水平，一定程度上尽早缓解由于城市化进程导致的垃圾围城等问题。

7.4.3　电子废弃物预测

不同类型电子废弃物产生量预测结果见图 7－19。总体来看，未来我国电子废弃物产生量将呈现快速增长趋势。2016 年、2020 年、2030 年电子废弃物产生量将分别达到 633.00 万 t、903.79 万 t、1 336.98 万 t，分别是 2011 年的 1.7 倍、2.4 倍、3.6 倍。从各种类型来看，家用电器仍然为电子废弃物的主要来源，其中以空调器产生量最高。而手机和便携式电脑虽然数量最多，但从重量来看，是所占比重最少的电子废弃物。

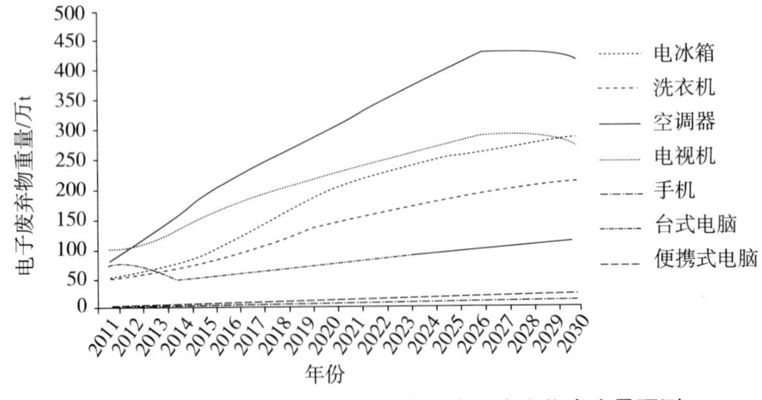

图 7－19　2011—2030 年不同类型电子废弃物产生量预测

高方案情景下（表 7－25、图 7－20），电子废弃物集中收集量、无害化处置量、资源化利用量都将呈逐年增长的趋势，到“十三五”末期（2020 年），集中收集量、无害化处置量、资源化利用量和堆放量将分别达到 858.60 万 t、841.43 万 t、673.14 万 t、62.36 万 t，到 2030 年，将分别达到 1 323.61 万 t、1 310.38 万 t、1 113.82 万 t、26.61 万 t，堆放量进一步减少。

表 7－25　电子废弃物产生量及处置量、堆放量预测　　单位：万 t

方案	类型	2011 年	2016 年	2020 年	2030 年
电子废弃物产生量		369.86	633.00	903.79	1 336.98
高方案	集中收集量	295.88	550.71	858.60	1 323.61
	无害化处置量	230.79	495.64	841.43	1 310.38
	资源化利用量	143.09	348.93	673.14	1 113.82
	堆放量	139.07	137.36	62.36	26.61
低方案	集中收集量	240.41	455.76	723.03	1 203.29
	无害化处置量	173.09	350.94	614.58	1 082.96
	资源化利用量	95.20	205.65	399.48	812.22
	堆放量	196.76	282.07	289.21	254.03

低方案情景下（表 7－25、图 7－20），电子废弃物集中收集量、无害化处置量、资源化利用量都将呈逐年增长的趋势，但增长速度要低于高情景方案。到“十三五”末期（2020 年），集中收集量、无害化处置量、资源化利用量和堆放量将分别达到 723.03 万 t、614.58 万 t、399.48 万 t 和 289.21 万 t，到 2030 年，将分别达到 1 203.29 万 t、1 082.96 万 t、812.22 万 t 和 254.03 万 t。可以看出在低方案下，到 2030 年仍将有 250 万 t 左右的电子废弃物无法得到无害化处置，远远高于高方案情景。

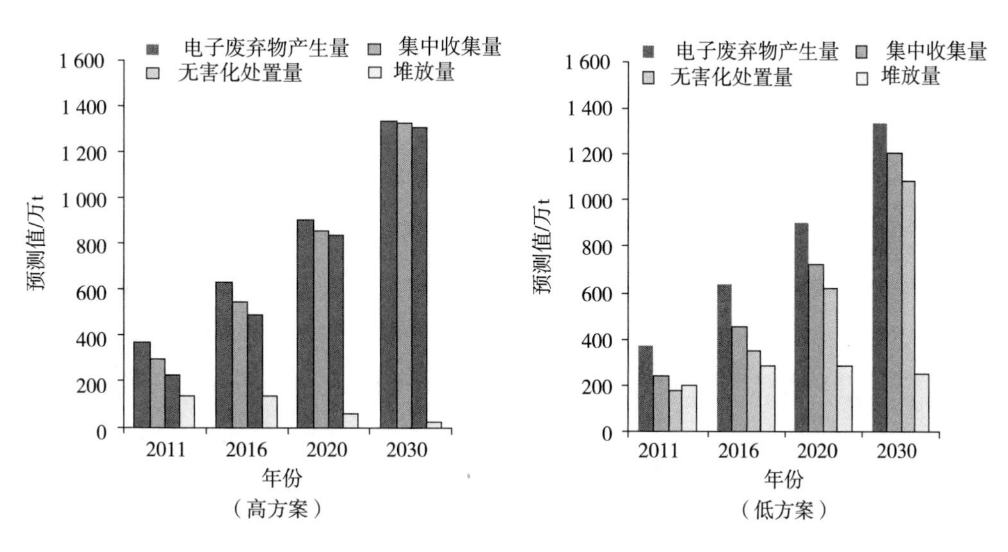

图 7－20　不同方案下电子废弃物产生量、处置量、堆放量预测

7.4.4 城镇污泥预测

预测结果表明，随着我国城镇化水平和城镇污水处理水平的不断提高，我国城镇污泥产生量将呈加快增长趋势，2016 年、2020 年、2030 年城镇污泥产生量将分别达到 3 542 万 t、4 545 万 t、5 312 万 t，分别是2011 年的1.6 倍、2.0 倍、2.3 倍（表7 –26）。

表7 –26 城镇污泥产生量及处置量预测 单位：万 t

类别		2011 年	2016 年	2020 年	2030 年
城镇污泥产生量		2 277	3 542	4 545	5 312
处置量	土地利用	364	827	1 818	2 656
	填埋处置	1 275	1 389	1 136	531
	建筑材料利用	228	331	455	531
	焚烧处置	410	761	1 136	1 594

从处置类型来看，随着我国污泥资源化利用水平不断提高，传统填埋处理所占比重将不断下降，从2011 年的1 275 万 t 下降到2030 年的531 万 t；土地利用所占比重将快速提高，从2011 年的364 万 t 快速增长到2030 年的2 655 万 t，增长了近8 倍；焚烧处理也呈较快增长，从2011 年的410 万 t 提高到2030 年的1 594 万 t，增长了3 倍多，成为第二大处置方式；建筑利用将增加2 倍左右。总体来看，我国未来污泥处置量将呈现快速增长趋势，基本达到全部无害化处理，其中土地利用和焚烧将逐渐成为我国污泥处置的主要方式（图7 –21）。

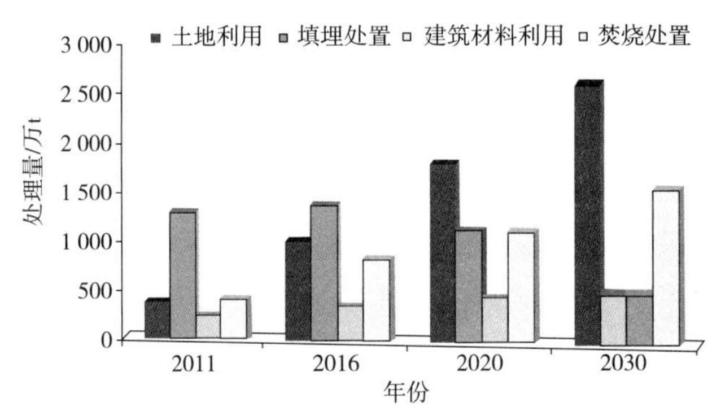

图7 –21 城镇污泥不同处置方式的处理量预测

7.5 固体废弃物治理投资与运行费用

7.5.1 固体废物治理投资

高方案情景下，“十二五”期间、“十三五”期间以及2020—2030 年，固体废物治理需新增投资分别为1 156.80 亿元、1 862.24 亿元、4 228.98 亿元，呈逐渐增加的趋势。其中主要以工业固体废物为主，“十二五”期间、“十三五”期间以及2020—2030 年，工业固体废物治理所需新增投资为1 078.31亿元、1 724.88亿元、4 058.59亿元，占固体废物总投资的95%以上（表7-27）。

表7-27　高方案下固体废物治理新增投资预测　　单位：亿元

大类	小类	“十二五”期间	“十三五”期间	2020—2030年
工业固体废物	一般固体废物综合利用	473.28	718.75	1 714.43
	一般固体废物处置	93.10	131.65	152.25
	危险废物综合利用	361.18	600.78	1 750.75
	危险废物处置	150.75	273.71	441.17
	合计	1 078.31	1 724.88	4 058.59
城镇生活垃圾	卫生填埋	0.22	2.57	0.00
	焚烧	24.03	20.61	36.97
	堆肥	2.26	4.19	6.07
	合计	26.52	27.36	43.04
电子废弃物	无害化处置	47.18	101.73	117.07
城镇污泥	土地利用	1.69	4.39	4.83
	填埋	0.48	0.00	0.00
	焚烧	2.63	3.87	5.45
	合计	4.80	8.26	10.28
总计		1 156.80	1 862.24	4 228.98

低方案情景下，“十二五”期间、“十三五”期间以及2020—2030年，固体废物治理需新增投资分别为1 048.95亿元、1 750.70亿元、4 304.09亿元，同样呈逐渐增加的趋势。其中仍主要以工业固体废物治理为主，“十二五”期间、“十三五”期间以及2020—2030年，工业固体废物治理所需新增投资为988.36亿元、1 641.69亿元、4 137.72亿元，占固体废物总投资的95%以上（表7-28）。

表7-28　低方案下固体废物治理新增投资预测　　单位：亿元

大类	小类	“十二五”期间	“十三五”期间	2020—2030年
工业固体废物	一般固体废物综合利用	420.97	702.95	1 675.57
	一般固体废物处置	93.10	131.65	220.87
	危险废物综合利用	340.27	563.34	1 552.11
	危险废物处置	134.03	243.76	689.16
	合计	988.36	1 641.69	4 137.72
城镇生活垃圾	卫生填埋	0.00	1.70	0.00
	焚烧	23.04	18.15	35.20
	堆肥	2.17	3.84	5.77
	合计	25.21	23.70	40.97

续表

大类	小类	“十二五”期间	“十三五”期间	2020—2030 年
电子废弃物	无害化处置	30.59	77.05	115.12
城镇污泥	土地利用	1.69	4.39	4.83
	填埋	0.48	0.00	0.00
	焚烧	2.63	3.87	5.45
	合计	4.80	8.26	10.28
总计		1 048.95	1 750.70	4 304.09

7.5.2 固体废物治理运行费用

根据不同方案新增处置量预测所需新增运行费用。

高方案情景下，2016 年、2020 年、2030 年固体废物治理运行费用分别为 1 487.98 亿元、2 057.19 亿元、3 297.60 亿元，呈逐渐增加的趋势。其中主要以工业固体废物为主，2016 年、2020 年、2030 年工业固体废物治理运行费用分别为 1 304.64 亿元、1 782.00 亿元、2 906.13 亿元（表 7－29）。

表 7－29　高方案下治理固体废物所需运行费用预测　　单位：亿元

大类	小类	2016 年	2020 年	2030 年
工业固体废物	一般固体废物综合利用	778.12	1 057.13	1 749.82
	一般固体废物处置	185.27	234.92	291.64
	危险废物综合利用	223.95	318.47	605.27
	危险废物处置	117.31	171.48	259.40
	合计	1 304.64	1 782.00	2 906.13
城镇生活垃圾	卫生填埋	48.64	52.36	47.23
	焚烧	70.34	102.10	159.91
	堆肥	3.86	8.18	14.35
	合计	122.84	162.64	221.49
电子废弃物	无害化处置	42.35	84.14	131.04
城镇污泥	土地利用	3.01	7.58	12.45
	填埋	6.48	6.06	3.19
	焚烧	8.65	14.77	23.31
	合计	18.15	28.41	38.94
总计		1 487.98	2 057.19	3 297.60

低方案情景下，2016 年、2020 年、2030 年固体废物治理运行费用分别为 1 443.12 亿元、1 977.68 亿元、3 248.62 亿元，同样呈逐渐增加的趋势。其中主要以工业固体废物为主，2016 年、2020 年、2030 年工业固体废物治理运行费用分别为 1 275.30 亿元、

1 734.21亿元、2 891.54 亿元（表7－30）。

表7－30　低方案下治理固体废物所需运行费用预测　　单位：亿元

大类	小类	2015 年	2020 年	2030 年
工业固体废物	一般固体废物综合利用	755.89	1 028.94	1 706.08
	一般固体废物处置	185.27	234.92	320.80
	危险废物综合利用	220.39	308.67	562.03
	危险废物处置	113.75	161.68	302.63
	合计	1 275.30	1 734.21	2 891.54
城镇生活垃圾	卫生填埋	47.50	49.45	44.75
	焚烧	68.68	96.43	151.49
	堆肥	3.77	7.73	13.60
	合计	119.95	153.61	209.84
电子废弃物	无害化处置	29.72	61.46	108.30
城镇污泥	土地利用	3.01	7.58	12.45
	填埋	6.48	6.06	3.19
	焚烧	8.65	14.77	23.31
	合计	18.15	28.41	38.94
总计		1 443.12	1 977.68	3 248.62

7.5.3　固体废物治理总费用

将固体废物治理投资和运行费用进行加总，得出我国未来固体废物治理的总费用。

在高方案下，2016 年、2020 年、2030 年我国固体废物治理总费用分别为 2 644.78 亿元、3 919.43 亿元、7 526.58 亿元，约占同期 GDP 比例分别为 0.42%、0.44%、0.45%（表7－31）。

表7－31　高方案下固体废物治理投入总费用预测

指标	2016 年	2020 年	2030 年
投资/亿元	1 156.80	1 862.24	4 228.98
运行费用/亿元	1 487.98	2 057.19	3 297.60
费用合计/亿元	2 644.78	3 919.43	7 526.58
GDP 总量/亿元	634 460	898 207	1 678 098
总费用占 GDP 比重/%	0.42	0.44	0.45

在低方案下，2016 年、2020 年、2030 年我国固体废物治理总费用分别为 2 492.08 亿元、3 728.38 亿元、7 552.71 亿元，呈逐年增长的趋势。约占同期 GDP 比例分别为 0.39%、0.42%、0.45%（表7－32）。虽然在“十二五”和“十三五”期间要低于高方案，但是随着后期治理力度加大，低方案下治理投入总量也十分巨大。

表 7－32 低方案下固体废物治理投入总费用预测

指标	2016 年	2020 年	2030 年
投资/亿元	1 048.95	1 750.70	4 304.09
运行费用/亿元	1 443.12	1 977.68	3 248.62
费用合计/亿元	2 492.08	3 728.38	7 552.71
GDP 总量/亿元	634 460	898 207	1 678 098
总费用占 GDP 比重/%	0.39	0.42	0.45

7.6 结论与建议

7.6.1 结论

（1）工业固体废物产生量增长趋缓，未来资源化利用是关键

随着我国经济增速整体趋缓，产业结构逐渐优化调整，未来我国工业固体废物增速也将逐渐趋缓，“十二五”时期工业固体废物总产生量年均增速为 5.3%，到“十三五”期间将下降到 4.9%，2020—2030 年将进一步下降到 4.5%。但产生总量仍将持续上升，2016 年、2020 年、2030 年工业固体废物总产生量分别为 39.25 亿 t、47.47 亿 t、73.77 亿 t，分别是 2011 年的 1.3 倍、1.6 倍和 2.4 倍。尾矿是一般工业固体废物的主要来源，2016 年、2020 年、2030 年其所占比重分别为 43%、46%、56%，呈逐渐增长的趋势，到 2030 年，尾矿将占一般工业固体废物的一半以上。如此巨大的工业固体废物量，急需切实提高其资源化利用水平。

（2）未来垃圾围城将不可避免，需切实转变垃圾处置利用方式

2016 年、2020 年、2030 年城镇生活垃圾产生量将分别达到 3.15 亿 t、3.64 亿 t、4.32 亿 t，“十二五”期间、“十三五”期间以及 2020—2030 年年均增长率分别为 4.6%、3.7%、1.7%，增速逐渐下降。未来在技术可行的前提下，大力提高焚烧、堆肥等垃圾无害化处置比例，减少填埋比例，将能够显著提高我国废弃物无害化处置效率和水平，一定程度上尽早缓解由于城市化进程导致的垃圾围城等问题。随着处置水平的不断提高，城镇生活垃圾堆放量将逐渐较少，2016 年、2020 年、2030 年分别为 0.44 亿 t、0.36 亿 t、0.22 亿 t。

（3）未来电子废弃物问题将日益凸显，专业化拆解回收体系急需建立

科技创新改善人类生活水平的同时也将带来大量电子废弃物，未来我国电子废弃物产生量将呈现快速增长趋势。2016 年、2020 年、2030 年电子废弃物产生量将分别达到 633.00 万 t、903.79 万 t、1 336.98 万 t，分别是 2011 年的 1.7 倍、2.4 倍、3.6 倍。从各种类型来看，家用电器仍然为电子废弃物的主要来源，其中以空调器产生量最高。而手机和便携式电脑虽然数量最多，但从重量来看，是所占比重最少的电子废弃物。但电脑、手机、数码产品等新型电子废弃物相比以家用电器为主的传统电子废弃物，重金属等有

毒有害物质成分含量高，对环境危害更大，需要引起更多关注。未来针对电子垃圾需转变回收管理方式，建立专业化拆解回收体系，从而最大限度地减少其对环境的危害。

（4）城镇污泥产生量急剧增长，污泥处置利用水平需进一步提高

随着我国城镇化水平和城镇污水处理水平的不断提高，我国城镇污泥产生量将呈加快增长趋势，2016 年、2020 年、2030 年城镇污泥产生量将分别达到 3 542 万 t、4 545 万 t、5 312 万 t，分别是 2011 年的 1.6 倍、2.0 倍、2.3 倍。从处置类型来看，随着我国污泥资源化利用水平不断提高，传统填埋处理所占比重将不断下降，从 2011 年的 1 275 万 t 下降到 2030 年的 531 万 t；土地利用所占比重将快速提高，从 2011 年的 364 万 t 快速增长到 2030 年的 2 656 万 t，增长了近 8 倍；焚烧处理也呈较快增长，从 2011 年的 410 万 t 提高到 2030 年的 1 594 万 t，增长了 3 倍多，成为第二大处置方式；建筑利用将增加 2 倍左右。总体来看，我国未来污泥处置量将呈现快速增长趋势，基本达到全部无害化处理，其中土地利用和焚烧将逐渐成为我国污泥处置的主要方式。

7.6.2　建议

（1）大力推进清洁生产与固体废物减量化

针对我国固体废物产生量逐渐增加的状况，应将固体废物减量化工作贯穿于社会生产、生活的方方面面，建议国家制定一系列激励与惩罚政策，鼓励企事业单位、家庭减少固体废物产生量；选择重点行业和有条件的城市开展危险废物减量化试点工作。落实生产者责任延伸制度，开展工业产品生态设计，减少有毒有害物质使用量。在重点危险废物产生行业和企业中，推行强制性清洁生产审核。针对新出现的社会源废物、产品类废物如电子废物、包装废物等，应鼓励生产企业开展电器电子产品生态设计，避免产品使用过度包装，从而从源头上减少废物的产生量。

（2）推动大宗固体废物资源化产业可持续发展，提升产业发展质量

针对大宗工业固体废物，国家资金应大力支持开展利用大宗工业固体废物制备建筑材料等研究，支持具备资源利用效率高、科技含量高、经济社会环境效益好的开发利用技术及装备的研发，并开展工程示范。建议国家制定相关激励政策，鼓励固体废物资源化产品的使用，并尽快推动固体废物资源化产品相关标准及环境风险评价的研究工作。

（3）继续支持城市矿产示范基地建设

应进一步推动城市矿产开发工作的长期、可持续发展，建议进一步加强园区化建设水平，并建立城市矿产示范基地准入与退出动态机制，加大地方财政对城市矿产开发利用的支持力度，支持城市矿产开发利用关键技术与设备的研发，支持技术转让平台及国际市场的开拓。鼓励并支持企业投入资金研发产生量大、影响面广，但资源化价值较低的废纸、废玻璃以及部分工业固体废物和危险废物，中央财政通过直接补贴或贴息等形式予以支持。开发废荧光灯管、废矿物油、电子废物（包括废弃电路板、CRT 玻璃、荧光粉、废电池、非金属材料、液晶显示器）等资源化利用关键技术，提升产业发展质量。

（4）加强基础设施建设，提高固体废物环境无害化管理与共处置水平

应进一步加大我国固体废物环境无害化管理及处理处置技术的研究，加强危险废物处理处置设施的能力建设，大力加强对危险废物处理处置设施管理和技术人员的培训，提升现有设施的运营管理水平。针对各地再生资源处理处置集散地和园区，引导规模小、分散的作坊和企业进入专业化园区，并开展其污染防治专项研究。完善固体废物回收体系建设，推动分类收集与专业化、规模化收集。统筹推进固体废物处理处置设施建设，各省（区、市）应当制定固体废物污染防治设施选址规划；提高危险废物环境无害化处置水平，鼓励跨区域合作处理处置固体废物，鼓励大型石油化工等产业基地配套建设固体废物处理处置设施。鼓励使用水泥回转窑等工业窑炉协同处置危险废物。

第 8 章　结论与建议

2014 年中央经济工作会议首次阐述了我国经济新常态的九大特点，认识新常态、适应新常态、引领新常态是当前和今后一个时期我国经济社会发展的大思路。在经济新常态下，环境保护也进入了一个新时期、新态势、新阶段。

8.1　主要结论

8.1.1　“十三五”环境经济发展的趋势判断

趋势一：中国经济社会步入“新常态”，蕴含着进一步发展的重要机遇，有条件继续保持平稳较快增长

（1）从国际环境看，调整和创新成为趋势。尽管存在诸多不确定性，未来和平、发展、合作仍将是国际主流，经济全球化、政治多极化将持续深入。从近期看，世界经济将处于金融危机及其后续的调整时代，全球经济、贸易、投资等将会保持较低水平，在原有框架背景下的复苏也将呈现缓慢、曲折的过程。从中长期看，随着危机后各国经济结构、体制和政策调整的深入，全球产业分工格局、贸易格局、经济力量对比和全球治理结构等都有可能发生重大调整和变化，以金砖国家为代表的新兴经济体，将成为世界经济增长的新动力。新一轮技术革命和创新周期孕育突破，既会增加中国面临的外部环境的复杂性和不确定性，也蕴含着进一步发展的重要机遇。

（2）从国内环境看，机遇和挑战并存。我国经济社会发展的基本趋势将长期向好，有条件实现增长阶段平稳转换，新一轮制度改革红利将为经济发展注入活力，新型城镇化建设将孕育新的增长点，第三产业及服务业增长空间十分广阔，技术创新和产业升级具备良好条件，在全球经济贸易竞争中仍处于有利位置。在世界经济延续缓慢复苏态势和我国从中等偏上国家向高收入国家行列迈进的过程中，我国经济进入从 10% 增长速度向 7% ~8% 增长速度的转换期、经济结构调整的阵痛期、刺激政策的消化期的三期叠加阶段，导致内需增长存在下行压力，人口结构性矛盾逐渐显现，人口老龄化加速，社会保障压力加大。已有的能源资源储量难以满足经济增长的需要。

（3）经济总量继续扩大。2012—2013 年我国经济增长保持在 7.7% 左右，“十三五”时期经济升级转型和结构调整是主要任务，受制于资源能源短缺和环境保护节能减排的影响，经济增速将由高增长步入中高速增长时期，预计“十三五”GDP 增长 7%，2021—2025 年增长 6.6%，2026—2030 年降低至 6% 左右，到 2020 年中国的 GDP 总量有望超过美国，跃居世界第一。到 2030 年 GDP 预计达到 170 万亿元。

（4）发展阶段特征明显。2016—2020年（“十三五”时期），我国仍将处于工业化和城市化“双快速”发展阶段。以住房、汽车为主的居民消费结构升级带动产业结构优化升级，工业化快速发展带动城市化快速推进。经济总量快速增长，工业尤其是重工业占GDP的比重不断提高，能源原材料工业占工业比重在2018年左右达到高峰，高加工度制造业比重不断上升，到2020年基本实现工业化。2020年人均GDP达到1万美元以上，进入中上等收入国家水平，如期实现全面建成小康社会的目标。

2021—2025年：我国将处于工业化进程相对稳定和城市化继续较快推进的“一稳一快”发展阶段。经济继续保持平稳增长水平，工业占GDP的比重逐步降低，工业内部结构优化升级活动主导工业化进程，重工业比重趋于稳定，重工业内部能源原材料工业的比重不断下降，高加工度制造业比重不断上升；服务业快速发展，带动人口快速向城市转移，第三产业比重不断提高。

2026—2030年：我国将进入工业化和城市化“双稳定”发展阶段。工业化和城市化均趋于稳定，经济将逐步进入成熟发展期。经济增长速度明显放慢，工业占GDP的比重进一步下降，第三产业占GDP的比重显著上升，成为带动经济发展的主要力量。人口向城市的流动渐趋缓慢，服务业规模也开始稳定，以服务水平、质量提高为发展主线。人均GDP水平提高为2万美元以上，中国步入高收入国家行列。

（5）产业结构不断优化。未来一个时期，我国产业结构将呈现不断优化升级趋势。第一产业增速和比重持续小幅下降。第二产业比重和投资率将趋稳并逐步降低，经济结构呈现出与高收入国家类似的特征，随着2020年完成工业化，第二产业比重开始下降，到2030年三次产业比重优化为4.5∶42.1∶53.4。第三产业增速和比重稳步上升，逐步成为经济发展的支柱产业，以消费经济为主的第三产业在经济增长中起绝对主导性的作用。

（6）工业行业内部结构不断调整。在稳增长、调结构、促转型的宏观调控基调下，“十三五”期间，火电、金属、水泥、化工、建材等重化工业领域及造纸、农副食品加工等轻工业行业的增长速度将出现不同程度的结构调整和技术升级，增速将回落。

我国能源需求增速逐渐放缓，电力行业增速会有所回落，预计“十三五”期间我国电力工业增加值平均增速为6.7%左右，2020—2030年电力工业增加值平均增速在6%左右，2016—2030年火电发电量增速将回落到2.8%～3%。

城镇化进程会保持一定的建材需求，但投资增速逐渐下降，导致水泥、平板玻璃等建材行业增速继续下滑，预计2020年我国工业化基本完成，水泥产量将从峰顶回落到20.41亿t，2020—2030年，水泥产量的增速将降低为0.5%～0.7%。预计“十三五”期间我国平板玻璃产量平均增速下降到2.4%，2020—2030年，平板玻璃产量增速维持在1.5%～2%。

受工业化进程完成及城镇化进程放缓的影响，预计2020年前后我国钢铁行业产需水平将达到峰值，届时我国生铁、粗钢和钢材产量将分别达到8.1亿t、9.1亿t和13.4亿t，到2030年我国各类钢铁产品产量将从2020年的峰值下降20%～30%。有色金属需求将保持平稳增长，机电设备、电子电器产业仍将继续带动有色金属需求的增长，预计我国有色金属工业增加值在2016—2020年年均增速为7%～7.5%，2020—2030年增速为6.8%～7.2%。化工行业应用广泛，是我国重点发展的行业之一，部分化工产品仍需要大量进口，我国将长期保持世界制造业大国和贸易大国地位，这使得化工行业增长速度会保持平稳较快水平，预计“十三五”期间我国化工行业年均增速保持8.5%左右，2020—2030年仍将保持7%以上的较高增速。

由于城镇化加快促进了消费人口增加，我国造纸、纺织和农副食品加工等轻工业方面仍将保持平稳增长态势。我国人均纸张消费仍处于较低水平，有利于支撑造纸行业稳定的需求增长，世界造纸工业重心也在向中国转移，预计2016—2020年造纸行业增加值增速为8%，2020—2030年行业增加值增速约为7.5%。劳动力成本上升及棉花成本较高，我国纺织工业增长困难增大，世界纺织产业逐渐向劳动力成本更低的国家和地区布局，我国纺织工业将加快技术升级进入产业链中高端环节，市场规模的缩小将导致纺织工业增长速度下滑，预计“十三五”期间我国纺织行业工业增加值将年均增长6%，2020—2030年纺织业工业增加值将年均增长2%～4%。人口规模的扩大和城镇化发展加快，将使得我国农副食品加工业维持较快增长水平，预计“十三五”期间农副食品加工业增加值年均增长6.5%左右，2020—2030年我国农副食品加工业工业增加值年均增长5%左右。

趋势二：中国人口总量增长趋缓，老龄化特征逐渐凸显，城镇化率继续稳步提高

（1）人口增长速率趋缓，总量平稳上升。到2020年我国人口自然增长率仍将保持下降态势，平均增速为4.12‰，预计到“十三五”末期我国人口总量将达到13.9亿人。2020—2030年我国人口增长率会出现缓慢回升的态势，年平均增速为4.31‰。2020年后人口自然增长率的趋势变化出现略微回升，与我国开始执行“单独二胎”以及未来生育政策的继续放开高度吻合，到2030年全国总人口达到14.6亿。

（2）人口老龄化特征逐渐凸显，劳动力供给将呈现紧缺态势。我国在2000年就已进入老龄化社会。由于经济社会发展水平的提高，医疗、社会保障体系日益完善，全国人口预期寿命进一步上升，全社会老龄人口比重会继续提高。从增长趋势上看，我国65岁及以上老龄人口比重呈现明显上升趋势，预计到2030年我国老龄人口所占比重平均年增长0.3个百分点，到2030年老龄人口占全社会的比重将达到14.8%，远高于老龄化社会的标准。我国劳动力适龄人口比重相应有所下降，2012年下降到74.1%。由于国家放开“单独二胎”政策已经出台，各地区将陆续开始执行，可以预计0～14岁人口比重在未来会重新上升，预计到2030年适龄劳动人口（15～64岁）比重会下降到70%左右。劳动力增长速度放慢，农业剩余劳动力转移基本结束，劳动力供给将呈现紧缺态势，加剧了国民经济结构调整升级的压力。

（3）我国城镇化水平稳步提高，2030年城镇化率预期达到65%。近十年来由于工业化进程加快，带动农业剩余劳动力转移速度提高，我国城镇化速度明显加快，但随着我国经济增长方式的转型升级，农业剩余劳动力转移基本结束，未来我国城镇化率水平提升速度会有所放慢，到2020年城镇化率将达到60%左右，年均提高0.9个百分点。由于我国地少人多的基本国情，特大城市已经达到经济人口活动的承载极限，将限制人口的扩张，大城市也将继续控制人口的增长速度，未来城镇化提高主要集中在二、三线城市的扩张以及乡村城镇化发展上，因此，我国城镇化率存在上升的极限，城市水资源短缺、空气污染问题日益突出，资源环境面临压力逐步加大，对城镇化率提升的约束作用也将日益增强。预计2020年后，城镇化率水平提高的速度会大幅度放缓，到2030年我国城镇化水平达到65%左右。

（4）机动车保有量继续增加，新能源汽车比重将大幅提升。预计2016—2020年，我国汽车保有量平均增速保持在12%左右，到2020年我国汽车保有量将达到2.7亿辆左右，摩托车及农用机动车数量为8 000万辆左右，到2020年我国机动车保有总量为3.5亿辆左右。预计2020—2030年我国汽车保有量增速会下降到5%以下，到2030年达到4.3亿辆。由于国家鼓励新能源汽车发展，到2020年，新能源汽车累计产销量将超过500万辆，到2030年新能源汽车保有量将突破5 000万辆，占全国机动车保有量的10%左右。机动车保有量的增加，将给道路交通和大气污染防治带来较大挑战。

趋势三：能源消费总量持续增长，供需矛盾日益突出；能源结构逐步调整，煤炭仍占主要比重

（1）能源消费总量不断增长，供需矛盾日益突出。“十三五”我国处于经济方式转变的关键时期，能源环境对经济增长的约束增大，随着经济增长速度主动下调，未来能源消耗增长速度会有所回落，但总量仍将增长，能源供需矛盾日益突出。2011年我国能源消费总量为34.8亿t标煤；预计到2020年将达到44.1亿t标煤，到2030年预计为56.4亿t标煤，年均增长2.5%。能源将成为我国经济发展的重要约束条件，如何保障能源供给，维护能源安全将是我国未来很长一段时间内需要面临的重大问题，而高速增长的能源消费量也将为环境保护带来巨大的压力。

（2）能源结构逐步调整，煤炭仍为主要能源。以煤炭为主的能源消费结构在未来很长的一段时间内难以改变。预测表明，2011—2030年，煤炭消费占能源消费总量的比例将呈现逐年下降的趋势，但总量仍然很高。2011年，我国的煤炭消费量占一次能源消费总量的68.4%，预计到2020年下降为60.1%，2030年降低至50.6%。石油消费比例基本持平，2011年为18.6%，2016年增至18.71%，2020年为18.75%，到2030年增至18.79%。天然气和其他能源的消费比例将逐年上升，其中天然气消费所占比例在“十三五”期间预计增长0.86个百分点。“十三五”期间，水电、核电、风能等消费所占比例预计增长3.3个百分点，2020年达到14.4%，2030年上升至23.0%。未来20年内，我国清洁能源和其他新型能源消费所占比例将大幅提升，能源结构逐步优化，但煤炭、石油等化石燃料仍然是我国未来的主要能源，其消费量的持续增长为我国大气污染防治带来巨大压力。

（3）能源效率不断提高，煤炭消费强度下降明显。随着技术的进步，我国能源消耗强度将逐步降低，2011年全国为0.74t标煤/万元，2020年下降到0.39t标煤/万元，2030年降至0.21t标煤/万元，比2020年再降低26.0%。其中，煤炭消费强度下降的趋势最为明显，2011 年为 0.69t/万元，2016 年下降到 0.54t/万元，比 2011 年下降 26.2%，2020 年下降到 0.41t/万元，“十三五”期间下降 24.6%，2030 年下降至 0.23t/万元，2030 年比 2020 年下降 43.5%。石油、天然气以及其他能源消费占能源消费总量的比例虽然呈现上升趋势，但其消费强度仍然呈现逐年下降的趋势。

趋势四：水资源需求继续平稳上升，时空结构差异更加明显，供需矛盾形势严峻

（1）水资源的空间分布不均匀，南多北少现象十分严重。2011 年，全国水资源总量为 23 256.7 亿 m^3，北方六区（松花江、辽河、海河、黄河、淮河、西北诸河 6 个水资源一级区）水资源总量是 4 917.9 亿 m^3，占全国的 21.2%；南方四区（长江（含太湖）、东南诸河、珠江、西南诸河 4 个水资源一级区）水资源总量为 18 338.8 亿 m^3，占全国的 78.8%。北方缺水现象较为严重。尽管南水北调通水后，北方缺水会有所缓解，但是北方个别地区缺水现象仍然会存在。另外，中国城市缺水现象将会更加凸显，在全国 658 个城市中约 400 个城市缺水，110 个城市严重缺水。未来 5 ~ 20 年，我国处于工业化、城镇化较快推进的重要阶段，城镇人口大幅增加导致水资源需求，将会使城市水资源供需矛盾更加凸显。

（2）水资源需求总量仍继续增长，用水结构逐步优化。2011 年全国的用水量为 6 107.2 亿 m^3，预计到 2020 年全国的用水量将达到 6 381.42 亿 m^3，比 2011 年增加 3.74%，其中，工业用水增加 18.02%，农业用水下降 5.65%，生活用水增加占 8.62%，生态用水增加 24.66%。“十三五”后，全国的用水量将继续平稳上升，预计到 2030 年全国的用水量将达到 6 886.69 亿 m^3，比 2020 年增加 7.34%，其中，工业用水增加 25.01%，农业用水下降 6.01%，生活用水增加 4.34%，生态用水增加 28.96%。虽然农业用水的比重在逐年下降，但工业、生活和生态用水的比重在逐年上升。

（3）地下水资源将更为紧缺。近 30 年来，随着中国城市化、工业化进程的高速发展，地表水的污染日益严重，人们的生产、生活越来越多地依赖地下水，人们对于地下水的开发利用一直在迅速增加。20 世纪 70 年代，中国地下水的开采量为年均570 亿 m^3，80 年代增长到年均 750 亿 m^3，2011 年地下水开采量已经增到 1 109 亿 m^3/a。地下水开采总量已占总供水量的 18%，北方地区 65% 的生活用水、50% 的工业用水和 33% 的农业灌溉用水来自地下水。据统计，全国已形成区域地下水降落漏斗 100 多个，面积达 15 万 km^2。华北平原深层地下水已形成了跨冀、京、津、鲁的区域地下水降落漏斗，甚至有近 7 万 km^2 的地下水位低于海平面。未来 5 ~ 10 年，随着城镇化进程加快，受地表水断流和水污染影响，地下水资源将更为紧缺。

（4）水资源利用效率低的状况难以改变。我国水资源总量在世界上处于前列，但是人均水资源量较低，2011 年仅为 1 730.2m^3，只有世界平均水平的 1/4，属于缺水国家。据统计，全国 662 个城市中，400 个城市常年供水不足，其中有 110 个城市严重缺水。与发达国家相比，我国用水效率仍然严重低下，我国平均每立方米水实现国内生产总值仅为世界平均水平的 1/5；2006 年美国的用水效率 238 元/t，是我国用水效率的 6.43 倍，我国农业灌溉用水有效利用系数为 0.4 ~ 0.5，而发达国家为 0.7 ~ 0.8，万元 GDP 用水量高达 399m^3，而发达国家仅 55m^3；一般工业用水重复利用率在 60% 左右，发达国家已达 85%。此外，我国在污水处理回用、海水雨水利用等方面也处于较低水平，用水浪费进一步加剧了水资源的短缺。我国再生水等其他水源利用的推进一直较为缓慢，据统计，2011 年，污水处理回用量为 32.9 亿 m^3，集雨工程水量为 10.9 亿 m^3，海水淡化水量为 1.0 亿 m^3，占比不足 1%。随着经济发展和城市化进程的加快，水资源利用呈增长态势，而经济总量和人口不断增加，水资源利用效率低的状况难以改变。

趋势五：常规大气污染物排放量逐渐降低，区域性复合污染更加突出，颗粒物和挥发性有机污染物（VOCs）等新型大气污染物控制面临严峻挑战

（1）快速增长的经济和以煤炭为主的能源消费结构决定我国大气污染形势仍然十分严峻。

一是污染物总量排放负荷大，二氧化硫和氮氧化物排放虽逐步下降，但远超环境容量，非常规污染越来越突出。二是由传统煤烟型污染向复合型污染转变，形势更加严峻复杂。VOCs、NH_3 等污染物排放量一直增加，由此引起了一系列新的城市和区域环境问题，大气污染特征已逐渐由传统的煤烟型污染向复合型污染转变，污染特征日趋多样化、复杂化。现阶段复合型污染严重的区域为东部地区，特别是京津冀、山东半岛和长三角、珠三角地区。对于复合型污染严重的地区，空气质量改善的压力和难度都很大。三是大气环境质量难以短时间内改善。我国未来一段时间内 NO_x、VOCs 排放量仍较大，空气质量在短时间内难以得到根本改变。近几年越来越多的雾霾天气，特别是华北地区频繁的雾霾已经引起公众对大气环境的担忧和不满。未来我国经济和人口密度都比较大的华北、东部地区，面临压力更大。

（2）常规大气污染物排放逐步降低，排放总量仍然较大，总量控制存在较大不确定性。

从 SO_2 排放量来看，随着我国节能减排工作的深入推进，未来二氧化硫排放量将持续减少。2011 年我国 SO_2 排放总量为 2 217.9 万 t，到 2016 年为 2 052.7 万 t，比 2011 年削减 7.4%；2020 年排放总量为 1 927.6 万 t，相比 2016 年削减 6.1%；2030 年排放总量为 1 659.5 万 t，比 2020 年削减 13.9%。2011—2030 年将是我国推进主要污染物减排的关键阶段，通过大力优化能源消费结构，提高清洁能源消费比例，大力推行清洁生产和发展循环经济，二氧化硫排放量将得到有效控制。

从 NO_x 排放量来看，随着国家出台更为严格的 NO_x 排放标准以及相关政策法规，NO_x 减排将大力推进。2011 年我国 NO_x 排放总量为 2 404.3 万 t，预测到 2016 年 NO_x 排放量达到 2 030.8 万 t，比 2011 年降低 15.5%；2020 年排放量为 1 804.3 万 t，比 2016 年降低 11.2%；2030 年 NO_x 排放量下降到 1 610.0 万 t，比 2020 年降低 10.8%。由于 NO_x 的控制技术复杂，控制难度大，减排效果滞后，加上机动车 NO_x 排放量的持续增长，“十二五”及未来要完成 NO_x 的总量控制目标具有较大压力。

从 VOCs 排放量来看，预测结果表明，我国人为活动源的 VOCs 排放总量由 2010 年的 1 917 万 t 增加到 2019 年的 2 446 万 t，由此开始下降，到 2030 年下降为 1 885 万 t。其中，东部地区排放量依然很大，其总量2016年达到峰值1 326万t，2030年降为1 019万t。中部、西部、东北地区相对小很多。VOCs排放源及成分复杂，控制难度较大。

从烟（粉）尘排放量来看，2011年全国烟（粉）尘排放量为1 278.8万t，预测到2016年，全国烟（粉）尘排放量降低至1 130.7万t，比2011年减少11.6%；2020年烟（粉）尘排放量为1 037.8万t，比2016年下降8.2%；2030年全国（烟）粉尘排放量下降至931.6万t，比2020年减少10.2%。由于目前烟（粉）尘的削减率已经很高，未来减排空间有限。同时，城市建筑、道路扬尘、散烧煤等分散型颗粒物排放源复杂、基数不清、不确定性大，给“十三五”颗粒物污染控制带来了很大困难。

（3）二氧化碳排放量不断增加，碳减排压力巨大。由于煤炭、石油、天然气等化石能源消费总量的持续增长，二氧化碳排放量呈现持续增长的趋势。预测到2016年、2020年和2030年，全国二氧化碳排放量将分别达到96亿t、104亿t、121亿t，人均二氧化碳排放量将分别达到7.0t/人、7.5t/人、8.6t/人。尽管人均二氧化碳排放量低于一些发达国家的水平（2010年，中国人均二氧化碳排放量为6.2t/人，日本为8.9t/人，美国高达17.6t/人），甚至低于俄罗斯、伊朗和南非，但二氧化碳排放总量却很大，2011年我国二氧化碳排放量约占全球二氧化碳排放总量的25%。从行业预测结果来看，二氧化碳排放量最大的行业是电力行业，占整个二氧化碳排放量的40%以上；其次是化学工业、交通运输业、黑色金属冶炼及压延加工业和非金属矿物制品业，居民生活二氧化碳排放量也不容忽视，这些重点行业和居民生活的二氧化碳排放量占到了整个二氧化碳排放量的85%以上，需要重点加强控制。由于针对二氧化碳目前没有有效的末端治理措施，未来要完成二氧化碳减排目标压力很大。

趋势六：主要水污染物排放量逐年下降，结构性减排面临较大挑战，部分城市河段、局部水体、面源污染仍十分突出

（1）随着我国主要水污染物减排力度的加大、工业和生活污水处理水平的提高，未来5～10年COD、氨氮排放量将继续呈下降趋势，但总氮、总磷排放量面临不确定性。农业面源污染控制难度较大，结构性减排面临较大挑战。由于城镇污水雨水混积，污水收集管网建设不完善，造成我国部分城市内河段污染严重，控制难度较大。

（2）从废水排放总量看，2011年，我国工业和城镇生活的废水排放总量为659.2亿t，预测结果表明，到2016年、2020年、2025年以及2030年的废水排放总量将分别增长到770.13亿t、795.69亿t、808.29亿t以及825.12亿t，相对于2011年，将分别增长14.46%、17.02%、18.49%以及20.16%。从结构上看，由于城镇化和人口增加，城镇生活废水排放量总体呈现增长趋势，而工业废水排放量总体呈现下降趋势。

（3）从COD排放量看，2011年，城镇生活、工业和规模化畜禽养殖业COD总排放量为2 070.74万t，预测结果表明，如果继续现有的削减目标，到2016年、2020年、2025年以及2030年，排放总量将分别为2 341.33万t、2 319.03万t、2 089.86万t以及1 988.69万t，分别比2011年下降1.03%、1.97%、11.66%以及15.94%，下降幅度不明显，排放总量仍然较大。如果加大治理，提高控制目标，2011 年，城镇生活、工业和规模化畜禽养殖业 COD 总排放量为 2 070. 74 万 t，到 2016 年、2020 年、2025 年以及 2030 年，排放量将分别下降为 1 910. 35 万 t、1 715. 40 万 t、1 411. 62 万 t 以及 1 181. 93 万 t，相对于 2011 年将分别下降 7. 75%、17. 16%、31. 83% 以及 42. 92%，呈现较快下降趋势。

（4）从氨氮排放量看，“十二五”期间，我国已将氨氮纳入全国主要水污染物排放约束性控制指标，未来将继续加大氨氮的控制力度。2011 年城镇生活、工业和规模化畜禽养殖业氨氮总排放量为 251. 50 万 t，到 2016 年、2020 年、2025 年以及 2030 年，其排放总量将分别下降到 224. 70 万 t、199. 87 万 t、164. 57 万 t 以及 91. 74 万 t，分别比 2011 年下降 10. 65%、20. 53%、34. 56% 以及 63. 52%，按照现有的污染治理水平，“十三五”期间氨氮排放量将增加 9. 28%。在治理目标提高情景下，到 2016 年、2020 年、2025 年以及 2030 年城镇生活、工业和规模化畜禽养殖业氨氮总排放量将分别下降为 213. 82 万 t、188. 70 万 t、150. 20 万 t 以及 80. 97 万 t，相对于 2011 年将分别下降 11. 52%、21. 91%、37. 85% 以及 66. 49%。工业氨氮污染控制能力较强，生活和规模化畜禽养殖氨氮排放在未来很长一段时间仍占主导地位，减排压力较大。

（5）从总磷（TP）排放量看，在现有的治理目标下，预测结果表明，2011 年城镇生活和规模化畜禽养殖业 TP 总排放量为 48. 00 万 t，到 2016 年、2020 年、2025 年以及 2030 年，其排放总量逐渐增加，分别增加到 49. 99 万 t、52. 91 万 t、55. 32 万 t 以及 61. 02 万 t，分别比 2011 年增加 3. 98%、9. 28%、13. 23% 以及 21. 34%。由于城镇生活污水排放量的增加，使得城镇生活的 TP 排放量居高不下，占整个排放量的贡献率呈现上升趋势。如果加大治理力度，由于处理技术水平不断提高和农业施用化肥结构的变化，TP 排放量总体仍呈下降趋势，到 2016 年、2020 年、2025 年以及 2030 年，将分别下降为 40. 57 万 t、36. 36 万 t、31. 57 万 t 以及 26. 76 万 t，相对于 2011 年将分别下降 9. 42%、18. 82%、29. 52% 以及 40. 25%，从排放结构和贡献率来看，由于施用化肥的变化，农业 TP 排放量将逐步降低，贡献率也逐步下降。

（6）从总氮（TN）排放量看，在现有治理目标下，由于城镇生活污水和畜禽养殖业排放量的增加，使得城镇生活的 TN 排放量呈上升趋势，到 2016 年、2020 年、2025 年以及 2030 年其排放总量将分别为 180. 03 万 t、193. 34 万 t、206. 08 万 t 以及 212. 14 万 t，分别比 2011 年增加 4. 85%、11. 40%、16. 88% 以及 19. 26%。除了需加强农业面源污染防治外，还需大力加强城镇生活污水和规模化畜禽养殖业废物的处理。在加大污染治理目标下，2011 年，城镇生活和规模化畜禽养殖业 TN 总排放量为 171. 29 万 t，由于处理技术水平的提高，TN 排放量总体呈现下降趋势，到 2016 年、2020 年、2025 年以及 2030 年，城镇生活和规模化畜禽养殖业 TN 总排放量将分别为 134. 68 万 t、115. 73 万 t、107. 07 万 t 以及 77. 01 万 t，相对于 2011 年将分别下降 21. 37%、32. 44%、37. 49% 以及 55. 04%，从排放结构和贡献率来看，由于施用化肥的变化，农业 TN 排放量将逐步降低，贡献率也逐步下降。

趋势七：固体废物产生量增长明显，农村生活垃圾、城镇污泥、电子废弃物等处置面临新的严峻挑战

（1）工业固体废物产生量继续增长，资源化利用是关键。随着我国经济增速整体趋缓，产业结构逐渐优化调整，未来我国工业固体废物增速也将逐渐趋缓，“十二五”时期工业固体废物总产生量增速为 5.3%，到“十三五”期间将下降到 4.9%，2020—2030 年将进一步下降到 4.5%。但产生总量仍将持续上升，2016 年、2020 年、2030 年工业固体废物总产生量分别为 38.87 亿 t、47.47 亿 t、73.77 亿 t，分别是 2011 年的 1.3 倍、1.6 倍和 2.4 倍。尾矿是一般工业固体废物的主要来源，2016 年、2020 年、2030 年其所占比重分别为 42%、46%、56%，呈逐渐增长的趋势，到 2030 年，尾矿将占一般工业固体废物的一半以上。如此巨大的工业固体废物，需切实提高其资源化利用水平。

（2）垃圾围城将不可避免，需切实转变垃圾处置利用方式。在综合利用率、无害化处理率相对较高水平下，2016 年、2020 年、2030 年城镇生活垃圾产生量将分别达到 3.15 亿 t、3.64 亿 t、4.32 亿 t，“十三五”及 2020—2030 年年均增长率分别为 4.9%、2.3%。未来在技术可行的前提下，应大力提高焚烧、堆肥等无害化处置比例，减少填埋比例，缓解由于城镇化进程导致的城镇、农村垃圾问题。随着处置水平的不断提高，生活垃圾堆放量将逐渐减少，2016 年、2020 年、2030 年分别为 0.44 亿 t、0.36 亿 t、0.22 亿 t。

（3）未来电子垃圾问题将日益凸显，专业化拆解回收体系亟须建立。科技创新改善人类生活水平的同时也将带来大量电子垃圾。未来我国电子垃圾产生量将呈现快速增长趋势。2016 年、2020 年、2030 年电子垃圾产生量将分别达到 633 万 t、903.79 万 t、1 336.98 万 t，分别是 2011 年的 1.5 倍、2.4 倍、3.6 倍。从各种类型来看，家用电器仍然为电子垃圾的主要来源，其中以空调器电子垃圾产生量最高。而手机和笔记本电脑虽然数量最多，但从重量来看，是所占比重最少的电子垃圾。但电脑、手机、数码产品等新型电子垃圾相比以家用电器为主的传统电子垃圾，重金属等有毒有害物质成分含量高，对环境危害更大，需要引起更多关注。未来针对电子垃圾需转变回收管理方式，建立专业化拆解回收体系，从而最大限度地减少其对环境的危害。

（4）城镇污泥产量急剧增长，污泥处置利用水平需进一步提高。随着我国城镇化进程的发展、城镇污水处理厂规模的扩大，我国城镇污泥产生量将呈加快增长趋势，2016 年、2020 年、2030 年城镇生活污泥产生量将分别达到 3 542 万 t、4 545 万 t、5 312 万 t，分别是 2011 年的 1.5 倍、2.0 倍、2.3 倍。从处置类型来看，随着我国污泥资源化利用水平的不断提高，传统填埋处理所占比重将不断下降，从 2011 年的 1 275 万 t 下降到 2030 年的 531 万 t；土地利用所占比重将快速提高，从 2011 年的 364 万 t 快速增长到 2030 年的 2 655 万 t，增长了近 8 倍；焚烧处理也呈较快增长，从 2011 年的 410 万 t 提高到 2030 年的 1 594 万 t，增长了 3 倍多，成为第二大处置方式；建筑利用将增加 2 倍左右。总体来看，我国未来污泥产量将呈现快速增长趋势，无害化处理难度大，其中土地利用和焚烧将逐渐成为我国污泥处置的主要方式。

8.1.2 “十三五”需重点关注的生态环境问题

问题一：经济发展方式转变需进一步强化

在世界经济延续缓慢复苏态势和我国从中等偏上国家向高收入国家行列迈进的过程中，我国经济进入从10%增长速度向7%～8%增长速度的转换期、经济结构调整的阵痛期、2008年以来刺激政策的消化期的“三期叠加”阶段，导致内需增长存在下行压力。“十三五”及未来一段时期，我国仍将处于工业化和城市化“双快速”发展阶段，经济总量仍将快速增长，产业结构调整的路径和态势不确定性较大。重化工业在工业发展中的比重还将上升、增速仍将偏快，污染物排放的行业分布仍非常集中，主要集中在电力、钢铁、有色、化工、建材、造纸、纺织等行业，结构性污染仍十分突出，将对我国资源和环境带来极大的挑战。为此，未来一段时期，无论经济形势发生怎样的变化，都必须坚持环保优先，严格环境准入标准，优化项目的生产力布局，推进产业结构调整和优化升级，大力发展循环经济、绿色经济和低碳经济，在扩大内需的同时，促进调结构、上水平、努力转变经济增长方式。

问题二：人口老龄化和城镇化问题需认真研究

计划生育政策的严格执行成功地控制了人口快速增长，在短时间内给中国带来了有利的人口结构，通过“人口红利”使中国人均收入增长率迅速上升，并成功跳出了“马尔萨斯低水平均衡陷阱”，但也带来了一系列社会问题，出现生育率过度下降、新增劳动力迅速减少、人口老龄化加速等现象，较早地遭遇到了“人口红利”削减与“未富先老”的挑战。虽然我国出台了“单独二胎”政策，但短期内效果难以显现。未来一个时期，我国将继续保持人口低生育和劳动年龄人口比重下降的趋势。人口老龄化加速，社会保障压力加大。劳动力供求的结构性矛盾突出，总量过剩与部分岗位“招工难”并存。人口老龄化和高龄化将带来巨大养老压力，增加全社会负担，也将改变中国产业发展结构。

未来10年，我国仍将处于城镇化快速发展阶段，预计到2015年，我国城镇化率将达到55%，到2020年，城镇化率将达到60%左右，总体上将达到中等发达国家水平。随着我国经济高速发展和城镇化进程的推进，城镇发展与资源能源的消耗及环境污染之间的矛盾显得越来越尖锐。中共十八大提出“要遵循城镇化的客观规律，进行新型城镇化建设，积极稳妥推动城镇化健康发展”。党的十八届三中全会提出“完善城镇化健康发展体制机制，增强城市综合承载能力”。新型城镇化过程中将带来哪些生态环境问题？应如何采取应对措施？是需我们认真研究的重要课题。

问题三：能源消费结构亟须进一步优化

在未来很长的一段时间内，我国以煤炭为主的能源消费结构难以彻底改变，虽然水电、核电、风电等清洁能源消费比例将进一步提高，但其相对于煤炭仍然较小，以煤为主的能源消费结构将为大气环境保护带来巨大的压力。从世界范围来看，能源结构演进的基本方向是能源结构的优质化与低碳化，因此，亟须以节能减排措施倒逼为契机，通过逐步降低煤炭消费比例，提高煤炭的加工转换、清洁利用能力，增加石油、天然气等高效能源比重，提高清洁能源、替代能源在能源消费结构中的占比，从而提高整体能源效率，减少污染物排放。新能源的开发刻不容缓。在2030年以前，随着我国经济总量的持续增长，能源消费总量还将持续增加，如何保证能源供给，保障能源安全是未来需要面对的重要问题。由于煤炭、石油、天然气等常规能源属于不可再生资源，不断增长的能源消费量造成的常规能源储量迅速减少，加上常规能源利用率低、污染严重，亟须开发新的替代能源保证能源供给。随着工业化、城镇化的不断推进，能源供需矛盾将日益凸显，大气污染问题将十分严峻，对于这些问题，必须高度重视，通过各种途径和手段予以解决。

问题四：常规与新型污染减排应统筹考虑

当前我国主要常规大气和水污染物排放有所下降，但总量依然很大，远超环境容量。随着“十二五”减排工程的建成，未来污染削减的边际成本的不断增加，工程减排效果滞后和企业减排动力不足，削减幅度越来越小。且工业污染排放日趋复杂，农业面源和生活污染上升，机动车保有量的持续增长，污染减排任务仍十分艰巨。未来5~10年，我国产业结构的工业化特征仍十分突出，尽管第三产业增加值的比重逐步上升，但由于城镇化率的迅速提高和第三产业的快速发展带来的新型污染物问题不容忽视。在农村或城郊，由于过量和不合理地使用化肥、农药，迅速发展的集约化畜禽养殖业和生活污水排放的增加，造成面源污染极为严重。在城市，由于第三产业快速发展，特别是交通运输业的发展，导致能源消耗上升与城市污染问题突出，颗粒物、VOCs、NH_3、汞等污染物排放量不断增加，由此引起了一系列新的城市和区域环境问题，如灰霾、光化学烟雾、氮沉降等，污染特征日趋多样化、复杂化，危害更大，处理控制更难。对于常规的污染物和新出现的污染物减排，必须统筹规划，因地制宜，制定出科学的减排技术路线和方法，综合解决污染物问题。

问题五：污染减排与环境质量需同步改善

“十一五”期间，我国将二氧化硫和COD作为污染减排的约束性指标，“十二五”将氮氧化物和氨氮列入污染减排指标，加强污染减排措施，主要污染物排放得到了明显下降。但主要污染物排放下降的同时，环境质量并没有明显改善。在“十三五”时期，一定要厘清污染减排与环境质量改善的关系，以环境质量改善为根本目标，制定更加科学的减排战略。同时要看到，由于环境与经济压力的共同作用，将使得我国环境问题变得更为复杂和不确定：污染物介质从大气和水为主向大气、水和土壤三种污染介质共存转变，污染物来源由单纯的工业点源污染向工业点源污染和农村面源、生活面源污染并存转变，污染物类型从常规污染物向常规污染物和新型污染物的复合型转变，污染范围从以城市和局部地区为主向涵盖区域、流域和全球尺度转变。日益严重而又复杂的环境问题，使得改善我国环境质量的难度和压力都进一步加大，必须坚持常抓不懈，强化要素导向，以要素为切入点大力推进区域层面、流域层面的环境质量改善。特别是要将水源水质超标问题、城市河段黑臭和灰霾天气等一些老百姓关注的环境问题放在更加突出的位置。

问题六：地下水、土壤和近岸海域污染需格外关注

近几十年来，随着我国经济社会的快速发展，地下水资源开发利用量呈迅速增长态势，由20世纪70年代的570亿m^3/a增长到80年代的750亿m^3/a，到2009年地下水开采总量已达1 098亿m^3，占全国总供水量的18%。由于地下水资源的长期过量开采，导致全国部分区域地下水水位持续下降，目前已有16个省市、70多个城市发生了不同程度的地面沉降，沉降面积达6.4万km^2。2012年，全国198个地市级行政区开展了地下水水质监测，监测点总数为4 929个，其中国家级监测点800个。其中，水质呈优良级的监测点580个，占全部监测点的11.8%；水质呈较差级的监测点1 999个，占40.5%；水质呈极差级的监测点826个，占16.8%。与上年相比，有连续监测数据的水质监测点总数为4 677个，分布在187个城市，其中水质呈变好趋势的监测点793个，占监测点总数的17.0%；呈稳定趋势的监测点2 974个，占63.6%；呈变差趋势的监测点910个，占19.4%。

近年来，我国近岸海域水质总体虽有所改善，但劣四类水体比例仍然较高。总体上，近岸海域污染尚未得到有效控制，导致滨海湿地生境不断丧失，海洋生态环境退化，海洋资源质量下降、数量锐减，海洋生态系统健康受损，影响食品安全和人体健康，近岸海域生态服务功能发挥受限甚至丧失。2012年，全国近岸海域水质总体稳定，水质级别为一般。主要超标指标为无机氮和活性磷酸盐。按照监测点位计算，一、二类海水比例为69.4%，与上年相比，上升6.6个百分点；三、四类海水比例为12.0%，下降8.3个百分点；劣四类海水比例为18.6%，上升1.7个百分点。

我国土壤环境状况总体不容乐观，土壤污染类型多样，呈现出新老污染物并存、无机有机复合污染的局面。耕地土壤环境质量堪忧，小尺度的场地土壤污染与区域尺度部分地区的农用地污染问题突出，对农产品质量和人体健康构成严重威胁。据统计，全国受重金属污染耕地达3亿亩，污水灌溉污染耕地3 250万亩，固体废弃物堆存和污染200万亩，合计污染耕地约占总耕地的20%，由土壤污染派生的食品、蔬菜安全问题日益严重。全国可能有60万~100万个污染场地，农田污染土壤达到污染场地程度的2%左右。在今后相当长的一段时期里，土壤环境安全将面临更严峻的挑战。

问题七：防范环境风险与事故丝毫不能放松

“十三五”时期，我国经济社会处于快速发展和转型阶段，工业化仍处于重化工业阶段，中小企业、非国有企业数量庞大，安全生产事故频发，已进入了突发性环境事件的多发期，监管任务十分繁重，重金属、持久性有机物、危险废物和危险化学品等长期积累的环境污染问题将集中出现，环境安全隐患将更加突出，未来防范重大污染事件、保障环境安全的任务十分艰巨。特别是沿江型饮用水水源地安全事故进入频发期。全国排查的4.46万家化学品企业，72%分布在重点流域沿岸，12.2%距离饮用水水源保护区、重要生态功能区等环境敏感区不足1km，10.1%距离人口集中居住区不足1km。全国共有近1.2万座尾矿库，其中危、险、病库1 470多座。电子废物、工业废物、医疗废物和危险废物产生量持续增加。全球70%左右的电子垃圾最终流入我国。以化学品、重金属和核辐射为代表的环境风险问题更加突出。东部沿海地区已经上升为全世界重化工最大密集区之一，而且有向中西部蔓延之势。特别是大江大河沿岸工业园区及化工企业的不合理布局，可能未来10年对饮水安全造成严重的影响。针对环境风险，应重视传统的重金属等污染问题的解决，重视历史环境遗留问题的解决，重视一些微量有毒有害物质、危险废物、核与辐射等对人体健康的影响，把非常规污染物纳入环境风险管理的领域，并作为“十三五”期间及未来时期的工作重点。应识别我国环境风险的高发区域和敏感行业，将环境管理的触角延伸到生产生活过程，实施全防全控，健全环境风险管理制度，加强对重大环境风险源的动态监控与风险控制。

问题八：新型环境问题需进一步重视

当前和今后一段时期，随着我国城市化进程的加快，带来了水体污染、机动车污染、土壤污染、生态失衡等一系列城市环境问题，并且呈现出不断加剧的迹象。在水污染物中，除了传统有机污染物以外，新型和有毒有害污染物（POPs）的影响日益显著，POPs农药已不同程度地残留于大部分河流和湖泊水体中，由于它的长距离迁移性，也导致了地下水的污染，加大了水污染治理的难度，威胁人体健康和饮用水安全。随着消费转型，高档耐用工业产品、肉蛋奶等食品的消费总量不断增加，废旧家用电器、报废汽车和轮胎等的回收和安全处置将成为未来一段时间内日益突出的环境问题。随着农村和农业现代化进程将进一步加快，化肥使用量逐年提升，养殖业产值逐年提高，生活污水和垃圾产生量还将不断增加，农业面源污染将更加严重。随着医药技术、生物技术、信息技术、核能技术、航天技术等新技术的发展，产生了许多新的环境问题，许多环境问题是世界难题，对人体健康带来了新的环境挑战。对于这些新的环境问题，必须高度重视，通过各种途径和手段予以解决。

问题九：环境公共健康危机需提前预警

儿童血铅超标、POPs、危险化学品、危险废物等突发环境事件呈高发态势，因环境污染引起群众过度恐慌问题显现。自1996年以来，环境上访事件数量保持年均29%的增速，公众关注度极强，对抗方式也更加激进，赔偿成本和维稳成本高。中国已经成为全球环境健康研究的最大“实验室”。过去近20年环境污染造成的公众健康影响已经进入显现期，公众环境健康成为一个大的社会问题，出现了环境公共健康危机。而且，一般性的污染健康损害（如空气污染造成的慢性健康危害）已经很难找到污染者责任主体。公众可能会以环境污染严重影响健康为由开始向环境质量较好的国内中小城市迁移，或者向发达国家“环境移民”。

目前，社会公众参与环境保护进入了一个新时期。公众的环境意识、参与能力与环境权益维护之间没有建立平衡关系。环境保护NGO成为目前非政府组织中数量最多、参与最活跃的社会团体。环境国际NGO和国内NGO相互交织。环境问题成为公众发泄社会不满的“出气筒”。因此，随着环境污染继续蔓延和公共环境健康危机爆发，新的环境公民运动频发，直接考验政府的公共决策，甚至爆发生态政治危机。特别是公众对污染治理设施的“临避效应”发酵，环境基础设施找不到建设场地。由于现代监测技术的快速发展以及环境信息“保密”的拖累，生态环境质量测不准、讲不清、不认可的问题，环境污染与生态系统监测严重分离等问题十分突出。

问题十：跨区域环境问题需要重点解决

我国是一个发展中国家，地域广大，人口众多，地区经济社会发展水平差距大，地区地理自然条件差距大。在区域经济发展整体呈现增长较快、布局改善、结构优化、协调性增强的良好态势下，也出现了一些值得高度关注的重大问题，尤其是区域发展绝对差距仍然较大，不平衡问题仍然十分突出，贫困引致的生态环境问题十分严重。同时，长期以来，我国在推进工业化和城市化过程中，由于缺少在宏观决策和整体规划上考虑环境与资源因素，带来了潜在而深远的环境影响，产业相似性程度高，重复建设严重。产业结构的高度相似性带来低层次上的重复建设和过度竞争，增加环境污染负荷和治理难度。另外，由于我国区域之间发展不平衡，导致发达地区一些污染严重的产业向欠发达地区转移，由此造成经济欠发达地区生态环境破坏有加重趋势，而且这一问题越来越严重。必须防止企业为降低生产成本等因素，形成向中西部地区、不发达地区、农村转移的现象，避免造成“污染转移”。

随着城市化进程的快速推进，以大城市和特大城市为中心的区域城市群不断形成，使大气污染区域化、复杂化，超大区域和跨区域灰霾和水污染常态化。区域灰霾污染短期内得不到治理和好转，特别是《大气污染防治行动计划》中 $PM_{2.5}$非控制区的灰霾污染继续蔓延，重演当年“两控区”制度的后果。同样，《水污染防治行动计划》部分偏离了流域水生态环境整合治理的思路，河海湖库、海洋和陆地、地表水和地下水等统筹问题得不到解决。流域性的水污染短期内不能有效根治。近岸海域的污染会继续蔓延，特别是以浒苔和赤潮为特征的污染可能会加剧。

问题十一：气候和资源开发导致生态退化需认真对待

气候变化未来可能进一步增加我国洪涝和干旱灾害发生的概率，海河流域、黄河流域所面临的水资源短缺问题及浙闽地区、长江中下游和珠江流域的洪涝问题难以从气候变化的角度得到缓解。气候变化导致的径流性水量减少和水动力学条件变化将降低水体自净能力。全球变暖促进蓝藻繁殖，影响河湖水质与富营养化，进一步增加水安全保障的严峻性。气候变化、外来入侵物种、转基因生物的环境释放、生物燃料的生产对生物多样性和生态系统的影响进一步加剧，甚至造成农业减产和质量下降，影响国家粮食安全。一些重大的建设项目（如三峡工程）和不尊重科学的生态建设工程的生态影响陆续显现出来。长江、黄河流域、洞庭湖、鄱阳湖以及近岸海域的生态问题将更加突出。

问题十二：国际环境问题需要着力应对

当今，水资源紧缺、生物多样性减少、臭氧层破坏、温室气体排放、全球气候变化等全球性环境问题日益突出，各国对此更加关注。我国在积极参与经济全球化的进程中，也面临着日益严峻的环境挑战。2012 年，我国的二氧化碳排放量为 90 亿 t。发达国家国际气候变化的谈判核心目标是促使我国承诺总量控制和减排指标。目前，汞和 POPs 排放国际控制公约都已经签署。我国是汞生产、使用和排放大国。2003 年全国人为源大气汞排放量达696t，其中燃煤排放的大气汞为278t。毫无疑问，未来10年中国将承受汞削减的巨大压力。由于美国推行的“亚洲再平衡”战略以及我国对周边国家的资源战略需求，一些国家可能会借助国际环境问题“责难”中国。对于跨界河流，中国基本上是处于河流上游，开发水资源肯定会受到周边国家的反对，因此将会产生亚洲版本和特定区域的“中国环境威胁论”。对于南海海洋自然生态系统保护，也会受到相关国家的“围困”。这一系列的国际环境问题，要求我们必须正视，想尽办法着力应对。

8.2 “十三五”环境与发展对策建议

建议一：明确战略思路与目标，保障公众环境健康

“十三五”我国环境保护总体战略思路为：坚持以科学发展观和生态文明建设为指导，高度重视我国环境问题的严峻形势及其影响后果，对国家发展理念和发展方式进行重大调整。树立“环境优先”和“生态红线”的战略思想，以环境承载力为基础统筹经济社会发展，对重要的生态系统实行休养生息。以改善环境质量为主线，以大气、水体、土壤污染防治为突破口，切实解决关系人民群众健康的突出环境问题。改革生态环境保护管理体制，改善国家环境执政方式，强化国家环境执政能力，坚持“从硬从严、治理为主、全民行动”的方针，显著提高环境决策的科学化和民主化水平，最终要实现“既要金山银山，又要绿水青山”这一科学目标。

“十三五”我国环境保护战略总体目标是：贯彻落实“以人为本、科学发展、环境优先、生态文明”的战略思想，着眼于我国环境质量和生态系统的全面改善，促进环境保护和经济社会的协调发展，努力提高国家的可持续发展能力，主要污染物排放得到有效控制，核与辐射安全得到有效监管，生态环境质量明显改善，环境安全得到有效保障，基本解决城镇污染和工业污染，饮用水水源不安全因素基本消除，环境状况与全面实现小康社会相适应：80%的城市环境空气质量达到二级以上，七大水系国控断面好于Ⅲ类的比例大于60%，危害人体健康的突出环境问题（如细颗粒物、持久性有机物等）得到初步遏制，生态恶化趋势得到基本控制，生态系统服务得到提升，生态文明观念在全社会牢固树立，全面实现与现代化社会主义强国、全面建成小康社会以及生态文明相适应的环境质量与生态系统目标。

建议二：加快转变经济发展模式，化解结构性污染难题

（1）大力发展第三产业，增加服务消费的供给保障。由于我国第三产业增速慢、比重低导致服务消费成为消费增长的短板。发展第三产业、扩大服务消费要从三方面入手：一是通过税收优惠和产业扶持积极发展第三产业，充分发挥第三产业作为社会就业主渠道的作用。二是大力发展金融保险、科技研发、物流配送、文化创意和节能环保等生产性服务业，提高经济活力和企业效率，解决服务消费有效供给不足的问题，激活中高收入群体消费潜力。三是建立生活性服务业发展专项财政资金支持体系，逐步实现服务质量和收费标准规范化，提高其在居民家庭生活中的融入程度。

（2）从国别、产品、贸易方式等方面调整进出口结构。以调整对外贸易结构为重点，结合国内经济发展方式转变，加快推进我国外贸发展方式转变。一是国别出口结构方面，由于未来五年发达国家经济增速放缓，发展中国家市场需求仍然较为旺盛，我国应利用好这一时机，进一步深入贯彻贸易多元化战略，提高亚非拉等地区的出口比重，降低对欧美市场的依赖。二是产品出口结构方面，建议严禁稀缺资源类产品出口，同时通过出口退税、出口信贷、出口配额等政策对“两高一资”行业出口进行限制。三是贸易方式结构方面，针对高耗能、高排放、“两头在外、大进大出”的国际大循环加工贸易项目，国家应严格审批制度，坚决制止此类工程或园区规划实施，并不再增加专门针对加工贸易的优惠政策。

（3）大力建设新型城镇，释放城镇化的内需潜力。2013 年我国城镇化率为 53.7%，城镇化水平落后于工业化发展阶段，新型城镇化建设将是我国今后经济发展的最大动力和潜力。新型城镇化道路，必须强调以人为本、集约型、和谐型、健康型，加强生态环境保护。一是要基于资源环境承载能力来编制城市环境总体规划，引导建立城市空间的发展布局，合理确定城市开发的边界和底线，划定生态保护红线，提高建成区人口密度，防止特大城市面积过度扩张。二是加强城市公用设施、公共交通系统的建设，加强城市环境基础设施建设。三是树立以人为本、以城市居民为服务对象的理念，提升城市环境管理能力。要改变过去城市环境治理的传统管理意识，更多地强调在提供公共服务的过程中让公众以不同的方式从不同的角度参与环境管理。四是注重城市化发展质量，要切身为转为市民的农民利益着想。有些地方政府打着城市化的幌子，从而掠夺农民土地，用土地绑架城市化将造成更大的城市危机。五是要分类指导、梯次推进。鉴于各地发展不平衡，城镇化也需要统筹发展，因地制宜，采取不同的发展模式。

建议三：实施环境空间与红线调控战略，增加生态产品供给

（1）在全国主体功能区规划的基础上，依据不同区域的主要环境功能，制定全国环境功能区划方案。国土面积的 53.2% 划为自然生态保留区和生态功能保育区，形成维护国家生态安全的生态空间；国土面积的 46.8% 划为食物环境安全保障区、聚居环境维护区和资源开发环境引导区，形成维护农产品生产、资源开发、城镇发展环境安全的生产和生活空间。

（2）建立基于环境功能区划的生态保护红线体系。它由生态功能保障基线、环境质量安全底线和自然资源利用上线构成，在生态环境质量目标、生态破坏、污染排放和生态环境风险防范等方面设定最严格环境保护措施。建立基于区划的分区环境管理体系，分区设置水、大气、土壤和生态等要素环境管控导则，进一步为实现“生产空间集约高效、生活空间宜居适度、生态空间山清水秀”提供保障。

（3）基于环境功能区划方案和生态红线体系，识别具有较大潜力和超载比较严重的区域，作为产业布局调整的基本依据。我国东部，特别是长三角、珠三角地区的大气和水环境容量超载比较严重，这些区域必须注意控制经济规模、促进经济与环境的协调发展；华东地区、环渤海地区和中部地区等可吸入颗粒物超标率水平较高的城市，应注重优化能源结构，加强天然气等清洁能源的推广，推进清洁生产和循环经济；京津冀、河南新郑洛工业带、四川盆地、贵州大部分地区是环境胁迫比较严重的区域，必须对产业结构和布局进行优化；我国西部的大部分地区、内蒙古东部和大兴安岭地区，东南沿海福建、安徽、江西等区域的环境容量较大，可以适度开发。

建议四：加大能源结构调整力度，增加清洁能源供应

（1）实施煤炭消费总量控制。虽然我国的煤炭储量较为丰富，但是以煤炭为主的能源消费结构是不可持续的，只有降低煤炭在一次能源结构中的比例，控制煤炭消费总量，才能有效减少大气污染物排放，从根本上解决酸雨、雾霾等大气环境问题。应综合考虑各地经济社会发展水平、能源消费特征、大气污染现状等因素，制定国家煤炭消费总量中长期控制目标，实行目标责任管理。通过设置煤炭消耗红线值，耗煤项目实行煤炭减量替代，限制或禁止审批新建燃煤发电项目等措施，控制煤炭消费总量。

（2）加快清洁能源替代利用。加大天然气、煤制天然气、煤层气供应。提高天然气干线管输能力，优化天然气使用方式，新增天然气应优先保障居民生活或用于替代燃煤；鼓励发展天然气分布式能源等高效利用项目，限制发展天然气化工项目；有序发展天然气调峰电站，原则上不再新建天然气发电项目。制定煤制天然气发展规划，在满足最严格的环保要求和保障水资源供应的前提下，加快煤制天然气产业化和规模化步伐。积极有序发展水电，开发利用地热能、风能、太阳能、生物质能，安全高效发展核电。

（3）实施节能战略，提高能源使用效率。进一步实施能源强度和消费总量双控制，积极推广节能技术，努力提高能源使用效率，切实推进工业节能、建筑节能、交通节能，努力构建节能型生产消费体系。严格落实节能评估审查制度。新建高耗能项目单位产品（产值）能耗要达到国内先进水平，用能设备达到一级能效标准。积极发展绿色建筑，政府投资的公共建筑、保障性住房等要率先执行绿色建筑标准。新建建筑要严格执行强制性节能标准，推广使用太阳能热水系统、地源热泵、空气源热泵、光伏建筑一体化、“热－电－冷”三联供等技术和装备。

（4）开展国际合作，确保能源供给安全。中国作为能源消费大国，目前对进口能源的依赖程度不断加深，能源安全问题日益凸显。我国应在稳定现有能源供给量的基础上，应利用多种贸易方式，与包括中南美洲国家在内的众多国家开展广泛的国际能源合作，拓宽能源供给渠道，增大能源供给容量，分散能源采购风险。同时，需要形成与发展中大国相符的能源安全战略思想，形成中长期能源安全战略体系。

建议五：全面推进大气污染防治，强化多污染物协同治理

（1）加快产业结构调整，推进产业转型升级。修订高能耗、高污染和资源型行业的准入条件，明确资源能源节约和污染物排放等指标。严格控制“两高”行业新增产能，新、改、扩建项目要实行产能等量或减量置换。结合产业发展实际和环境质量状况，进一步提高环保、能耗、安全、质量等标准，分区域明确落后产能淘汰任务，有计划地对重污染企业实施搬迁及落后产能的关停并转。加快企业技术进步和技术创新，不断促进企业转型升级，降低高能耗、高污染的产能比重，提高绿色 GDP 产出。大力发展节能环保产业，使之成为新一轮经济发展的增长点和新兴支柱产业。

（2）深化重点行业污染治理，有效控制污染物排放总量。以工业废气达标排放专项整治为重点，进一步加大整治力度，强化执法监管，坚决严惩环境违法行为，确保工业废气达标排放的长效治理。深化火电、钢铁、石化、有色金属冶炼等行业的二氧化硫治理，全面推进燃煤机组、燃煤锅炉、球团生产设备、烧结机等设备的脱硫设施的安装，对不能稳定达标的脱硫设施进行升级改造，积极推进陶瓷、玻璃、砖瓦等建材行业二氧化硫控制。大力推进火电和水泥行业氮氧化物控制，对相关生产设备配套建设脱硝设施，积极开展烧结机烟气脱硝示范工程建设。强化火电、水泥、钢铁的颗粒物治理，全面推进燃煤工业锅炉烟尘治理，积极推进工业炉窑颗粒物治理。

（3）强化机动车污染防治，控制移动源污染。一是建立全新的城市可持续交通体系，优化城市功能和布局规划，推广智能交通管理，缓解城市交通拥堵。加大对公共交通的建设力度，提高公交出行比例，倡导私家车减少使用、绿色出行的低碳生活方式。二是进一步加快机动车排放标准的实施进程，严格地方标准，推动油品配套升级，提高机动车尾气排放标准，减少污染物排放。三是加强机动车环保管理力度，加快淘汰“黄标车”和老旧车辆，加强在用机动车年度检验，对不达标车辆不得发放环保合格标志，不得上路行驶。四是推广使用节能环保型和新能源型汽车，积极推进公交车实行“油改气”，提高清洁能源车辆使用比重。

（4）重视复合型大气污染问题，完善挥发性有机物污染防治体系。一是开展挥发性有机物调查工作，制定分行业挥发性有机物排放系数，编制重点行业排放清单，摸清挥发性有机物行业和地区分布特征，筛选重点排放源，建立挥发性有机物重点监管企业名录。二是完善重点行业挥发性有机物排放控制要求和政策体系。三是全面开展加油站、储油库和油罐车油气回收治理。四是大力削减石化行业挥发性有机物排放。五是积极推进有机化工等行业挥发性有机物控制。六是加强表面涂装工艺挥发性有机物排放控制。七是推进溶剂使用工艺挥发性有机物治理。

（5）深化面源污染治理，控制城市大气污染。一是综合整治城市扬尘。要加强城市建筑施工环境监理与执法检查，强化煤堆、料堆的监督管理，采取措施控制建筑扬尘，提高城市绿化覆盖率，减少裸露面积，控制道路扬尘污染。二是开展餐饮油烟污染治理，餐饮服务经营场所应安装高效油烟净化设施，并强化运行监管。三是加强秸秆焚烧环境监管。禁止农作物秸秆、城市清扫废物、园林废物、建筑废弃物等生物质的违规露天焚烧，建立和完善市、县（区）、镇、村四级秸秆焚烧责任体系，完善目标责任追究制度。

建议六：实施水污染防治行动计划，确保国家水环境安全

（1）以改善生态环境为根本和切入点，实现水资源的可持续利用。经济建设要充分考虑水土资源条件和生态环境保护的要求，合理确定与调整经济结构和产业布局，要在保护生态的前提下加快发展，根据水资源条件确定重点发展区域和发展重点，实现资源的优化配置，提高区域的资源环境承载能力。要把水资源的开发利用与节约保护结合起来。对于污染严重地区，应将改善水环境作为区域经济社会发展的首要目标，果断地关停严重污染环境的小企业，加大污染治理力度。全面开展水资源与水环境保护规划工作，逐步建立完整的、科学的全国水资源规划体系。

（2）建立面向流域/区域生态保护的水环境分区管理格局，强化地表水和地下水、流域和近岸海域的统筹管理。加强饮用水水源规范化建设、风险防范。强化水质良好水体的优先保护。强化流域环境综合整治，加大农村环境污染治理力度，制定有毒有害化学品淘汰清单，制定“一湖一策”科学方案，合理规划水资源利用方式，保障河道生态流量；统筹陆海管理，建立海岸带生态红线管理制度。

（3）实施流域水环境综合管理，以水环境保护优化产业发展、城镇发展和资源开发利用。加大水污染防治投入和治理力度，有效控制主要污染物排放量，并逐步拓展总量控制范围，完善污染物总量控制制度。逐步改善流域水环境质量，维护和恢复水生态系统健康，全面构建水环境安全的生态空间格局。完善水环境保护相关法律法规和标准规范，提高环境监督执法、监控预警和风险管理能力，增强公众的水环境保护意识，促进流域可持续发展，支撑“美丽中国”建设目标的实现。

建议七：实施土壤环保行动计划，确保人民群众菜篮子放心

（1）全面摸清我国土壤环境状况，逐步建立土壤环境保护政策、法规和标准体系。以保障人体健康、农产品安全、生态安全为目标，确定土壤环境保护优先区域，构建我国土壤环境敏感区和土壤环境综合治理格局。强化污染土壤环境风险控制，构建适合我国国情的土壤环境保护支撑技术体系。加快土壤环境保护工程建设，实施土壤污染综合治理与修复示范工程，提升土壤环境监管能力。

（2）建立健全土壤环境保护与污染控制的法律法规体系，抓紧和加快《土壤环境保护法》的制订，填补我国土壤环境保护与污染防治的法律空白。根据土地用途及受体保护目标，建立适合我国人群和区域特点的土壤环境质量标准、修复标准等土壤环境管理技术标准体系。加强土壤环境保护制度建设，研究建立优先区域保护成效的评估和考核机制。逐步建立和完善国家、省、县三级土壤环境监测网络，将土壤环境质量监测纳入常规环境监测体系，探索建立土壤环境质量状况定期公布制度。

（3）针对影响人居环境安全和社会稳定的土壤环境问题，开展污染场地综合治理与土壤修复。建立健全污染耕地土壤环境监测和农产品质量检测系统，推行与实施分类管理机制。重点做好初级农产品生产基地、“菜篮子”基地和出口农产品生产基地的土壤环境质量安全性评估与安全性划分。加强公众参与环节，注重信息公开，探讨建立土壤环境保护培训、公众参与和信息公开机制。

建议八：大力推动固废资源化利用，加强“城市矿山”建设

（1）大力推进清洁生产与固体废物减量化。针对我国固体废物产生量逐渐增加，应将固体废物减量化工作贯穿于社会生产、生活的方方面面，建议国家制定一系列激励与惩罚政策，鼓励企事业单位、家庭减少固体废物产生量；选择重点行业和有条件的城市开展危险废物减量化试点工作。落实生产者责任延伸制度，开展工业产品生态设计，减少有毒有害物质使用量。在重点危险废物产生行业和企业中，推行强制性清洁生产审核。

针对新出现的社会源废物、产品类废物，如电子废物、包装废物等，应鼓励生产企业开展电器电子产品生态设计，避免产品使用过度包装，从而从源头上减少废物的产生量。

（2）推动大宗固体废物资源化产业可持续发展，提升产业发展质量。针对大宗工业固体废物，国家资金应大力支持开展利用大宗工业固体废物制备建筑材料等研究，支持具备资源利用效率高、科技含量高、经济社会环境效益好的开发利用技术及装备的研发，并开展工程示范。建议国家制定相关激励政策，鼓励固体废物资源化产品的使用，并尽快推动固体废物资源化产品相关标准及环境风险评价的研究工作。

（3）继续支持城市矿产示范基地建设。应进一步推动城市矿产开发工作的长期、可持续发展，建议进一步加强园区化建设水平，并建立城市矿产示范基地准入与退出动态机制，加大地方财政对城市矿产开发利用的支持力度，支持城市矿产开发利用关键技术与设备的研发，支持技术转让平台及国际市场的开拓。鼓励并支持企业投入资金研发产生量大，影响面广，但资源化价值较低的废纸、废玻璃以及部分工业固体废物和危险废物，中央财政通过直接补贴或贴息等形式予以支持。开发废荧光灯管、废矿物油、电子废物（包括废弃电路板、CRT 玻璃、荧光粉、废电池、非金属材料、液晶显示器）等资源化利用关键技术，提升产业发展质量。

（4）加强基础设施建设，提高固体废物环境无害化管理与共处置水平。应进一步加大我国固体废物环境无害化管理及处理处置技术的研究，加强危险废物处理处置设施的能力建设，大力加强对危险废物处理处置设施管理和技术人员的培训，提升现有设施的运营管理水平。针对各地再生资源处理处置集散地和园区，引导规模小、分散的作坊和企业进入专业化园区，并开展其污染防治专项研究。统筹推进固体废物处理处置设施建设，各省（区、市）应当制订固体废物污染防治设施选址规划；提高危险废物环境无害化处置水平，鼓励跨区域合作处理处置固体废物，鼓励大型石油化工等产业基地配套建设固体废物处理处置设施。鼓励使用水泥回转窑等工业窑炉协同处置危险废物。

建议九：加强环境风险应急管理，保障人与环境稳定和谐

（1）注重环境风险和环境健康风险的评价和控制。以识别环境风险和人群健康风险较大的重点环境污染领域为基础，以重点污染领域中的重点环境污染物的总量控制为约束，以工程、技术、法律、政策等手段的综合运用为途径，以环境风险和人群健康风险降低为指导和最终目标，建立基于人群健康的环境风险与健康战略目标和指标体系，推动环境风险与健康战略方向向环境污染治理和环境风险评价及环境健康风险评价并重转变。

（2）在国家环境风险与健康战略上，将环境健康风险评价作为环境健康工作的核心任务，充分考虑多种污染物联合作用所产生的健康效应，制定环境质量标准和环境健康考核指标，提高环境健康水平。制定“环境健康”方面的专门法律，确立环境健康工作在环境政策和环境管理中的战略核心地位。加快建设环境健康损害赔偿相关法制以及建立国民健康信息系统，全面加强环境健康方面的科研支持力度。

（3）在区域环境风险与健康战略上，建立区域环境健康协调机制，加强对国家层面环境健康战略的支持。针对区域性环境污染，应明确控制重点，实行分区分类式管理。各区域加强环境监管力度，开展区域环境联合执法检查，提升联防联控管理能力。

建议十：全力推进环境制度建设，建立环境法治体系

新形势下实施国家环境保护战略的政策，需着力推进和完善环境保护“六化”建设工作，具体包括：国民经济绿色化、环境法制刚性化、环境治理现代化、保护机制长效化、公共服务均等化、环境保护全民化。

（1）国民经济绿色化建设。坚持以环境保护优化经济增长的思路，加速产业结构调整，积极转变传统的经济增长方式；在统筹考虑市场需求、交通运输、环境容量和铁矿、煤炭、供水、电力等资源能源保障条件下，推进优化产业布局；建立绿色发展核算评估体系，以此评定地方政府环境保护绩效。

（2）环境法制刚性化建设。严格实施《环境保护法》，抓紧制、修订《大气污染防治法》、《土壤环境保护法》等有关环境法律和实施细则；提高环境执法监管能力，推进环境监察标准化建设；严格追究环境污染者和生态破坏者的责任。严格落实对违法排污企业停产整顿和超标排污企业的限制治理权。

（3）环境治理现代化建设。加快国家生态环境管理体制改革；统筹污染防治和生态保护；合理划分中央与各部门、中央与地方环保事权。建立健全国家生态环境保护综合决策机制和区域协调机制；加快建立多元共治的生态环境治理体系，形成政府、市场和公众合理分工的生态环境治理格局。

（4）保护机制长效化建设。建立环保参与宏观经济调控机制，完善环境影响评价综合决策机制；完善环境经济政策体系，建立环境保护的激励和约束机制；推行绿色核算，实施绿色政绩评价考核制度；完善环境公共财政体系，建立稳定的环保投资机制；加强环境科技支撑能力，完善环保科学决策机制。

（5）公共服务均等化建设。加强环境基础设施建设，提高环境基本公共服务水平；强化重点领域环境监管能力建设，加快基层环境监测网建设；加强环境信息能力建设，提高环境信息化运行水平。

（6）环境保护全民化建设。通过开展生态文明价值观教育、普及绿色经济知识、宣传环保法律政策，培育社会公众的节约环保理念；发挥公众在环保工作中的基础性作用，发挥社会公众的环境监督功能。

参考文献

[1] 曹晓飞，邵春福．运用弹性系数法预测北京机动车保有量［J］．道路交通与安全，2008（4）：31－34.

[2] 郭悦嵩，刘晓丽．改进型 A 值法在某市机动车保有量预测中的应用［J］．河南科技，2014，17：170－171.

[3] Kothari P, Ahluwalia P, Nema A. A grey system approach for forecasting disposable computer waste quantities: a case study of Delhi［J］. International Journal of Business Continuity and Risk Management, 2011, 2（3）: 203－218.

[4] 蒋洪强，刘年磊，卢亚灵，等．2012—2030 年我国四大区域环境经济形势分析与预测研究报告［M］．北京：中国环境出版社，2013.

[5] 林毅夫．解读中国经济［M］．北京：北京大学出版社，2012.

[6] 刘世锦．中国经济增长十年展望（2014—2023）：在改革中形成增长新常态［M］．北京：中信出版社，2014.

[7] 李善同，刘云中．2030 年的中国经济［M］．北京：经济科学出版社，2011.

[8] 世界银行．2030 年的中国［R］．世界银行，2012.

[9] 李瑞敏，何群，李帅．中国机动车保有量发展趋势分析［J］．城市交通，2013（5）：69－75.

[10] 梁斯敏，樊建军．中国城市生活垃圾的现状与管理对策探讨［J］．环境工程，2014（11）：123－126，136.

[11] 李永胜．人口预测中的模型选择与参数认定［J］．财经科学，2004（2）：68－72.

[12] 赖红松，祝国瑞，董品杰．基于灰色预测和神经网络的人口预测［J］．经济地理，2004（2）：197－201.

[13] Liu X, Tanaka M, Matsui Y. Generation amount prediction and material flow analysis of electronic waste: a case study in Beijing, China［J］. Waste Management & Research, 2006, 24（5）: 434－445.

[14] 刘小丽，杨建新，王如松．中国主要电子废物产生量估算［J］．中国人口·资源与环境，2005（5）：117－121.

[15] 梁晓辉，李光明，贺文智，等．中国电子产品废弃量预测［J］．环境污染与防治，2009，31（7）：82－84.

[16] Recovery E P. Recycling Baseline Report: Recycling of Selected Electronic Products in the United States［J］. National Safety Council, May. 1999.

[17] 师雄．城市污泥处置方法概述［J］．河北理工大学学报：自然科学版，2008（1）：128－132.

[18] 申荣艳，骆永明，滕应，等．城市污泥的污染现状及其土地利用评价［J］．土壤，2006（5）：517－524.

[19] Schluep M, Hagelueken C, Kuehr R. Recycling: from E－waste to Resources［R］. UNEP and United Nations University, 2009.

[20] Steubing B, Böni H, Schluep M, et al. Assessing computer waste generation in Chile using material flow analysis［J］. Waste Management, 2010, 30（3）: 473－482.

[21] 吴雪峰，李青青，李小平．城市污泥处理处置管理体系探讨［J］．环境科学与技术，2010（4）：186－189.

[22] 韦新东，于婧．长春市生活垃圾产量预测模型的建立［J］．吉林建筑工程学院学报，2014（1）：45－48.

[23] 王东明，吕洪涛．基于灰色预测模型的辽宁省城市生活垃圾产生量预测［J］．环境保护与循环经济，2013（4）：30－31.

[24] 胥树凡．以科学态度推进垃圾焚烧发电［J］．环境保护，2014（19）：17－20.

[25] 徐亚丹．基于状态趋势预测方法的城市机动车保有量预测［J］．科技通报，2012（9）：11－14.

[26] Yu J, Williams E, Ju M, et al. Forecasting global generation of obsolete personal computers［J］. Environmental Sci-

ence & Technology, 2010, 44 (9): 3232 – 3237.

[27] 於方，王金南，曹东，等. 中国环境经济核算技术指南 [M]. 北京：中国环境科学出版社，2009.

[28] 杨丽标，邹国元，张丽娟，等. 城市污泥农用处置研究进展 [J]. 中国农学通报，2008 (1): 420 – 424.

[29] 张蕾，席北斗，王京刚，等. 系统动力学方法在城市生活垃圾产生系统的应用 [J]. 环境科学研究，2007 (1): 72 – 78.

[30] 张春梅，吕双春，宋志辉，等. 城市 $PM_{2.5}$ 治理下机动车保有量研究 [J]. 公路与汽运，2014 (5): 30 – 33.